中等职业学校新形态一体化教材
计算机课程建设实验教材

常用办公软件
（WPS Office）（第 2 版）

董　蕾◎主　编

王国鑫　张伟娟　张伟丽　李　铮◎副主编

段　欣　北京金山办公软件股份有限公司◎主　审

电子工业出版社
Publishing House of Electronics Industry
北京·BEIJING

内 容 简 介

本书紧密结合职业教育的特点，以国产办公软件 WPS Office 的具体应用为例，培养读者的办公应用职业能力、信息技术应用创新能力与信息化素养，将理论与实践相结合，充分体现了实践性与职业性。

本书对 WPS Office 办公软件中的 WPS 文字、WPS 表格、WPS 演示、WPS 云服务进行了详细的讲解，新增 WPS AI 应用案例，共分为 5 个单元。本书以实际应用案例为场景，介绍了与人们的工作、学习、生活密切相关的实用商务办公文档、销售表格、生活演示文稿和云文档的制作方法。

本书融入 WPS 办公应用职业技能等级证书考核标准，可作为职业院校文秘、商务助理、计算机应用技术、计算机信息管理等专业的教材，也可作为信息技术应用与 WPS 办公应用职业技能等级证书的培训教材。

图书在版编目（CIP）数据

常用办公软件：WPS Office / 董蕾主编. —2 版. —北京：电子工业出版社，2023.6 (2025.8 重印)

ISBN 978-7-121-45755-5

Ⅰ．①常… Ⅱ．①董… Ⅲ．①办公自动化－应用软件－教材 Ⅳ．①TP317.1

中国国家版本馆 CIP 数据核字（2023）第 103805 号

责任编辑：郑小燕
印　　刷：三河市双峰印刷装订有限公司
装　　订：三河市双峰印刷装订有限公司
出版发行：电子工业出版社
　　　　　北京市海淀区万寿路 173 信箱　　邮编：100036
开　　本：880×1230　　1/16　　印张：14.75　　字数：302 千字
版　　次：2019 年 6 月第 1 版
　　　　　2023 年 6 月第 2 版
印　　次：2025 年 8 月第 9 次印刷
定　　价：45.00 元

凡所购买电子工业出版社图书有缺损问题，请向购买书店调换。若书店售缺，请与本社发行部联系，联系及邮购电话：（010）88254888，88258888。

质量投诉请发邮件至 zlts@phei.com.cn，盗版侵权举报请发邮件至 dbqq@phei.com.cn。

本书咨询联系方式：（010）88254550，zhengxy@phei.com.cn。

前 言

2022 年 10 月，中国共产党第二十次全国代表大会（党的二十大）胜利召开，大会的主题是"高举中国特色社会主义伟大旗帜，全面贯彻新时代中国特色社会主义思想，弘扬伟大建党精神，自信自强、守正创新，踔厉奋发、勇毅前行，为全面建设社会主义现代化国家、全面推进中华民族伟大复兴而团结奋斗。"党的二十大报告中明确指出，"加快实施创新驱动发展战略。坚持面向世界科技前沿、面向经济主战场、面向国家重大需求、面向人民生命健康，加快实现高水平科技自立自强。"

本书以国产办公软件 WPS Office 为例，以职业岗位需求为引领，以岗位典型工作任务为案例，融入 WPS 办公应用职业技能等级证书考核标准，以培养读者的办公应用职业能力、信息技术应用创新能力、信息化素养为目标，将理论与实践相结合，重点突出实践性与职业性。

本书匠心独运，融入 AI 高效办公模块，从文档智能处理到数据自动化处理，从演示文稿智能生成到高效协作办公，全方位覆盖办公应用场景，帮助学习者提升职场竞争力。

本书共分为 5 个单元，具体内容如下。

单元 1 为 WPS Office 概述，介绍 WPS Office 的基本特性、首页组成、文档标签管理、文档访问入口等内容。

单元 2 为 WPS 文字处理-行政篇，讲解使用 WPS 文字制作宣传文案、宣传海报、用户信息反馈表、团建活动策划书和批量发送会议通知这些与行政部门办公相关的典型案例。

单元 3 为 WPS 表格处理-市场篇，讲解使用 WPS 表格制作员工信息表、员工工资表、销售数据表、销售数据动态分析表这些与销售部门办公相关的典型案例。

单元 4 为 WPS 演示文稿制作-生活篇，讲解使用 WPS 演示制作大西北骑行计划演示文稿、大美青海演示文稿、新疆是个好地方演示文稿这些与生活相关的典型案例。

单元 5 为 WPS 云服务-协作篇，讲解使用 WPS 云服务实现会议日程表上传云空间、多用户协作修订会议日程表这些与云操作相关的典型案例。

本书内容深入浅出、循序渐进、通俗易懂，所选取的企业宣传海报、科学家精神宣传报刊、中国创新指数分析图表、美丽中国游览演示文稿等案例可使读者充分感受国家的强大与创新的力量，激发读者的爱国热情和创新精神。

本书配有微课视频、电子课件、案例素材与效果文件等丰富的教学资源，建议课时数为 56，读者学习结束可考取 WPS 办公应用职业技能等级证书。

本书由董蕾任主编，王国鑫、张伟娟、张伟丽、李铮任副主编，全书由段欣和北京金山办公软件股份有限公司主审。北京金山办公软件股份有限公司提供 WPS 办公应用职业技能等级标准与 WPS Office 书籍编写标准化规范，博赛数字科技集团有限公司提供案例素材。

由于编者水平有限，书中难免有不当之处，敬请读者批评指正。

编 者

目 录

单元 1　WPS Office 概述 1

　　任务 1.1　走近 WPS Office 1

　　任务 1.2　认识 WPS 首页 2

　　任务 1.3　学会文档标签管理 4

　　任务 1.4　设置 WPS Office 窗口模式 5

　　任务 1.5　学习 WPS 文档访问的多类入口 6

　　　　任务评价 8

　　　　任务拓展：WPS Office 兼容设置 9

　　单元习题 10

单元 2　WPS 文字处理-行政篇 11

　　任务 2.1　制作宣传文案 11

　　　　任务描述 11

　　　　相关知识点 12

　　　　任务实现 25

　　　　任务评价 26

　　　　任务拓展：制作调查问卷 27

　　任务 2.2　制作宣传海报 29

　　　　任务描述 29

　　　　相关知识点 29

　　　　任务实现 35

　　　　任务评价 40

　　　　任务拓展：制作科学家精神宣传报刊 40

　　任务 2.3　制作用户信息反馈表 45

　　　　任务描述 45

　　　　相关知识点 45

　　　　任务实现 49

　　　　任务评价 51

　　　　任务拓展：制作会议日程表 51

　　任务 2.4　制作团建活动策划书 53

　　　　任务描述 53

　　　　相关知识点 54

　　　　任务实现 60

　　　　任务评价 63

　　　　任务拓展：制作操作手册 63

　　任务 2.5　批量发送会议通知 67

　　　　任务描述 67

　　　　相关知识点 68

　　　　任务实现 74

　　　　任务评价 76

　　　　任务拓展：制作并发送用户信息反馈表 77

　　单元习题 79

单元 3　WPS 表格处理-市场篇 82

　　任务 3.1　制作员工信息表 82

　　　　任务描述 82

　　　　相关知识点 83

　　　　任务实现 94

　　　　任务评价 99

　　　　任务拓展：制作员工考勤表 99

　　任务 3.2　制作员工工资表 101

　　　　任务描述 101

　　　　相关知识点 102

　　　　任务实现 107

　　　　任务评价 112

　　　　任务拓展：制作员工借阅图书统计表 112

　　任务 3.3　制作销售数据表 115

　　　　任务描述 115

　　　　相关知识点 115

    任务实现 118

    任务评价 122

    任务拓展：制作中国创新指数及分领域指数分析组合图 123

  任务 3.4   制作销售数据动态分析表 125

    任务描述 125

    相关知识点 126

    任务实现 128

    任务评价 130

    任务拓展：制作员工科技创新成果统计数据透视表与透视图 131

  单元习题 133

单元 4   WPS 演示文稿制作-生活篇 136

  任务 4.1   制作大西北骑行计划演示文稿 136

    任务描述 136

    相关知识点 137

    任务实现 153

    任务评价 157

    任务拓展：制作秦始皇帝陵博物院演示文稿 158

  任务 4.2   制作大美青海演示文稿 162

    任务描述 162

    相关知识点 162

    任务实现 172

    任务评价 180

    任务拓展：制作大漠无垠演示文稿 180

  任务 4.3   制作新疆是个好地方演示文稿 185

    任务描述 185

    相关知识点 185

    任务实现 191

    任务评价 195

    任务拓展：制作精彩视频回顾演示文稿 195

  单元习题 198

单元 5　WPS 云服务-协作篇 201

　　任务 5.1　会议日程表上传云空间 201

　　　　任务描述 201

　　　　相关知识点 202

　　　　任务实现 210

　　　　任务评价 211

　　　　任务拓展：云备份学习笔记 212

　　任务 5.2　多用户协作修订会议日程表 213

　　　　任务描述 213

　　　　相关知识点 214

　　　　任务实现 222

　　　　任务评价 223

　　　　任务拓展：WPS 多用户协作实现工作总结收集 224

　　单元习题 225

WPS Office 概述

任务 1.1 走近 WPS Office

刘小扬入职至强公司文秘岗位，工作中对文档、表格和演示文稿的处理都需要使用 WPS Office 办公软件，下面让我们和刘小扬一起来认识 WPS Office。

WPS Office 是由北京金山办公软件股份有限公司自主研发的一款办公软件套装，是我国信创产品的杰出代表，可以实现办公软件最常用的文字编辑、数据处理、演示文稿制作、PDF 阅读等多种功能，其强大的图文混排功能、优化的计算引擎和强大的数据处理功能、专业的动画效果设置、全面的版式文档编辑和输出功能等完全符合现代中文办公要求。

WPS Office 具有兼容、开放、高效、安全等特点，并极具中文本土化优势，支持阅读和输出 PDF（.pdf）文件且具有全面兼容微软 Office97—2016 格式（.doc/.docx/.xls/.xlsx/.ppt/.pptx 等）的独特优势。无论是 Windows、macOS、Linux 系统的计算机，还是 Android、iOS 系统的手机，包括几乎所有的主流国产软/硬件环境，都可以借助 WPS Office 用户端丰富的控件和功能进行专业办公。

WPS Office 分企业版、教育版和个人版，对个人用户永久免费，个人用户可通过 WPS 官网免费下载个人版。WPS 官网下载界面如图 1.1 所示。安装 WPS Office 个人版后，桌面会创建一个快捷图标 ，双击该快捷图标即可启动 WPS Office。

本书所有案例均使用 WPS Office 2019 教育版完成。

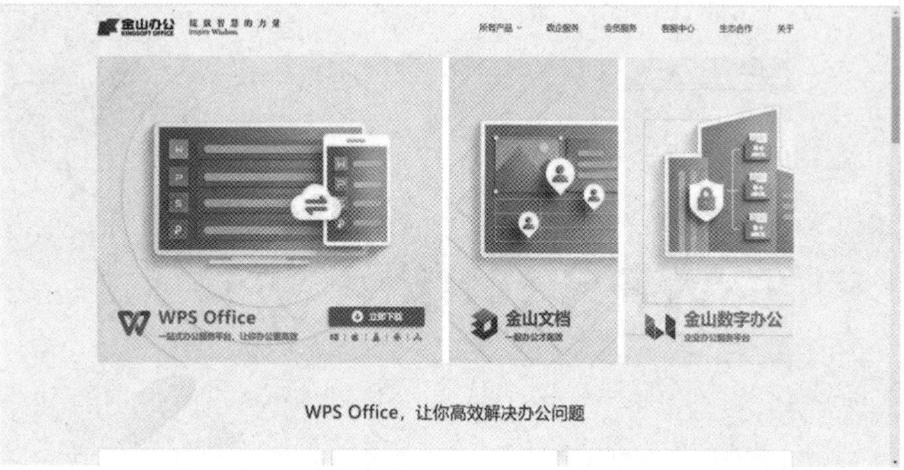

图 1.1　WPS 官网下载界面

扫一扫 学一学

任务 1.2　认识 WPS 首页

WPS 首页是在使用 WPS Office 的过程中最常见到的界面，下面让我们和刘小扬一起来学习 WPS 首页的组成部分。

安装 WPS Office 2019 教育版之后，桌面会创建一个快捷图标，双击该快捷图标启动 WPS 后会显示 WPS 首页。WPS 首页是一个特殊的标签页，WPS 首页标签默认置于标签栏的最左侧。WPS 首页用于快速开始和延续各类工作任务，其主要组成部分包括全局搜索框、主导航、设置、账号、文件列表、文件详情面板，如图 1.2 所示。

图 1.2　WPS 首页

全局搜索框： 用于搜索本地文档、云文档、应用、模板、办公技巧等。在全局搜索框内输入搜索关键字后，全局搜索框下方会显示搜索结果。

主导航： 帮助用户快速定位和访问文档或服务。主导航区域以分割线为界，分割线以上部分是显示核心服务的固定区域，主要用于访问文档或安排日程；分割线以下部分是可供用户自主增减的自定义区域，其中默认为常用应用，用户可以从主导航区域移除这些应用，也可以从最下方的应用入口进入应用中心（见图 1.3），将其他预置应用固定到主导航区域。

图 1.3　应用中心

设置： 包括【意见反馈】按钮（打开 WPS 服务中心查找和解决问题）、【皮肤设置】按钮（进入皮肤中心切换 WPS 的界面皮肤，如图 1.4 所示）、【全局设置】按钮（进入设置中心、启动配置和修复工具、查看 WPS 版本号等，如图 1.5 所示）。

账号： 未登录账号时，单击此处会打开 WPS 账号登录框，登录之后，会显示用户名称和头像，以及用户的会员状态，单击头像可打开个人中心进行账号管理。

文件列表： 位于首页中间位置，可以显示最近操作的文件，帮助用户快速打开和管理文件。

文件详情面板： 显示在文件列表中所选择文件的相关协作状态或快捷命令。此区域默认显示的是通知面板，主要用于显示账号状态、日程提醒和办公技巧等信息，在文件列表中选择任意文件后自动触发文件详情面板，并将通知面板覆盖。

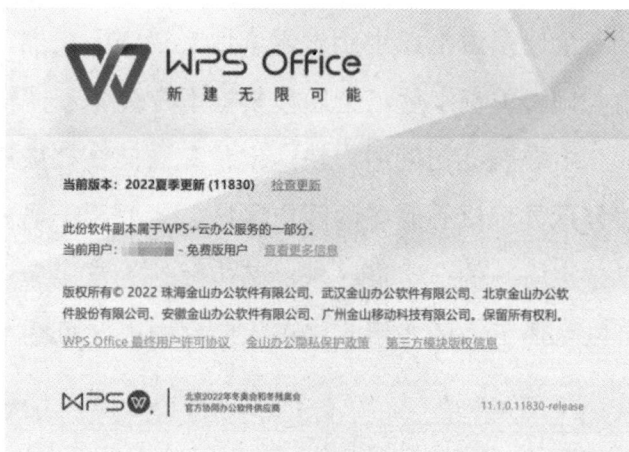

图 1.4　皮肤中心　　　　　　图 1.5　通过【全局设置】按钮查看 WPS 版本号

任务 1.3　学会文档标签管理

文档标签管理是 WPS 特有的文档管理方式，所有的文档都默认以标签的形式打开，学会文档标签管理能够大大地提高工作效率。

文档标签在 WPS 工作区窗口顶部的标签栏合并显示。右击文档标签可以显示【保存】【另存为】等菜单项，如图 1.6 所示。将鼠标指针悬停在文档标签上，可以显示文档位置、历史版本等，如图 1.7 所示。

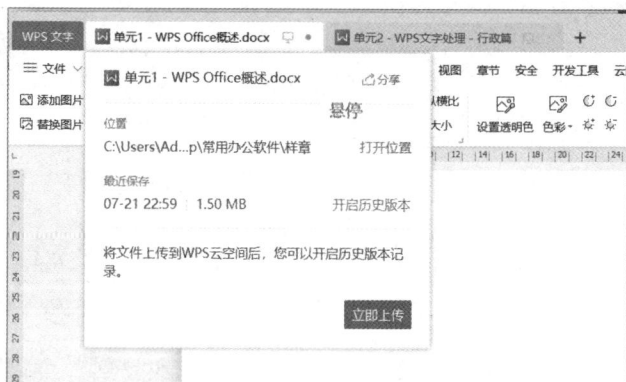

图 1.6　右击文档标签显示各种菜单项　　　　图 1.7　将鼠标指针悬停在文档标签上

将文档标签转移至工作区窗口有以下 3 种方式。

方式 1：右击文档标签，在右键菜单中选择【转移至工作区窗口】→【新工作区窗口】选项。

方式 2：当打开的文档标签过多时，WPS Office 标签栏右侧的【工作区/标签列表】图标中会显示打开文档的个数，单击该图标，在打开的窗口中右击文档缩略图，在右键菜单中选择【转移至工作区窗口】→【新工作区窗口】选项，如图 1.8 所示。

方式 3：将鼠标指针移至文档标签上，按住鼠标左键，将文档标签拖至新工作区窗口之外。

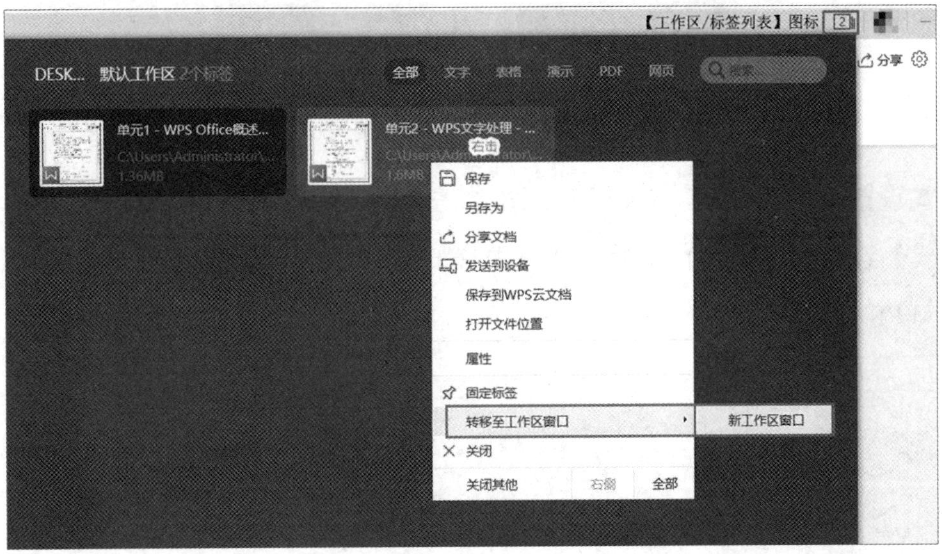

图 1.8 利用【工作区/标签列表】图标将文档标签转移至工作区窗口

任务 1.4 设置 WPS Office 窗口模式

WPS Office 窗口支持整合模式和多组件模式。整合模式是指把 WPS 文字、WPS 表格、WPS 演示和 WPS PDF 等组件整合在一个窗口中，只在桌面上生成一个图标，如图 1.9 所示。

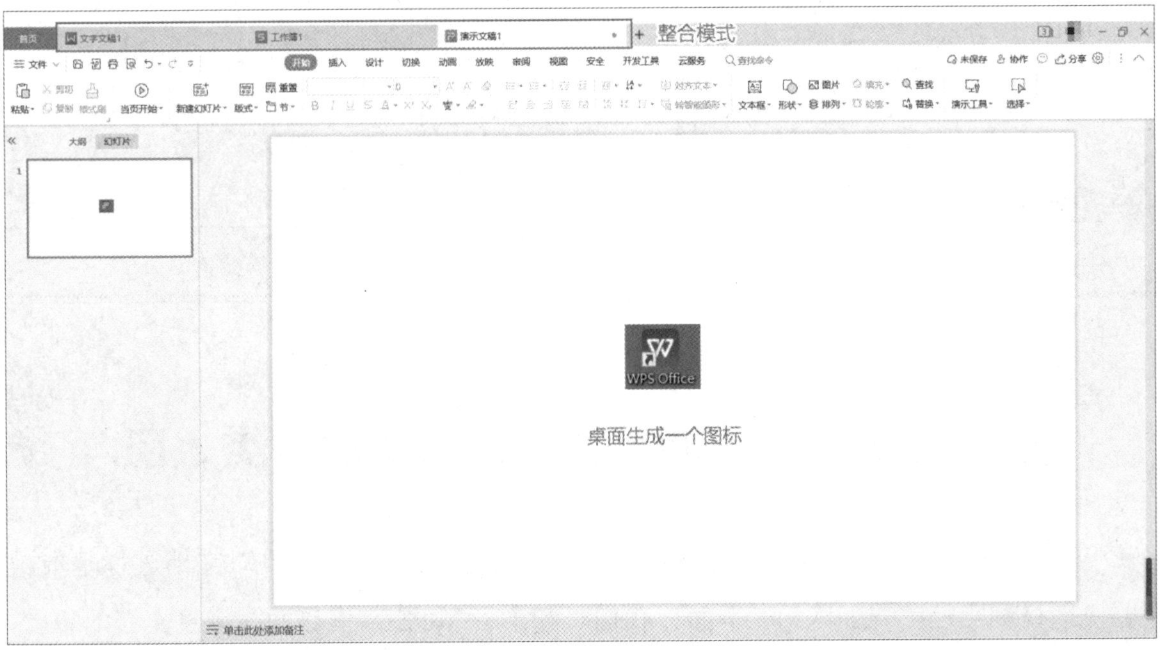

图 1.9 整合模式

在多组件模式下，每个组件都以单独的窗口形式存在，并在桌面上生成相应的图标，如图 1.10 所示。

图 1.10　多组件模式下生成的桌面图标

窗口模式设置：单击 WPS 首页标签，并单击【全局设置】按钮，选择【设置】→【切换窗口管理模式】选项，在弹出的对话框中选择窗口管理模式后单击【确定】按钮，如图 1.11 所示。重启 WPS 后设置生效。

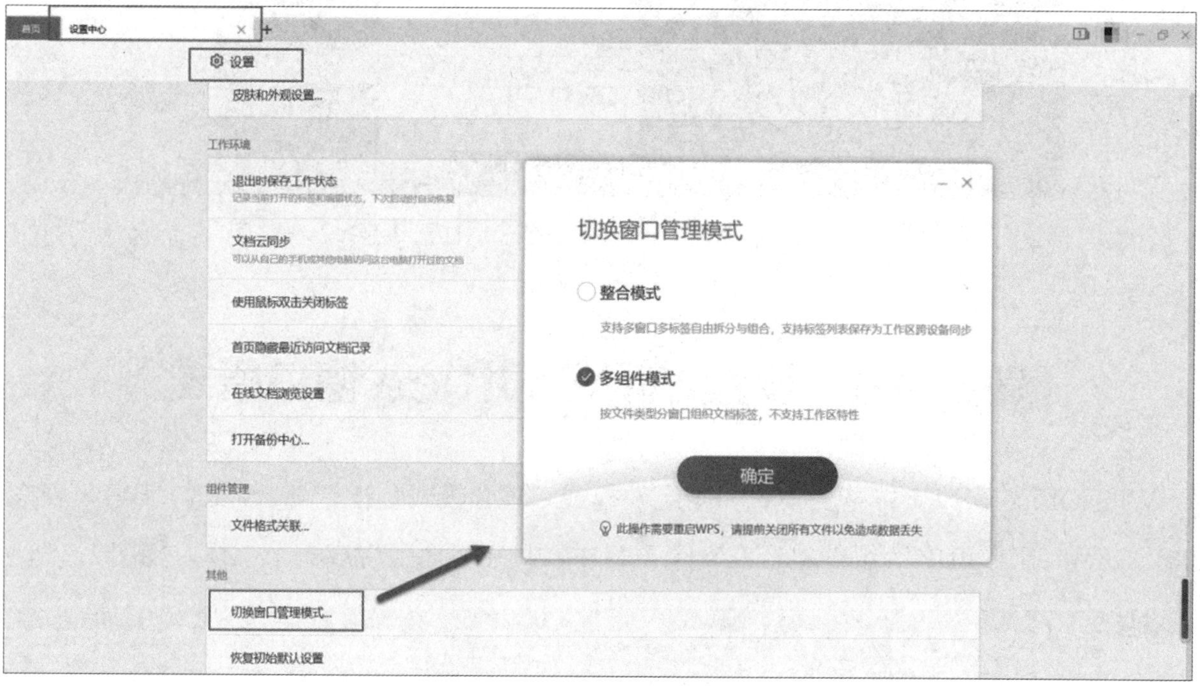

图 1.11　窗口模式设置

> **小提示：**
>
> 多组件模式不支持工作区特性。

任务 1.5　学习 WPS 文档访问的多类入口

扫一扫 学一学

在 WPS Office 环境下，WPS 工作界面就像操作文档的工作台，要对文档进行基本操作，首先要快速找到文档的访问入口。下面让我们一起学习 WPS 工作界面、新建文档的步骤，以及文档访问的多类入口。

- **新建文档的方式如下。**

方式 1：单击顶部标签栏中的【新建】按钮。

方式 2：单击 WPS 首页左侧主导航中的【从模板新建】按钮，选择新建文档类型，可以选择空白文档或本地模板，如图 1.12 所示。

图 1.12　新建文档

WPS Office 的不同组件有相似的界面，工作界面主要包括 6 个区域，如图 1.13 所示。

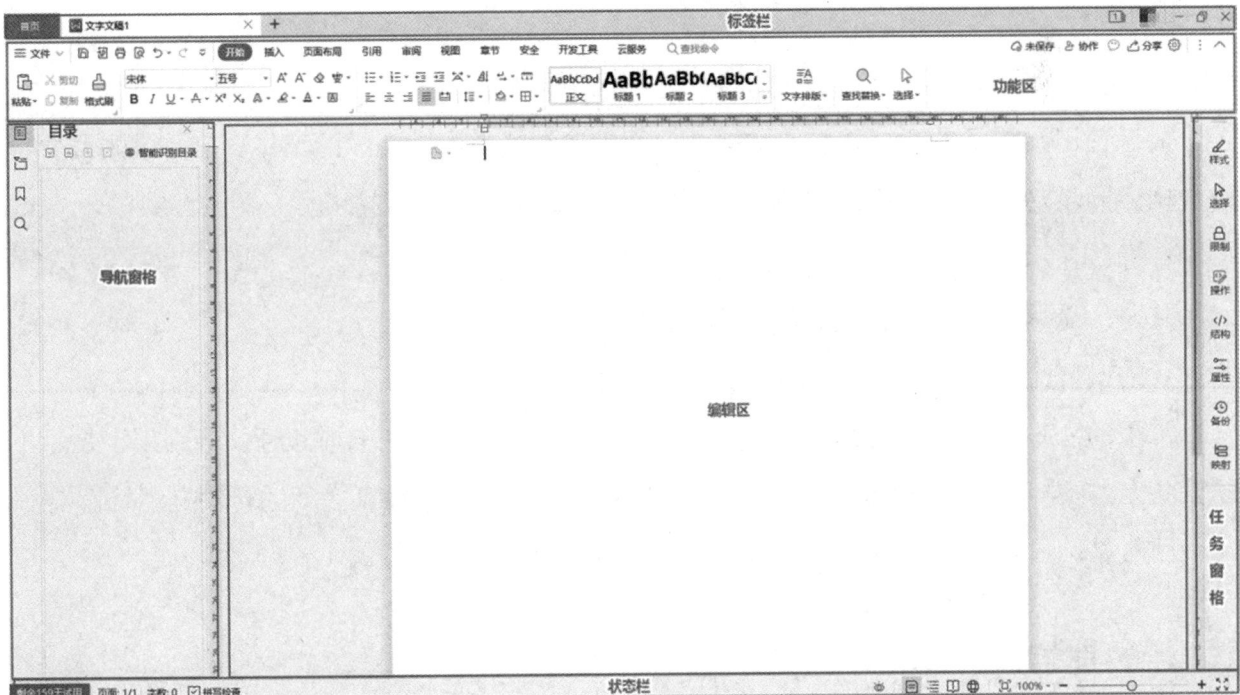

图 1.13　工作界面

- 文档访问入口。

WPS 首页的文件列表中提供了多个文档访问入口，包括快速访问、星标、我的云文档、共享、常用等，如图 1.14 所示。

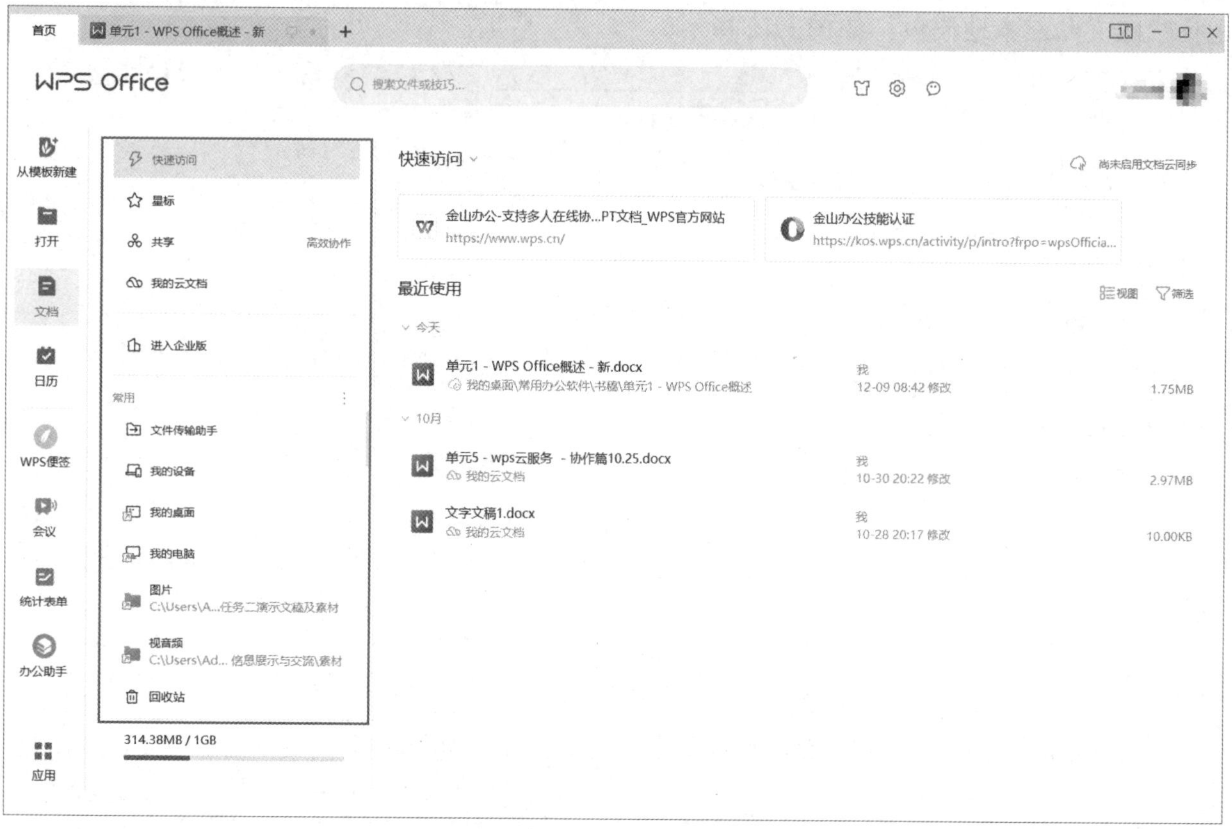

图 1.14 文档访问入口

最近使用：显示最近打开过的文档，便于用户继续上次未完成的工作。在登录账号并启用文档云同步功能后，【最近使用】文件列表中的文档可跨设备访问。

星标：显示被用户设为星标的文档。

共享：显示用户的共享文件夹、接收和发出的共享文件。

我的云文档：显示用户存储在云文档中的内容。

常用：包括我的设备、我的桌面、我的电脑、我的文档、文件传输助手，分别用于显示不同设备上的文档、本地文档、从各个应用上接收的文档、多个设备之间的传输文档等。

回收站：显示被删除的文件，文件保存 90 天后将被永久删除。

任务评价

介绍任务学习过程，进行学习汇报，对照任务考核评价表（见表 1.1）完成自评、小组互相评价（互评）与教师评价（师评），并进行学习反思。

表 1.1　任务考核评价表

任务　WPS Office 概述						
评价项目	评价内容	分值	自评	互评	师评	合计
职业素养（30 分）	爱岗敬业，有学习意识、责任意识、信息安全意识	5				
	学习态度严谨认真	5				
	交流沟通、协作与分享能力强	5				
	主动学习精神强，能够扎实完成学习任务	5				
	能够采取多种手段收集学习资料，并有效解决问题	5				
	遵守行业道德规范与行业行为规范	5				
专业能力（60 分）	熟悉 WPS Office 的主要功能与特性	10				
	认识 WPS Office 首页，熟悉首页的主要组成部分的功能	10				
	掌握文档标签的拆分与组合方法	10				
	掌握 WPS Office 窗口模式的切换方法	10				
	掌握 WPS Office 工作界面的组成	10				
	熟悉 WPS 文档访问的多类入口，并使用多类入口访问文档	10				
创新意识（10 分）	具有创新思维与创新行动	10				
合计		100				
总结与反思						

总结归纳：

存在问题：

解决方案：

提升措施：

任务拓展：WPS Office 兼容设置

WPS Office 2019 能够在文字排版、表格计算、演示文稿三大核心上与 Microsoft Office 文档做到底层兼容，可以直接创建、读取、编辑、保存诸如.doc、.docx、.xls、.xlsx、.ppt、.pptx、.pps、.ppsx 等格式的 Microsoft Office 文档，用户可通过兼容设置修改默认存储格式和文件打开方式等。

兼容设置操作：单击 WPS 首页标签，并单击【全局设置】按钮，选择【配置和修复工具】选项，单击【高级】按钮，打开【WPS Office 配置工具】对话框，如图 1.15 所示。在此对话框中单击【兼容设置】选项卡，根据需要设置选项，单击【确定】按钮。

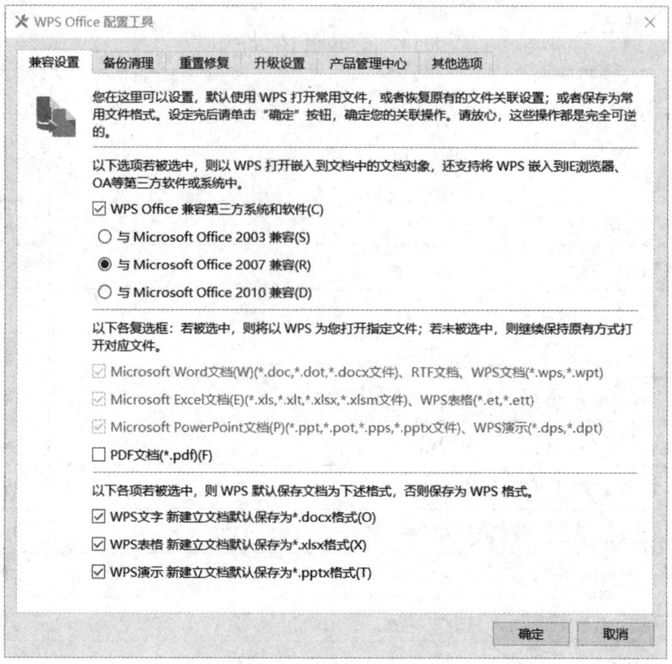

图 1.15 　【WPS Office 配置工具】对话框

单元习题

一、判断题

1．WPS Office 具有全面兼容微软 Office97—2016 格式（.doc/.docx/.xls/.xlsx/.ppt/.pptx 等）的独特优势。（　　）

2．文档标签管理是 WPS 特有的文档管理方式，所有的文档都默认以标签的形式打开，文档标签不能转移至新工作区窗口。（　　）

3．WPS Office 窗口模式有整合模式、多组件模式两种。（　　）

二、操作题

1．在 WPS 工作界面使用至少两种方式练习新建文档。

2．在 WPS 工作界面使用至少两种方式练习打开文档。

3．练习 WPS Office 两种窗口模式的切换。

WPS 文字处理-行政篇

任务 2.1 制作宣传文案

任务描述

刘小扬入职的至强公司是一家科技公司，公司组织认真学习宣传贯彻党的二十大精神，牢记科技创新的使命与责任。刘小扬接到任务，为公司制作宣传文案，介绍公司情况及其主要产品，并传播用户至上、积极创新、团结拼搏的企业文化。刘小扬根据任务要求制订了任务实施计划。制作宣传方案任务工单如表 2.1 所示。下面让我们一起跟随刘小扬来完成本次任务。

表 2.1 制作宣传文案任务工单

任务名称	制作宣传文案	组号		工时	
任务描述	为做好宣传工作，传播用户至上、积极创新、团结拼搏的企业文化，使用 WPS 文字功能制作公司宣传文案				
任务目的	✧ 介绍公司基本情况及其主要产品 ✧ 宣传公司用户至上、积极创新、团结拼搏的企业文化 ✧ 学会使用 WPS 文字的文本编辑和段落设置功能				
任务要求	1. 新建 WPS 文字文档，将文档命名为【至强公司宣传文案.docx】并保存 2. 设置纸张大小为 A4，页边距上/下为 2.5 厘米、左/右为 2.6 厘米 3. 录入文案内容，将一级标题文字设置为黑体、三号字，居中显示；将二级标题文字设置为宋体、加粗、四号字，居中显示；正文字体为宋体、五号字，首行缩进 2 个字符，行间距 1.5 倍，段前、段后间距各 0.5 行。正文设置一个段落后，其他段落格式均使用格式刷功能复制格式 4. 预览并打印文档				
任务实施计划	1. 明确需要使用的办公软件——WPS 文字 2. 掌握任务涉及的知识点：文档常用操作、文本与段落格式设置、预览与打印等 3. 实施计划： （1）撰写宣传文案 （2）新建 WPS 文字文档，命名并保存文档 （3）编辑并修改宣传文案，保存文档 （4）预览并打印输出				

相关知识点

WPS 文字工作界面与视图

WPS Office 包含 WPS 文字、WPS 表格、WPS 演示三大功能模块，对应的工作界面有所不同。WPS 文字工作界面如图 2.1 所示。

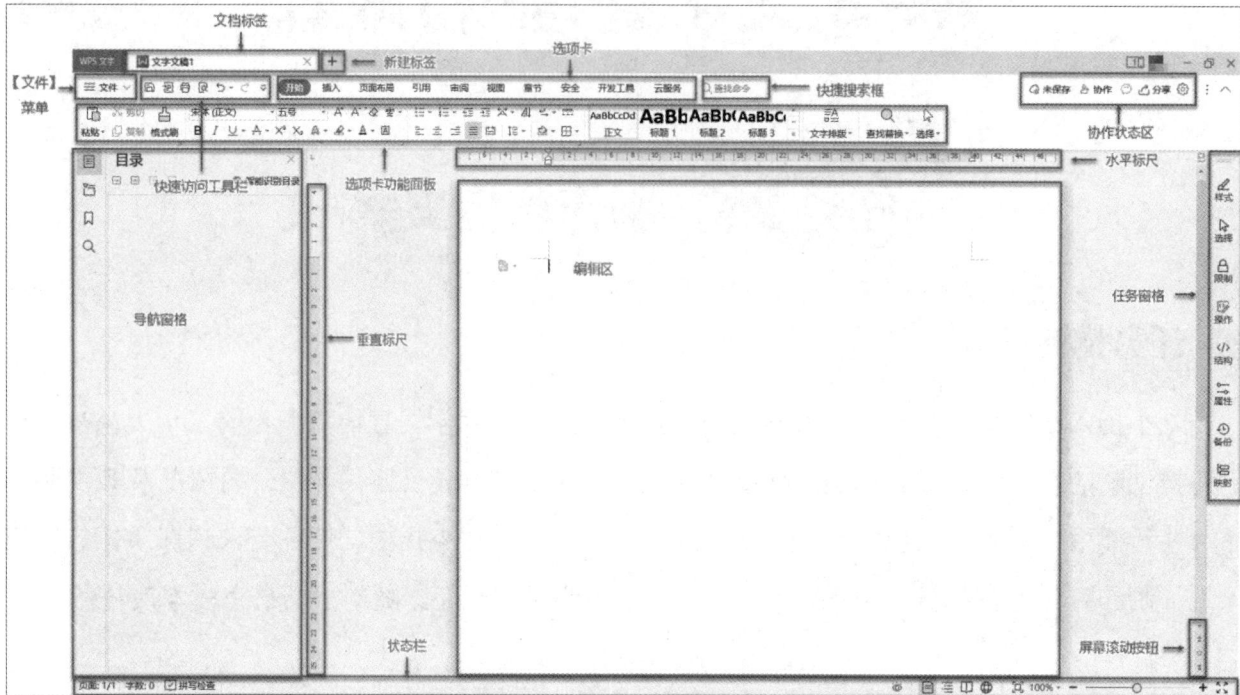

图 2.1　WPS 文字工作界面

【文件】菜单：WPS 所有组件的【文件】菜单都固定放置在界面的左上角，用于收纳所有与文件相关的基本命令。【文件】菜单中除了提供【新建】【打开】【保存】等常用命令，还整合了【最近使用】文件列表，方便用户打开最近使用过的同类型文档，如图 2.2 所示。

快速访问工具栏：默认位于【文件】菜单的右侧，用于放置高频使用的命令，便于用户快速找到并使用其功能。快速访问工作栏默认包含【保存】【输出为 PDF】【打印】【打印预览】【撤销】【恢复】6 个命令按钮。快速访问工具栏中的命令按钮与放置位置可以自定义，可以通过单击快速访问工具栏右侧的下拉按钮打开扩展菜单，通过增加或删除命令按钮等操作配置个性化快速访问工具栏，如图 2.3 所示。

快捷搜索框：搜索功能与使用帮助的入口，位于选项卡右侧，输入需要搜索功能的关键字，即可显示 WPS 文字所包含的相关功能，如输入【页面】后显示所有包含此关键字的功能，如图 2.4 所示。选择其中某项功能即可打开相关的对话框。

图 2.2　【文件】菜单

图 2.3　快速访问工具栏的扩展菜单

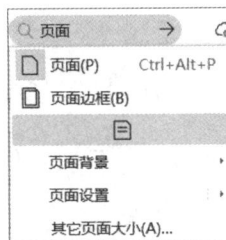

图 2.4　快捷搜索框应用

　　协作状态区：用于展示文档云同步状态和协作状态，并能够快速执行文档协作和分享操作。

　　选项卡：WPS 采用选项卡方式将文档编辑功能按钮根据不同的应用场景分类放置。不同的选项卡对应不同的选项卡功能面板，单击选项卡可以进行切换，当前被选定的选项卡称为活动选项卡。选项卡分为标准选项卡和上下文选项卡。标准选项卡是指正常功能界面所显示的选项卡，如图 2.5 所示。上下文选项卡是指当文档中的部分内容和对象有自身特有的操作时，功能区中会动态加载出用于执行特定操作的附加选项卡。例如，当选中文档中的图片时，会动态加载【图片工具】上下文选项卡，如图2.6所示。

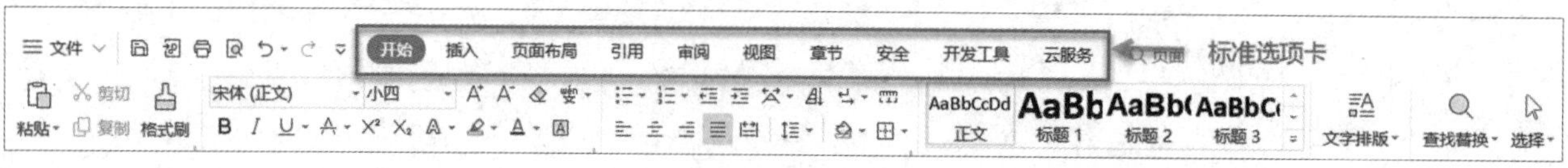

图2.5　标准选项卡

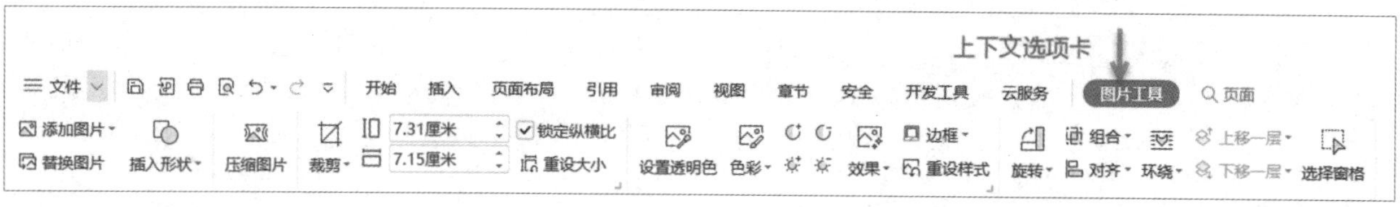

图2.6　【图片工具】上下文选项卡

标尺：包括水平标尺和垂直标尺，方便用户对文字和段落进行排版，可通过【视图】选项卡显示或隐藏标尺。

状态栏：位于工作界面底部，用于提供文档状态信息展示和视图控制功能。文档状态信息包括当前页数、文档总页数、文档包含的字数、拼写检查等。视图控制区用于切换文档展示视图、调整视图缩放比例或进入全屏显示模式。

WPS文字提供了5种常规视图模式与一种特色模式。常规视图模式包括全屏显示、阅读版式、页面、大纲、Web版式，如图2.7所示。通过状态栏右侧的视图切换按钮 ▤ ☰ ▯ ⊕，或者通过单击【视图】选项卡中的相应按钮切换视图模式。

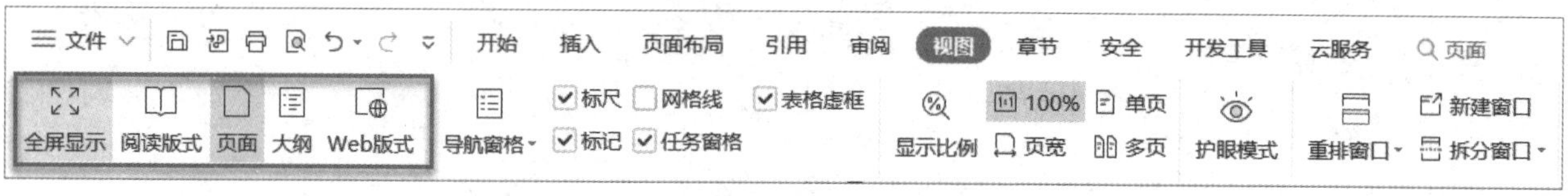

图2.7　【视图】选项卡

页面视图是WPS文字默认的视图模式，可以显示文档的打印外观，主要包括页眉、页脚、图形对象、分栏设置、页边距等元素，显示效果与打印效果完全一致。

阅读版式视图适用于全屏阅读文档，以便利用最大的空间来阅读文档。此时可单击左右两侧的三角按钮，实现屏幕跳转，如图2.8所示。

Web版式视图可通过网页形式显示WPS文字文档，适用于发送电子邮件和创建网页。

大纲视图主要用于WPS文字文档结构的设置和浏览，可折叠文档只查看到某级标题，或者扩展文档以查看整篇文档，还可以通过拖动标题来移动、复制、重新组织正文。

全屏显示视图是指WPS文字在整个屏幕上完整地呈现文档，即整个视图只显示文档内容。

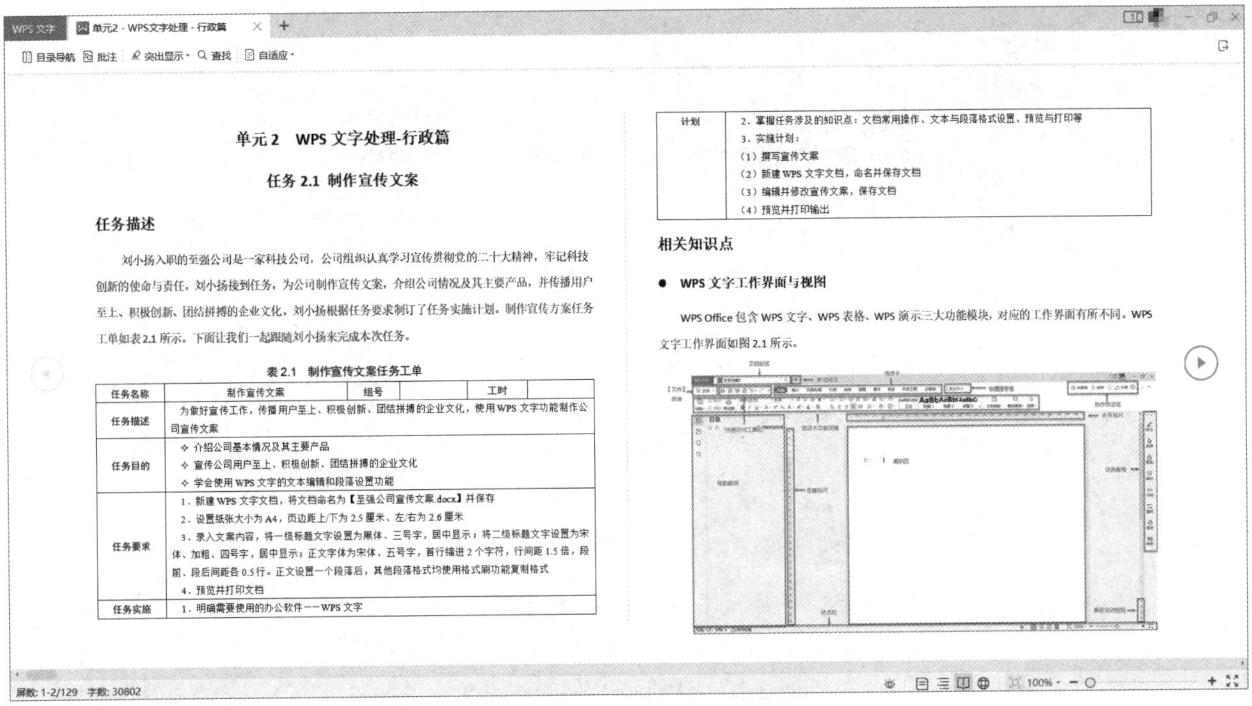
单元2 - WPS文字处理 - 行政篇
目录导航
批注
突出显示
查找
自适应
单元 2　WPS 文字处理-行政篇
任务 2.1 制作宣传文案
任务描述
刘小扬入职的至强公司是一家科技公司，公司组织认真学习宣传贯彻党的二十大精神，牢记科技创新的使命与责任。刘小扬接到任务，为公司制作宣传文案，介绍公司情况及其主要产品，并传播用户至上、积极创新、团结拼搏的企业文化。刘小扬根据任务要求制订了任务实施计划。制作宣传方案任务工单如表 2.1 所示。下面让我们一起跟随刘小扬来完成本次任务。
表 2.1　制作宣传文案任务工单
任务名称
制作宣传文案
组号
工时
任务描述
为做好宣传工作，传播用户至上、积极创新、团结拼搏的企业文化，使用 WPS 文字功能制作公司宣传文案
任务目的
✧ 介绍公司基本情况及其主要产品
✧ 宣传公司用户至上、积极创新、团结拼搏的企业文化
✧ 学会使用 WPS 文字的文本编辑和段落设置功能
任务要求
1．新建 WPS 文字文档，将文档命名为【至强公司宣传文案.docx】并保存
2．设置纸张大小为 A4，页边距上/下为 2.5 厘米、左/右为 2.6 厘米
3．录入文案内容，将一级标题文字设置为黑体、三号字，居中显示；将二级标题文字设置为宋体、加粗、四号字，居中显示；正文字体为宋体、五号字，首行缩进 2 个字符，行间距 1.5 倍，段前、段后间距各 0.5 行。正文设置一个段落后，其他段落格式均使用格式刷功能复制格式
4．预览并打印文档
任务实施
1．明确需要使用的办公软件——WPS 文字
计划
2．掌握任务涉及的知识点：文档常用操作、文本与段落格式设置、预览与打印等
3．实施计划：
（1）撰写宣传文案
（2）新建 WPS 文字文档，命名并保存文档
（3）编辑并修改宣传文案，保存文档
（4）预览并打印输出
相关知识点
WPS 文字工作界面与视图
WPS Office 包含 WPS 文字、WPS 表格、WPS 演示三大功能模块，对应的工作界面有所不同。WPS 文字工作界面如图 2.1 所示。
字数: 30802
100%

图 2.8　阅读版式视图

护眼模式是 WPS 文字的特色模式，可以帮助用户减轻眼疲劳，单击【视图】选项卡中的【护眼模式】按钮，界面变为绿色。该模式可叠加应用到所有视图模式中。

屏幕滚动按钮： 当所编辑的文档篇幅较长时，利用屏幕滚动按钮可以向上或向下翻屏，或者单击【选择浏览对象】按钮，选择按页浏览、按图形浏览等方式，如图 2.9 所示。

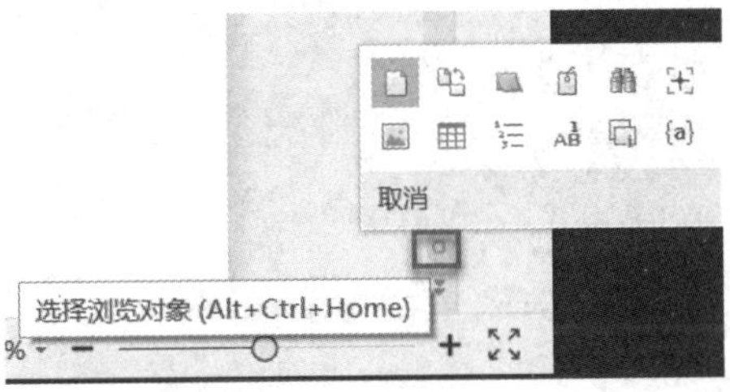
取消
选择浏览对象 (Alt+Ctrl+Home)

图 2.9　选择浏览对象

📖 文档常用操作

文档常用操作包括新建、打开、保存、另存为、转化 PDF、打印等，这些操作可以在【文件】菜单中实现。

扫一扫 学一学

打开文件： 方式 1，执行【文件】→【打开】命令，弹出【打开文件】对话框，如图 2.10 所示，选择文档所在的文件夹和文件名即可打开之前已经保存的文档；方式 2，单击 WPS 文字首页标签或【文件】菜单，通过【最近使用】文件列表可以快速打开最近操作的文档。在登录账号并启用云文档同步功能后，【最近使用】文件列表中的文档可跨设备访问。

图 2.10　【打开文件】对话框

保存文件：在第一次保存新建的文件时，执行【文件】→【保存】命令后会打开【另存文件】对话框，如图 2.11 所示。在【位置】下拉列表中选择目标文件夹，在【文件名】文本框中输入保存的文件名，在【文件类型】下拉列表中选择保存类型，默认文件类型为【Microsoft Word 文件(*.docx)】，单击【保存】按钮即可。对于已经保存的文件，再次单击【保存】按钮会按照上次保存的位置、文件名和文件类型进行保存，如果需要重命名或另外保存在其他位置，则需要执行【文件】→【另存为】命令。

扫一扫 学一学

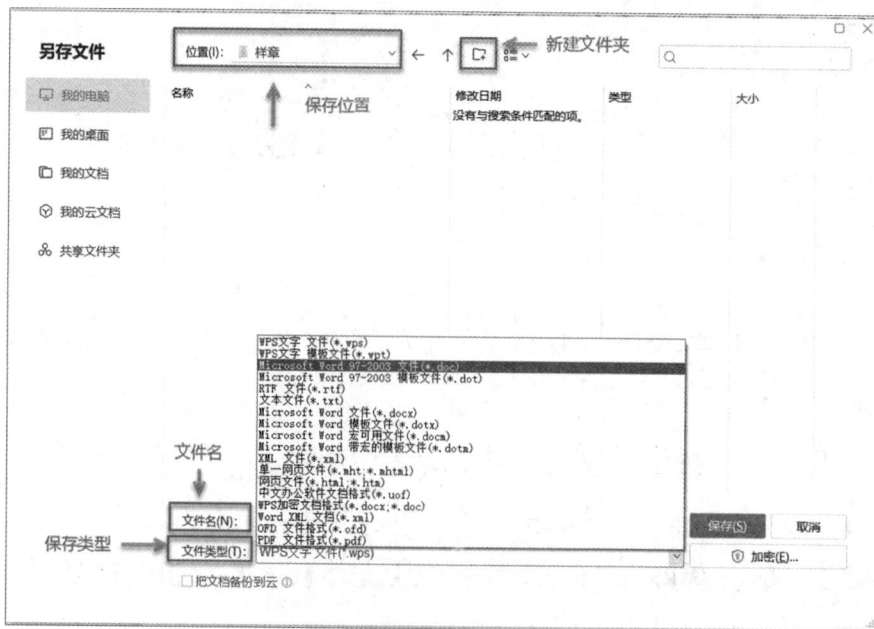

图 2.11　【另存文件】对话框

小提示：

保存文件一定要记住 3 要素，即保存位置、文件名与文件类型，再次打开文件时需要定位上次保存文件的位置和文件名，文件类型与打开文件的程序有直接的关联。Microsoft Word 文件（扩展名为*.doc 或*.docx）可以用 WPS 打开。

文档管理：在 WPS 文字首页中可以右击文件列表中的文件，进行复制、剪切、重命名等操作，也可以执行【分享】【添加星标】【上传到"我的云文档"】等 WPS 内置的特色命令，如图 2.12 所示。若执行【分享】命令，则可快速发起文件链接分享（单元 5 中会详细介绍）；若执行【添加星标】命令，则可对重要文件添加星标以便管理，添加星标后，文件/文件夹将出现在【星标】文件列表中。

图 2.12　通过 WPS 文字首页进行文档管理

📖 **页面设置**

页面设置主要包括页边距、纸张方向、纸张大小、文字方向等，通过【页面布局】选项卡可以进行相关操作，如图 2.13 所示。

扫一扫 学一学

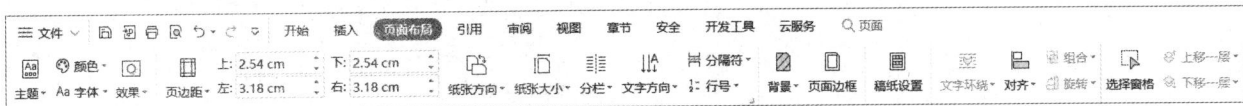

图 2.13　【页面布局】选项卡

页边距是指页面的边线到文字的距离。单击【页面布局】选项卡中的【页边距】下拉按钮，执行【自定义页边距】命令，打开【页面设置】对话框，如图2.14所示，在【页边距】选区中输入页边距的值；或者直接在【页面布局】选项卡的【页边距】下拉菜单中选择已经设置好的页边距，如图 2.15 所示；或者在【页面布局】选项卡中直接编辑页边距。【页面布局】选项卡中的【纸张方向】和【纸张大小】按钮分别用于设置页面方向与页面大小，在【页面设置】对话框中同样可以设置。

图2.14　【页面设置】对话框

图2.15　【页边距】下拉菜单

小提示：

当需要在同一篇文档中使用纵向和横向两种纸张方向时，选定文档中部分内容，在【页面设置】对话框中设置纸张方向，选择应用于所选文字；或者将插入点置于一个位置，选择应用于插入点之后；或者通过插入分节符的方式进行设置。

文本格式设置

设置文本格式可通过功能按钮、字体对话框、浮动工具栏和快捷菜单 4 种方式进行。

扫一扫 学一学

方式1：选中文本，单击【开始】选项卡中的相应功能按钮设置文本格式，如图2.16所示。

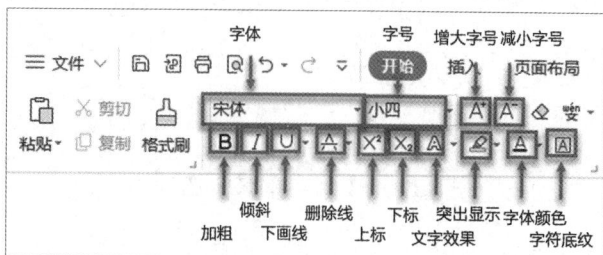

图2.16　文本格式设置功能按钮

方式2：选中文本，单击【开始】选项卡中的【字体】对话框按钮，打开【字体】对话框，如图2.17所示，通过该对话框设置文本格式。

方式3：选中文本后，松开鼠标，浮动工具栏会自动显示出来，如图2.18所示，单击相应格式图标完成文本格式设置。

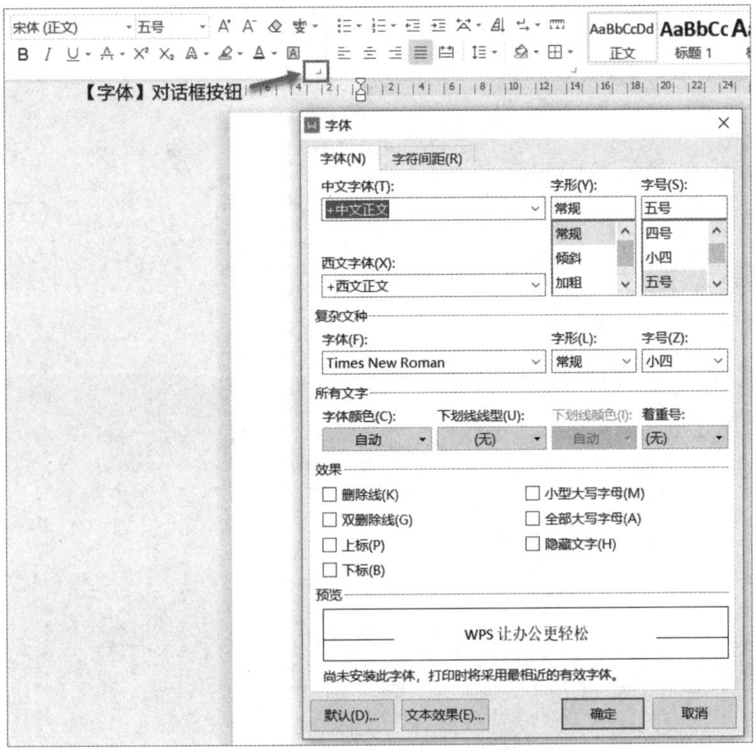

图2.17　【字体】对话框

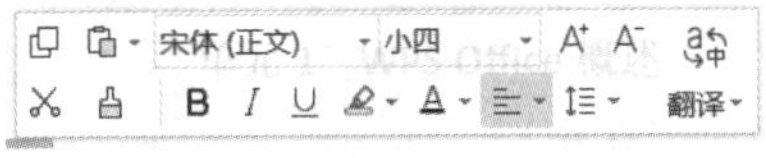

图2.18　浮动工具栏

小提示：

WPS文字提供字体即时预览功能，在选中需要设置格式的文本后，只需将鼠标指针移到某一字体上即可显示该字体的应用效果，为用户免去了逐个应用字体查看效果的麻烦。字体即时预览为WPS文字、WPS表格、WPS演示的通用功能。

段落格式设置

段落格式设置包括间距、对齐方式、缩进方式等。选中段落，或者将插入点置于段落中，单击【开始】选项卡中的【段落】对话框按钮，打开【段落】对话框，设置段落格式，如图2.19所示；或者使用段落布局工具进行设置。

扫一扫 学一学

段落布局工具：段落布局是WPS文字的特色工具之一，在默认状态下，段落布局工具可以直接使用。设置方法为：单击【开始】选项卡，并单击【显示/隐藏编辑标记】下拉按钮，在下拉菜单中选择【显示/隐藏段落布局按钮】选项，使其呈现勾选状态，如图2.20所示。

扫一扫 学一学

图 2.19　【段落】对话框

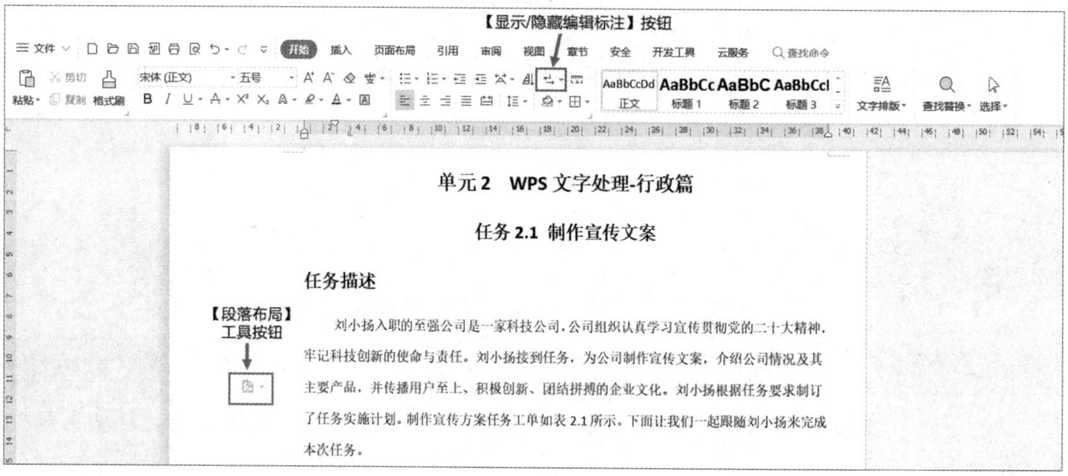

图 2.20　显示【段落布局】工具按钮

选中需要排版的段落，或者将光标置于需要排版的段落中，使用【段落布局】上下文选项卡中的功能按钮，或者拖动段落四周的按钮设置段落布局，如图 2.21 所示。

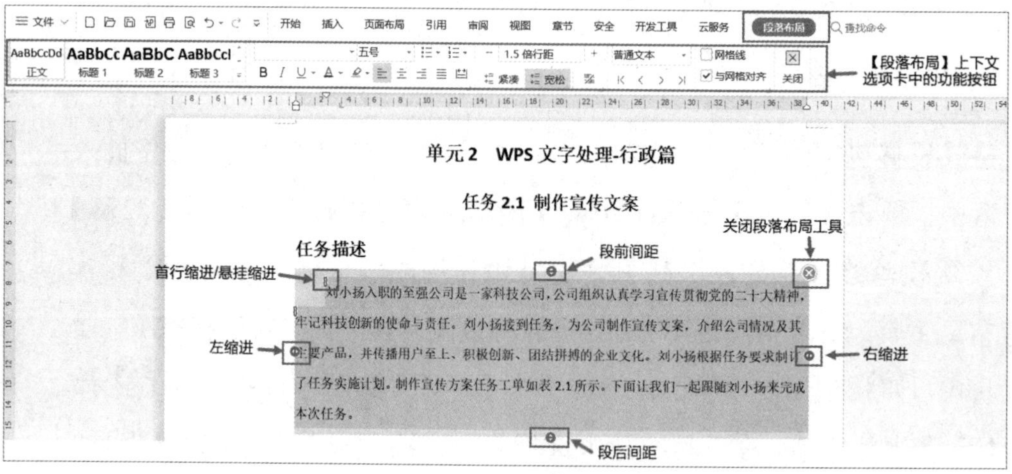

图 2.21　段落布局工具与使用标记

间距设置：间距分为行间距和段间距。

方法 1：在【段落】对话框的【间距】选区中设置段前、段后的距离，行距（行与行之间的距离），如图 2.19 所示。

方法 2：行距也可以通过【开始】选项卡中的段落功能按钮进行设置，如图 2.22 所示。

对齐方式设置：对齐方式包括左对齐、右对齐、居中对齐、两端对齐、分散对齐。将插入点置于段落中，在【段落】对话框中选择对齐方式，或者直接单击图 2.22 中的功能按钮。

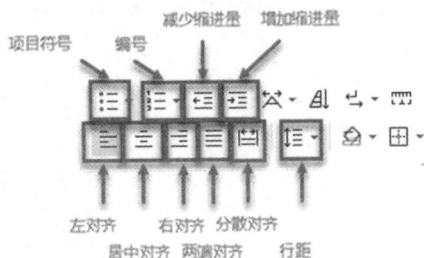

图 2.22　段落功能按钮

段落缩进设置：段落缩进包括首行缩进、悬挂缩进、左缩进和右缩进。选中段落或将光标置于段落中，通过水平标尺上的段落缩进符、功能按钮、【段落】对话框等方法进行设置。水平标尺上的段落缩进符如图 2.23 所示，通过拖动相应的段落缩进符进行段落缩进设置。

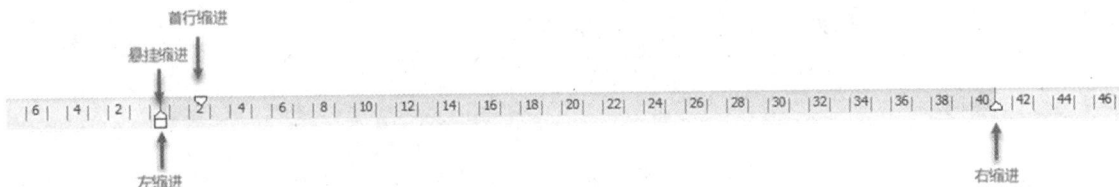

图 2.23　水平标尺上的段落缩进符

项目符号与编号：选中段落或文字后，使用【项目符号】或【编号】功能按钮可以为段落或文字设置项目符号或编号。

小提示：

　　使用格式刷复制格式。当用户对文字和段落进行格式设置后，如果想把同样的格式设置应用到其他文字和段落中，则可以使用格式刷。首先将插入点置于已经设置好格式的段落中，然后单击【开始】选项卡中的【格式刷】按钮（双击该按钮可以将格式复制多次），这时鼠标指针变为一把小刷子的形状，按住鼠标左键，在需要复制格式的文字或段落上拖动，即可复制格式。

📖 文字排版

文字排版是 WPS 文字的特色功能，可快速清理和排版格式混乱的文档，如图 2.24 所示。单击【开始】选项卡中的【文字排版】下拉按钮，根据需要在下拉菜单中选择合适的排版选项，包括【段落重排】【智能格式整理】等。

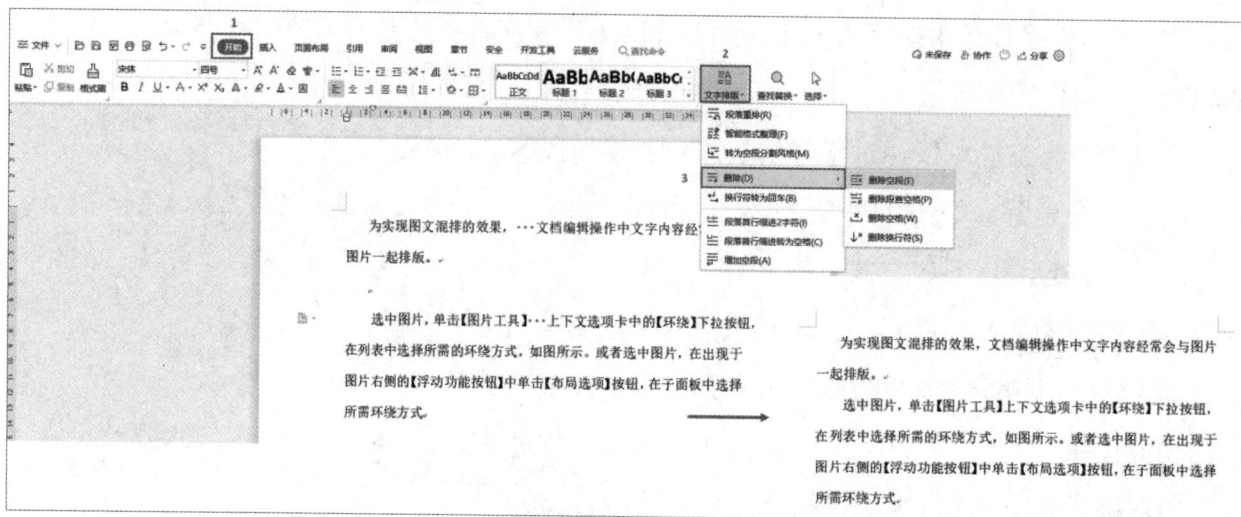

图 2.24　文字排版的步骤与效果

小提示：

如果需要对某段或多段文本进行排版，则需要选中对应文本；如果需要对整个文档进行排版，则将光标定位至文档中的任意位置即可。

📖 插入符号

单击【插入】选项卡中的【符号】下拉按钮，单击对话框中的符号即可将其插入当前位置。可以将常用符号插入符号栏并为其设置快捷键。具体方法为：单击【插入】选项卡中的【符号】按钮，打开【符号】对话框，单击【符号】选项卡，选中目标符号，单击【插入到符号栏】按钮，如图 2.25 所示；单击【符号栏】选项卡，找到目标符号后可以为其设置快捷键，方便用户使用，如图 2.26 所示。

图 2.25　将常用符号插入符号栏

图 2.26　设置符号的快捷键

扫一扫 学一学

📖 **打印预览与打印**

打印预览：为了保证打印效果，在打印之前先执行打印预览操作。执行【文件】→【打印】命令，在其子菜单中执行【打印预览】命令，出现【打印预览】选项卡和【打印预览】功能区，如图 2.27 所示。通过功能区命令按钮可以对打印机的类型、纸张信息、纸张方向、页边距进行设置，也可以设置单面或双面打印、打印份数、页码范围和打印范围。打印预览效果即打印实际效果，在打印机安装配置完成的情况下，设置完成后可以单击【直接打印】按钮进行文档的打印。

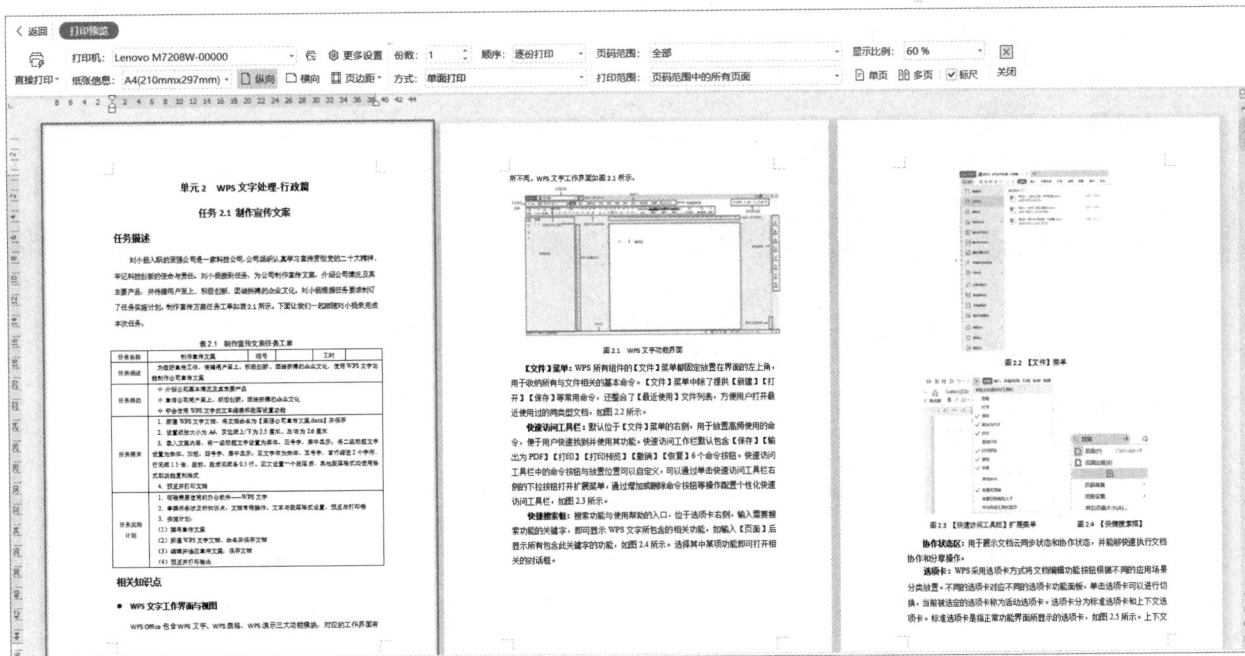

图 2.27　打印预览

打印：【打印】对话框可以从【打印预览】功能区进入，也可以执行【文件】→【打印】命令，或者单击快速访问工具栏中的【打印】命令按钮。【打印】对话框如图 2.28 所示。在【打印】对话框中可以选择打印机、设置页码范围和打印份数等，在打印机安装配置完成的情况下，单击【确定】命令按钮即可打印。

小提示：

用好 WPS 剪贴板。WPS 剪贴板中记录了用户在当前文档中复制和剪切的历史内容，用户可轻松调用历史内容和进行批量化操作。单击【格式刷】按钮右下角的【剪贴板】对话框按钮，打开【剪贴板】对话框，如图 2.29 所示。用户也可以将常用的信息内容收藏起来，建立收藏库，方便后期使用。单击【剪贴板】对话框左下角的【设置】按钮可以设置【剪贴板】对话框的打开方式等。

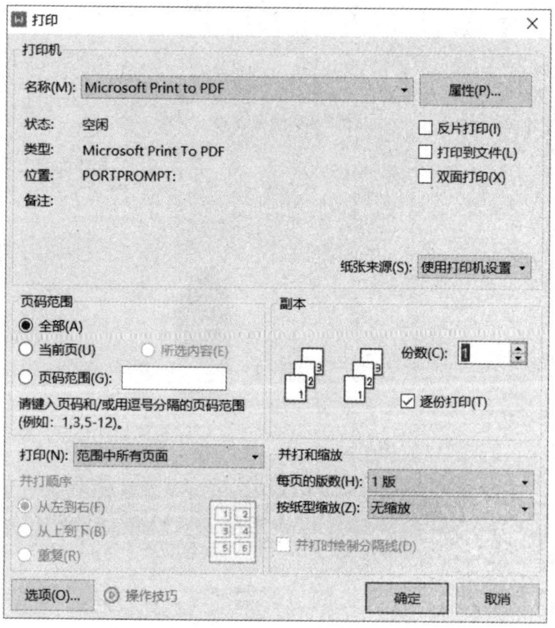

图 2.28　【打印】对话框

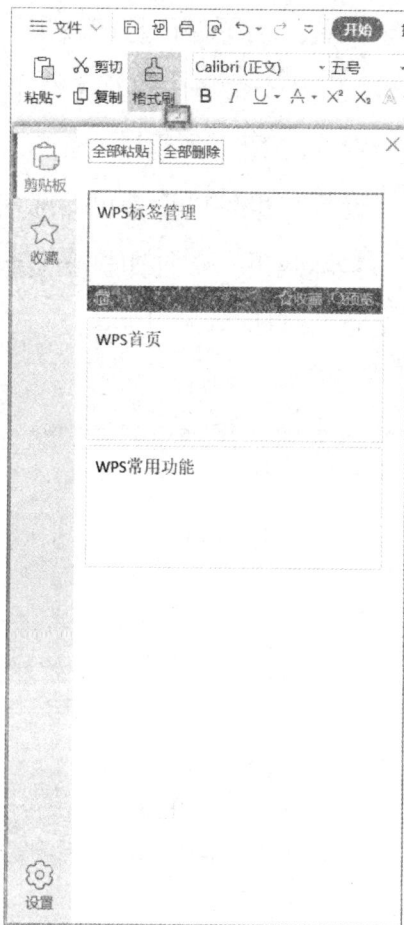

图 2.29　【剪贴板】对话框

任务实现

扫一扫 学一学

📖 第 1 步：新建宣传文案

双击桌面上的【WPS 文字】图标，进入 WPS 文字首页，单击标签栏中的【新建】按钮，创建 WPS 文字空白文档，单击快速访问工具栏中的【保存】按钮，打开【另存文件】对话框，选择需要保存的文件夹（或新建文件夹），在【文件名】文本框中输入【至强科技宣传文案】，文件类型选择【Microsoft Word 文件(*.docx)】，单击【保存】按钮。

📖 第 2 步：设置宣传文案的页面

单击【页面布局】选项卡，并单击【纸张大小】下拉按钮，在下拉菜单中选择 A4 纸型（默认纸张大小即 A4）；单击【页边距】下拉按钮，在下拉菜单中选择【自定义页边距】选项，打开【页面设置】对话框，通过【页边距】选区中的数值调节按钮设置上、下页边距为 2.5 厘米，左、右页边距为 3.2 厘米。

📖 第 3 步：宣传文案编辑与格式化

（1）在文档编辑区中参考图 2.30 录入公司宣传文案的文字内容。

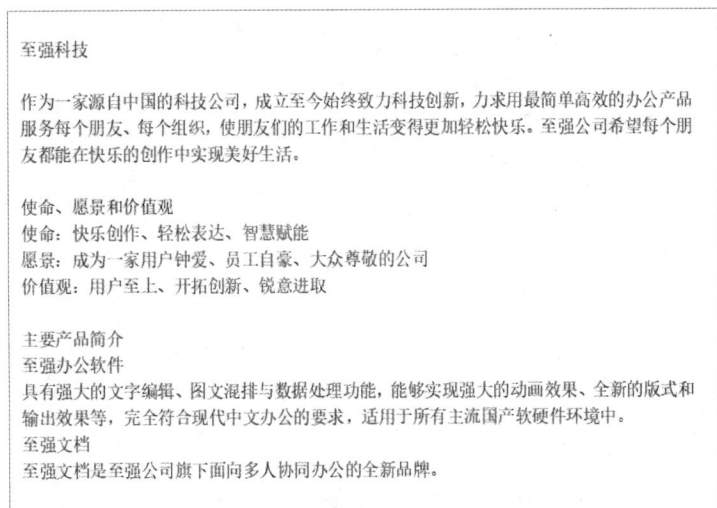

至强科技

作为一家源自中国的科技公司，成立至今始终致力科技创新，力求用最简单高效的办公产品服务每个朋友、每个组织，使用友们的工作和生活变得更加轻松快乐。至强公司希望每个朋友都能在快乐的创作中实现美好生活。

使命、愿景和价值观
使命：快乐创作、轻松表达、智慧赋能
愿景：成为一家用户钟爱、员工自豪、大众尊敬的公司
价值观：用户至上、开拓创新、锐意进取

主要产品简介
至强办公软件
具有强大的文字编辑、图文混排与数据处理功能，能够实现强大的动画效果、全新的版式和输出效果等，完全符合现代中文办公的要求，适用于所有主流国产软硬件环境中。
至强文档
至强文档是至强公司旗下面向多人协同办公的全新品牌。

图 2.30 至强公司宣传文案无格式版

（2）选中一级标题文字，将鼠标指针移至浮动工具栏，在字体组合框中选择字体【黑体】，在字号组合框中选择字号【三号】，单击【居中对齐】按钮。

（3）选中二级标题，将鼠标指针移至浮动工具栏，在字体组合框中选择字体【宋体】，在字号组合框中选择字号【四号】，单击【加粗】按钮，并单击【居中对齐】按钮。

（4）选中正文，将鼠标指针移至浮动工具栏，在字体组合框中选择字体【宋体】，在字号组合框中选择字号【五号】，单击【开始】选项卡中的【段落】对话框按钮，打开【段落】对

话框，设置首行缩进 2 个字符，行距为【1.5 倍行距】，段前、段后间距为【0.5 行】。

（5）将光标置于已经设置格式的正文中，单击【开始】选项卡中的【格式刷】按钮，拖动鼠标选中其他未设置格式的正文文字。

（6）选中【使命、愿景和价值观】下的正文，单击【项目符号】下拉按钮，在下拉面板中单击【带填充效果的大圆形项目符号】按钮。

分别选中【主要产品简介】下的产品名称，单击【编号】下拉按钮，在下拉面板中单击【阿拉伯数字编号】按钮。

📖 第 4 步：宣传文案打印输出

执行快速访问工具栏中的【打印预览】命令，预览打印效果，如图 2.31 所示，单击【直接打印】按钮。

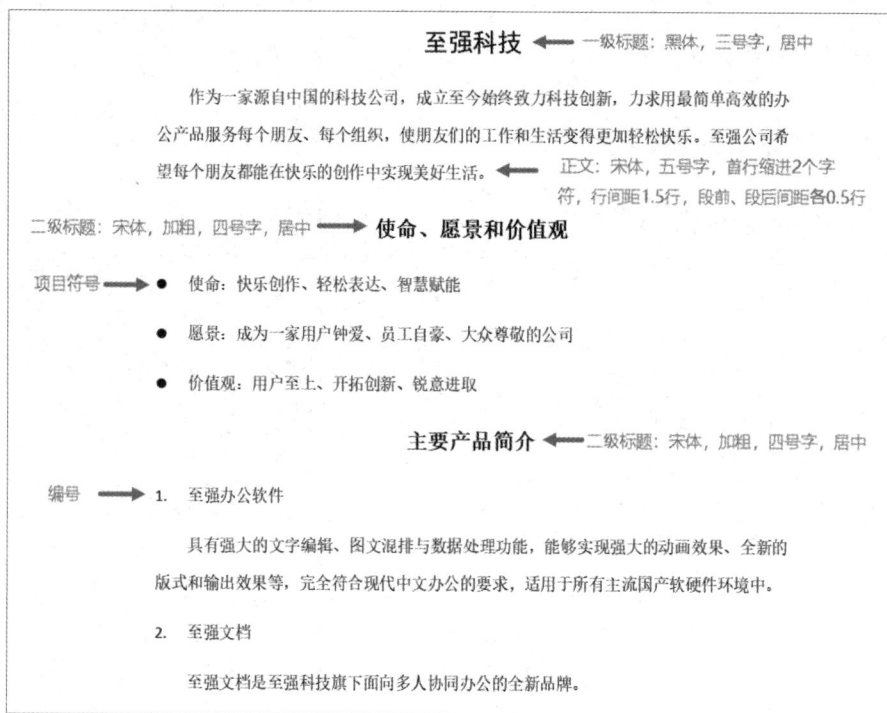

图 2.31　宣传文案格式设置要求和效果

📖 第 5 步：保存文档并关闭 WPS

执行快速访问工具栏中的【保存】命令，单击标签栏右侧的【关闭】按钮。

🦋 任务评价

各组展示作品，介绍任务完成过程，制作过程视频，提交作品，进行自评、互评与师评，并进行任务反思，完成任务考核评价表（见表 2.2）。

表 2.2　任务考核评价表

任务 2.1　制作宣传文案						
评价项目	评价内容	分值	自评	互评	师评	合计
职业素养（30分）	爱岗敬业，有责任意识、执行意识、安全意识	5				
	制订计划能力强，学习态度严谨认真	5				
	团队合作，交流沟通、协作与分享能力强	5				
	主动性强，能够保质保量完成任务	5				
	能够采取多种手段收集信息，并有效解决问题	5				
	遵守行业道德规范与行为规范	5				
专业能力（60分）	熟悉 WPS 文字工作界面并应用常用视图模式进行文档编辑	10				
	掌握新建、打开、保存、另存为等 WPS 文字文档常用操作	10				
	掌握页面设置中页边距、纸张方向、纸张大小等设置操作	10				
	掌握设置文字字体、字号、颜色、加粗、字符间距等常用文本格式操作	10				
	掌握设置段落对齐方式、首行缩进、段落缩进、段前/段后间距、行距等操作	10				
	会使用 WPS 文字排版特色功能，掌握符号的插入方法	5				
	掌握设置单面或双面打印、打印份数、页码范围和打印范围等操作	5				
创新意识（10分）	具有创新思维与创新行动	10				
合计		100				
总结与反思						
总结归纳： 存在问题： 解决方案： 提升措施：						

任务拓展：制作调查问卷

利用 WPS 文字制作一份调查问卷，如图 2.32 所示。

第 1 步：打开源文件

双击桌面上的【WPS 文字】图标，进入 WPS 文字首页，单击主导航中的【打开】按钮，弹出【打开文件】对话框，选择调查问卷存放的源文件夹，选择未设置格式的【调查问卷.docx】文件，单击【打开】按钮。

第 2 步：设置正文文字与段落格式

（1）选中【尊敬的用户……谢谢合作！】3 段文字，单击【开始】选项卡，在字体组合框中选择字体【黑体】，在字号组合框中选择字号【五号】；单击【行距】下拉按钮，在下拉菜单中选择【1.5】选项；单击【段落布局】工具按钮，拖动首行缩进条至首行缩进 2 个字符，拖动左、右缩进条至左、右缩进2个字符，拖动段后间距条至段后间距为0.5行。

（2）选中第2段中的【优质】两字，将鼠标指针移至浮动工具栏，在字号组合框中选择字号【小四】，单击【加粗】按钮，设置文字颜色为【蓝色】；单击【开始】选项卡中的【字体】对话框按钮，打开【字体】对话框，单击【字符间距】选项卡，将缩放值设置为【150%】，将间距设置为【加宽】，并设置其值为1.2磅。

📖 **第3步：设置调查问卷文字与段落格式**

（1）选中文字【用户调查问卷】，将鼠标指针移至浮动工具栏，在字体组合框中选择字体【黑体】，在字号组合框中选择字号【三号】，单击【居中对齐】按钮，并单击【字体颜色】下拉按钮，在下拉面板中选择渐变填充色为【蓝色-深蓝渐变】。

（2）选中其余文字，将鼠标指针移至浮动工具栏，在字体组合框中选择字体【宋体】，在字号组合框中选择字号【小四】；单击【行距】下拉按钮，在下拉菜单中选择【2.0】选项。

（3）选择【姓名……地址】的所有文字，单击【开始】选项卡中的【制表位】按钮，打开【制表位】对话框，在【制表位位置】数值框中输入【20】，在【前导符】选区中选中【4__】单选按钮，单击【确定】按钮，如图2.33所示，将光标分别置于【姓名】等文字之后按Tab键。

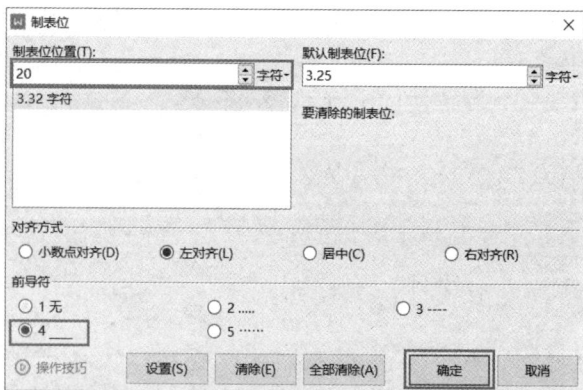

图 2.32　调查问卷　　　　　　　图 2.33　【制表位】对话框

（4）将插入点移至【是】【否】等复选框前，单击【插入】选项卡中的【符号】下拉按钮，在下拉面板中选择【其他符号】选项，打开【符号】对话框，选择【符号】选项卡，在【字体】

下拉列表中选择【Wingdings】选项，在符号列表框中找到并单击方框符号，单击【插入】按钮。

📖 **第 4 步：保存文档并关闭 WPS**

单击快速访问工具栏中的【保存】按钮，单击标签栏右侧的【关闭】按钮。

任务 2.2 制作宣传海报

🌿 任务描述

海报是具有视觉冲击力的一种宣传方式。至强公司即将参加在会展中心组织的高新企业技术成果展览会，刘小扬接到任务，以图文混排的形式制作宣传海报，宣传企业文化，扩大企业品牌知名度。制作宣传海报任务工单如表 2.3 所示。

表 2.3 制作宣传海报任务工单

任务名称	制作宣传海报		组号		工时	
任务描述	为做好宣传，展示公司的使命、愿景和价值观等企业文化，使用 WPS 文字处理功能制作公司宣传海报					
任务目的	◇ 了解海报的作用，了解品牌的价值与意义，提高审美能力 ◇ 宣传公司的使命、愿景和价值观等企业文化 ◇ 学会使用 WPS 文字的图文混排功能制作宣传海报					
任务要求	1. 收集海报所需素材，充分体现宣传主题的特色 2. 设计海报的布局，要求页面布局与页面背景有设计感，形成视觉冲击 3. 合理使用艺术字、形状等形式呈现海报的主题 4. 图片插入位置与效果好，能与文字内容融为一体					
任务实施计划	1. 明确需要使用的办公软件——WPS 文字 2. 掌握任务涉及的知识点：文本框、分栏、艺术字、图片与形状、图文混排 3. 实施计划： （1）收集素材，设计宣传海报 （2）新建 WPS 文字文档，命名并保存文件 （3）标题以艺术字形式插入，关键词使用形状来突出 （4）插入图片，并设置图片格式 （5）预览、保存文档，打印输出					

🌿 相关知识点

📖 **文本框绘制**

扫一扫 学一学

通过文本框可以实现版面的灵活性与多样性，如可以在图片上添加文字，可以将重要内容放在文本框中突出显示。文本框有横向文本框和竖向文本框两种。

绘制文本框：单击【插入】选项卡中的【文本框】下拉按钮，在下拉面板中选择【横向】/【竖向】/【多行文字】选项，鼠标指针会变成十字形，在文档中按住鼠标左键并拖动可画出矩形框，当大小合适时松开鼠标，此时插入点在文本框中，可输入文本内容。

文本框设置：选中文本框，单击【绘图工具】上下文选项卡中的相应按钮设置文本框的外观效果，如边框色、填充色、轮廓、环绕方式等，如图2.34所示；单击【文本工具】上下文选项卡中的相应按钮，设置文本框中文字的效果，如字体、字号、文字方向、字体颜色等，如图2.35所示。

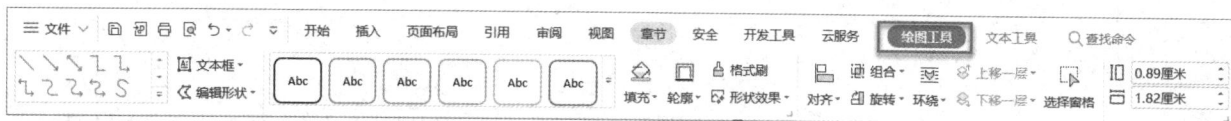

图2.34　【绘图工具】上下文选项卡

图2.35　【文本工具】上下文选项卡

📖 **分栏设置**

分栏可以使排版格式更加丰富。选择需要分栏的段落，单击【页面布局】选项卡中的【分栏】下拉按钮，在下拉菜单中选择栏数。选择【更多分栏】选项，打开【分栏】对话框，设置栏数、栏宽度、栏间距、分隔线等，可在【预览】选区中预览分栏效果，如图2.36所示。在【分栏】对话框中，把栏数设置为1即可删除已有的分栏效果。

扫一扫 学一学

⚠️ **提示：**

当文本内容不满一页时，分栏排版会出现栏长度不一样的情况。这时如果需要设置栏长度相等的效果，则可以先将光标移至分栏文本结尾处，单击【页面布局】选项卡中的【分隔符】下拉按钮，在下拉菜单中选择【连续分节符】选项，再进行分栏操作。

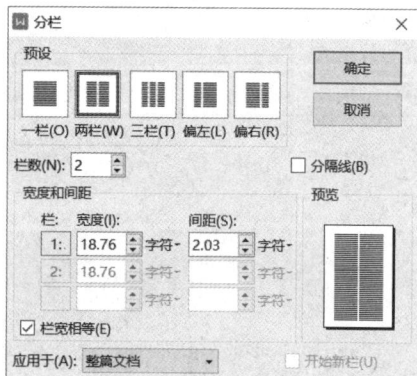

图2.36　【分栏】对话框

📖 **艺术字编辑**

艺术字可以使文字获得特殊的效果，突显文字的内容。

插入艺术字：单击【插入】选项卡中的【艺术字】下拉按钮，在下拉面板中浏览艺术字预设样式并选择需要的样式，在【请在此放置您的文字】文本框中输入文字。

编辑艺术字：选中艺术字，出现【绘图工具】和【文本工具】上下文选项卡。

【绘图工具】上下文选项卡用于设置艺术字的文本框样式、环绕方式、对齐方式等。【文本工具】上下文选项卡用于设置艺术字样式，以及艺术字填充、轮廓、效果等。在【文本效果】下拉菜单中可以设置艺术字的阴影、倒影、发光效果等，选择【转换】选项可以设置艺术字的弯曲效果，如图 2.37 所示。图 2.38 所示为设置跟随路径后的效果。若选择【更多设置】选项，则 WPS 文字工作界面右侧出现【属性】窗格，如图 2.39 所示，可以通过【形状选项】与【文本选项】选项卡下的功能实现对艺术字的设置。

⚠ **提示：**

选中艺术字后，单击 WPS 文字工作界面右侧的任务窗格中的【属性】按钮同样可以出现【属性】窗格，按住【属性】按钮拖动可以将【属性】窗格拖至文档区，如图 2.40 所示。单击【属性】窗格左上角的【属性】下拉按钮，在【属性】下拉菜单中可以切换窗格的功能，如图 2.41 所示。

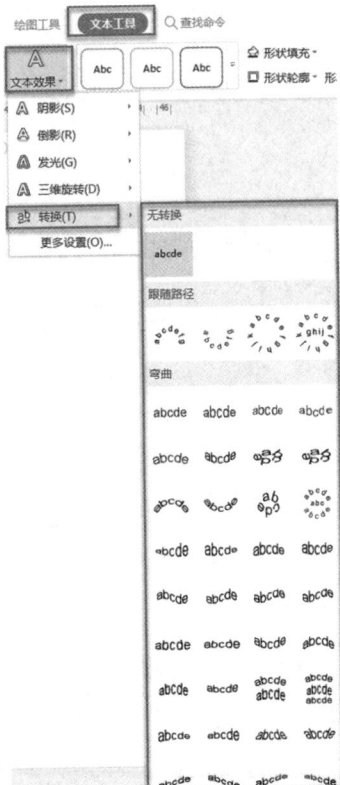

图 2.37　【文本效果】下拉菜单

图 2.38　设置跟随路径后的效果

图 2.39　【属性】窗格　　　图 2.40　任务窗格中的【属性】按钮　　　图 2.41　【属性】下拉菜单

📖 图片与形状设置

WPS 文字编辑中可以将图片、形状等对象插入合适的位置，实现图文并茂的效果。

插入图片：单击【插入】选项卡中的【图片】下拉按钮，在下拉面板中单击【本地图片】按钮，打开【插入图片】对话框，选择需要插入图片的位置和名称后单击【打开】按钮。

插入形状：单击【插入】选项卡中的【形状】下拉按钮，打开如图 2.42 所示的【形状】下拉面板，选择某形状后鼠标指针变为十字形，在文档中拖动鼠标绘制图形即可。

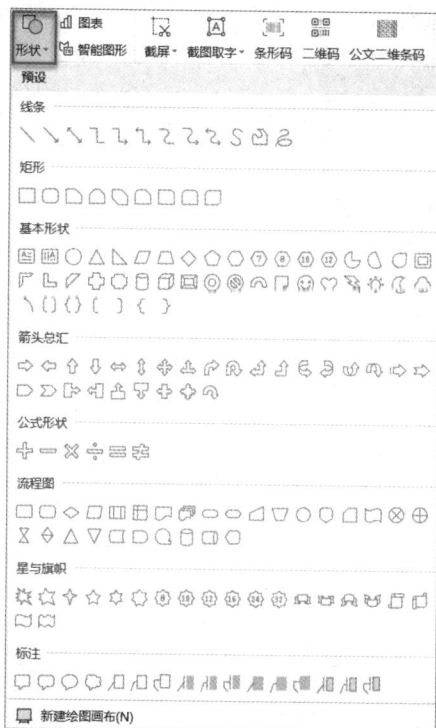

图 2.42　【形状】下拉面板

小提示：

当需要绘制水平直线、垂直直线、正圆等形状时，可以在按下 Shift 键的同时拖动鼠标来绘制图形。

智能图形：WPS 预置了多种智能图形模板，可以一键套用，帮助将文档中的观点、理念和知识架构等内容用图形展现出来。

单击【插入】选项卡中的【智能图形】按钮，打开【选择智能图形】对话框，选择一种智能图形后单击【确定】按钮，如图 2.43 所示，智能图形即被插入文档中。选中智能图形，通过【设计】上下文选项卡中对应的功能按钮编辑图形内的内容。

图 2.43　插入智能图形的步骤

图片工具：WPS 支持多种图片文件格式，包括.emf、.wmf、.jpg、.jpeg、.jpe、.png、.bmp、.gif、.tif、.tiff、.wdp、.svg 等。选中图片对象会自动出现【图片工具】上下文选项卡，如图 2.44 所示。其中，【色彩】【效果】【边框】等按钮可设置图片的设计效果，调整【形状高度】和【形状宽度】数值框中的数值可精确设置图片的大小。

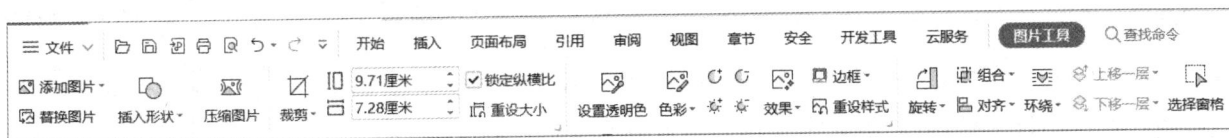

图 2.44　【图片工具】上下文选项卡

图片裁剪：单击【图片工具】上下文选项卡中的【裁剪】下拉按钮，在下拉面板中可按形状裁剪，也可按比例裁剪，选择一种形状后，图片会自动裁剪成所选形状，如图 2.45 所示。直接单击【裁剪】按钮，图片上会显示 8 个裁剪位置，可以通过拖动鼠标进行裁剪，去除图片中多余的部分，再次单击【裁剪】按钮，结束裁剪操作。

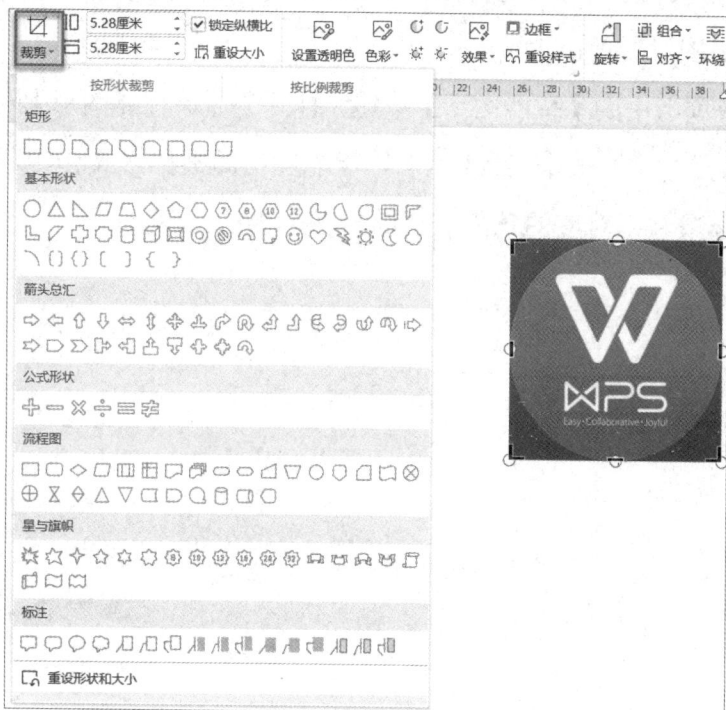

图 2.45　裁剪操作

提示：

裁剪掉的部分只是暂时被隐藏起来了，并没有被真正删除。

图文混排

为实现图文混排的效果，文字内容经常会与图形对象以环绕的方式排版。

扫一扫 学一学

环绕：选中图片，单击【图片工具】上下文选项卡中的【环绕】下拉按钮，在下拉菜单中选择所需的环绕方式，如图 2.46 所示。或者选中图片，在图片右侧的浮动功能按钮中单击【布局选项】按钮，在下拉面板中选择所需的环绕方式，如图 2.47 所示。单击【查看更多】按钮可打开【布局】对话框，单击【位置】选项卡可以设置所选图片在页面上的显示位置，如图 2.48 所示。单击【文字环绕】选项卡可以选择环绕方式，还可以选择文字的位置、正文与图片之间的距离等，如图 2.49 所示。【大小】选项卡用于设置图片的高度、宽度、旋转和缩放等。

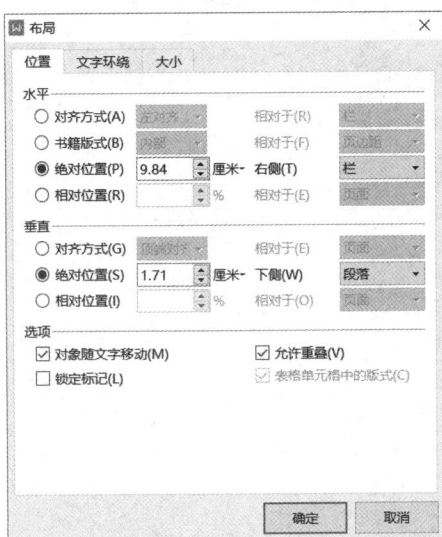

图 2.46 【环绕】下拉菜单

图 2.47 【布局选项】下拉面板

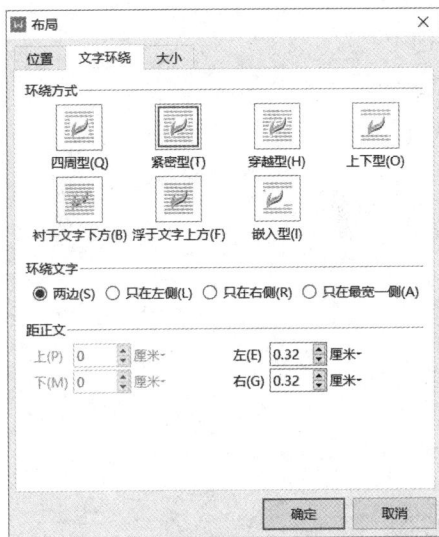

图 2.48 【布局】对话框中的【位置】选项卡

图 2.49 【布局】对话框中的【文字环绕】选项卡

任务实现

扫一扫 学一学

📖 第 1 步：设计海报

收集制作海报的素材，包括文字、图片等，并设计海报初稿。

📖 第 2 步：新建宣传海报文档

双击桌面上的【WPS 文字】图标，进入 WPS 文字首页，单击标签栏中的【新建】按钮，创建 WPS 文字空白文档，单击快速访问工具栏中的【保存】按钮，在【另存文件】对话框中选择指定文件夹，将文档命名为【公司宣传海报.docx】，单击【保存】按钮。

📖 第 3 步：设置页面布局与页面背景

（1）单击【纸张大小】下拉按钮，设置纸张大小为 A4 纸型；单击【页面布局】选项卡中的【页边距】数值调节按钮，设置上、下、左、右页边距均为 2 厘米；单击【纸张方向】下拉按钮，选择【纵向】选项。

（2）单击【插入】选项卡中的【文本框】按钮，拖动鼠标分别画出 3 个文本框，简单设计出海报的版式。单击【页面布局】选项卡中的【背景】下拉按钮，在下拉面板中选择颜色为【矢车菊蓝，着色 1，浅色 60%】，如图 2.50 所示。

图 2.50　设置页面背景色

📖 **第 4 步：设置海报标题**

（1）单击【插入】选项卡中的【艺术字】下拉按钮，选择预设样式中的【渐变填充-钢蓝】样式，如图 2.51 所示。在【请在此放置您的文字】文本框中输入【至强科技】，选中艺术字，选择字体【华文中宋】，单击【加粗】按钮，选择字号【72】，调整艺术字位置，使之处于海报标题文本框的中间。

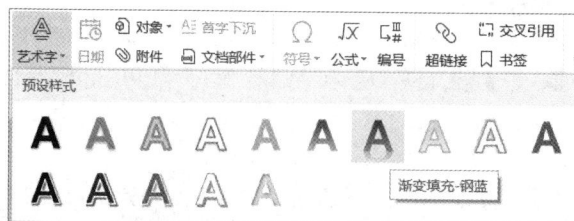

图 2.51　选择艺术字预设样式

（2）选中海报标题文本框，单击【绘图工具】上下文选项卡，选择【填充】下拉面板中的【无填充颜色】选项，并选择【轮廓】下拉面板中的【无边框颜色】选项，如图 2.52 所示。

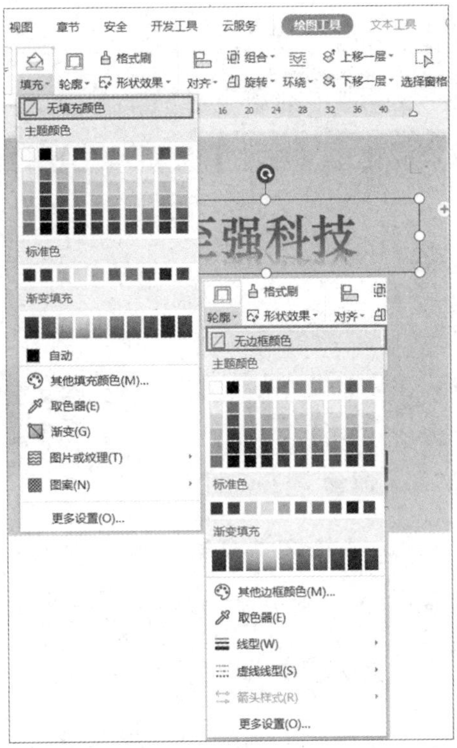

图 2.52　设置文本框为无填充颜色、无边框颜色

📖 第 5 步：编辑海报内容

（1）在海报内容文本框区域内单击【插入】选项卡，单击【形状】下拉按钮，在下拉面板中选择基本形状【椭圆】，按住 Shift 键并拖动鼠标画出正圆形，右击该正圆形，在右键菜单中选择【添加文字】选项，输入文字【使命】。

（2）重新选中圆形，选择文字字体【微软雅黑】，选择字号【小二】；单击【绘图工具】上下文选项卡，单击【填充】下拉按钮，在下拉面板中选择【矢车菊蓝，着色 1，浅色 80%】，并单击【轮廓】下拉按钮，在下拉面板中选择【矢车菊蓝，着色 1】。

（3）单击【插入】选项卡中的【形状】下拉按钮，在下拉面板中选择矩形【对角圆角矩形】，拖动鼠标画出对应形状，在形状中输入文字【快乐创作 轻松表达 智慧赋能】，选择字体【华文中宋】，选择字号【小二】，在【填充】和【轮廓】下拉面板中均选择【矢车菊蓝，着色 1】，效果如图 2.53 所示。

图 2.53　插入形状并设置样式后的效果

（4）【愿景】与【价值】部分的效果可参照上述步骤完成，也可通过复制已经完成的【使命】部分的效果，在此基础上进行修改。

单击【开始】选项卡中的【选择】下拉按钮，在下拉菜单中选择【选择对象】选项，如图 2.54 所示。拖动鼠标选择圆形和对角圆角矩形两个对象，效果如图 2.55 所示。单击【复制】按钮，将光标置于新的位置并单击【粘贴】按钮，在复制后的对象上修改文字内容。

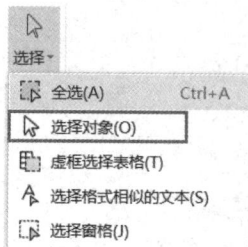

图 2.54　执行【选择对象】命令

图 2.55　选中对象后的效果

（5）选中海报内容文本框，单击【绘图工具】上下文选项卡，选择【填充】下拉面板中的【无填充颜色】选项，并选择【轮廓】下拉面板中的【无边框颜色】选项，单击【下移一层】下拉按钮，在下拉菜单中选择【置于底层】选项。

📖 第 6 步：插入图片

（1）选中设计效果中的第 3 个文本框，单击【绘图工具】上下文选项卡，选择【轮廓】下拉面板中的【无边框颜色】选项，并选择【填充】下拉面板中的【图片或纹理】→【本地图片】选项，如图 2.56 所示。在打开的【选择纹理】对话框中选择图片【合作共赢】，单击【打开】按钮。

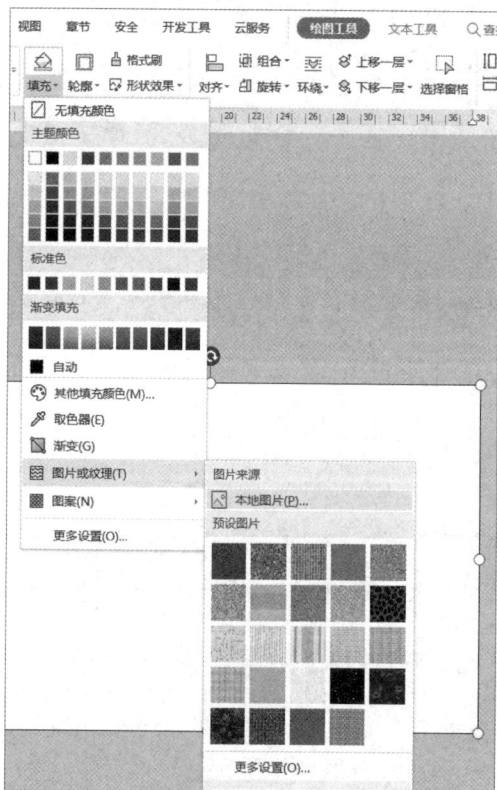

图 2.56　在文本框中填充图片操作

（2）单击【绘图工具】上下文选项卡中的【形状效果】下拉按钮，选择下拉菜单中的【柔化边缘】→【50 磅】选项，如图 2.57 所示。

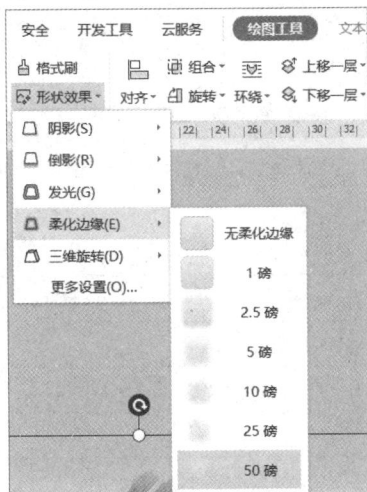

图 2.57　设置图片柔化边缘

📖 **第 7 步：打印预览并保存**

（1）依次单击快速访问工具栏中的【打印预览】→【更多设置】按钮，打开【打印】对话框，单击【选项】按钮后勾选【打印背景色和图像】复选框，单击【确定】按钮，预览效果，如图 2.58 所示。单击【打印预览】选项卡中的【关闭】按钮。

（2）单击快速访问工具栏中的【保存】按钮。

（3）单击标签栏中的【关闭】按钮，关闭 WPS 文字。

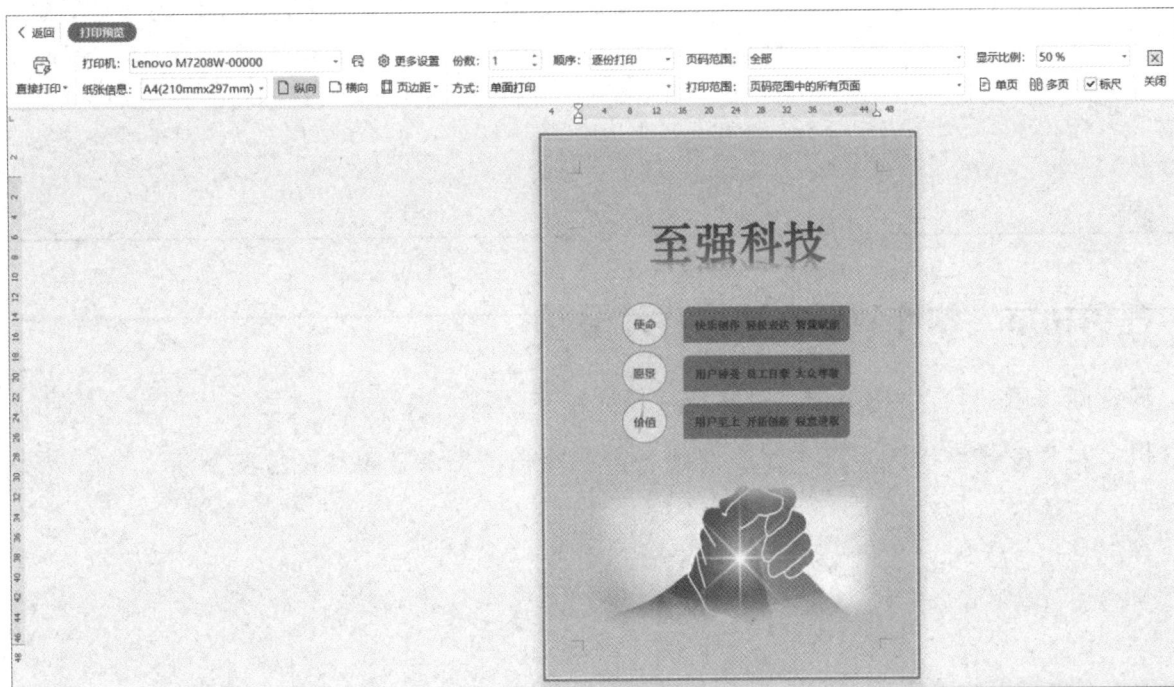

图 2.58　预览效果

任务评价

各组展示作品，介绍任务完成过程，制作过程视频，提交作品，进行自评、互评与师评，并进行任务反思，完成任务考核评价表（见表2.4）。

表2.4　任务考核评价表

任务2.2　制作宣传海报						
评价项目	评价内容	分值	自评	互评	师评	合计
职业素养（30分）	爱岗敬业，有责任意识、品牌意识、安全意识、审美意识	5				
	制订计划能力强，学习态度严谨认真	5				
	团队合作，交流沟通、协作与分享能力强	5				
	主动性强，能够保质保量完成任务	5				
	能够采取多种手段收集信息，并有效解决问题	5				
	遵守行业道德规范与行业行为规范	5				
专业能力（60分）	掌握文本框的使用方法	10				
	掌握分栏操作，实现分栏效果	10				
	掌握艺术字的插入、编辑、设置等操作方法	10				
	掌握图片与形状的插入、裁剪、编辑操作方法	10				
	掌握环绕、对齐、组合等方法，实现图文混排效果	10				
	会使用智能图形特色功能	10				
创新意识（10分）	具有创新思维与创新行动	10				
合计		100				
总结与反思						

总结归纳：

存在问题：

解决方案：

提升措施：

任务拓展：制作科学家精神宣传报刊

搜索新华网-科普中国频道，探寻新时代征程下的科学家精神，选取3位科学家的伟大事迹，以"科学家精神"为主题制作一份电子宣传报刊，参考效果如图2.59所示。

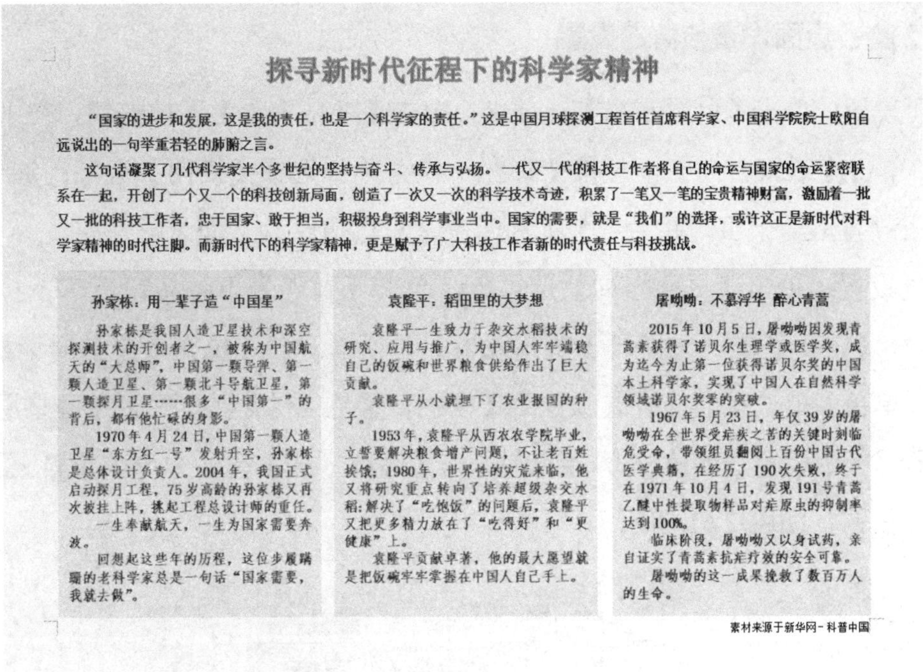

探寻新时代征程下的科学家精神

“国家的进步和发展，这是我的责任，也是一个科学家的责任。”这是中国月球探测工程首任首席科学家、中国科学院院士欧阳自远说出的一句举重若轻的肺腑之言。

这句话凝聚了几代科学家半个多世纪的坚持与奋斗、传承与弘扬。一代又一代的科技工作者将自己的命运与国家的命运紧密联系在一起，开创了一个又一个的科技创新局面，创造了一次又一次的科学技术奇迹，积累了一笔又一笔的宝贵精神财富，激励着一批又一批的科技工作者，忠于国家、敢于担当，积极投身到科学事业当中。国家的需要，就是“我们”的选择，或许这正是新时代对科学家精神的时代注脚。而新时代下的科学家精神，更是赋予了广大科技工作者新的时代责任与科技挑战。

孙家栋：用一辈子造“中国星”

孙家栋是我国人造卫星技术和深空探测技术的开创者之一，被称为中国航天的“大总师”，中国第一颗导弹、第一颗人造卫星、第一颗北斗导航卫星，第一颗探月卫星……很多“中国第一”的背后，都有他忙碌的身影。

1970 年 4 月 24 日，中国第一颗人造卫星“东方红一号”发射升空，孙家栋是总体设计负责人。2004 年，我国正式启动探月工程，75 岁高龄的孙家栋又再次披挂上阵，挑起工程总设计师的重任。

一生奉献航天，一生为国家需要奔波。

回想起这些年的历程，这位步履蹒跚的老科学家总是一句话“国家需要，我就去做”。

袁隆平：稻田里的大梦想

袁隆平一生致力于杂交水稻技术的研究、应用与推广，为中国人牢牢端稳自己的饭碗和世界粮食供给作出了巨大贡献。

袁隆平从小就埋下了农业报国的种子。

1953 年，袁隆平从西农农学院毕业，立誓要解决粮食增产问题，不让老百姓挨饿；1980 年，世界性的灾荒来临，他又将研究重点转向了培养超级杂交水稻；解决了“吃饱饭”的问题后，袁隆平又把更多精力放在了“吃得好”和“更健康”上。

袁隆平贡献卓著，他的最大愿望就是把饭碗牢牢掌握在中国人自己手上。

屠呦呦：不慕浮华 醉心青蒿

2015 年 10 月 5 日，屠呦呦因发现青蒿素获得了诺贝尔生理学或医学奖，成为迄今为止第一位获得诺贝尔奖的中国本土科学家，实现了中国人在自然科学领域诺贝尔奖零的突破。

1967 年 5 月 23 日，年仅 39 岁的屠呦呦在全世界受疟疾之苦的关键时刻临危受命，带领组员翻阅上百份中国古代医学典籍，在经历了 190 次失败，终于在 1971 年 10 月 4 日，发现 191 号青蒿乙醚中性提取物样品对疟原虫的抑制率达到 100%。

临床阶段，屠呦呦又以身试药，亲自证实了青蒿素抗疟疗效的安全可靠。

屠呦呦的这一成果挽救了数百万人的生命。

素材来源于新华网－科普中国

图 2.59　科学家精神宣传报刊参考效果

第 1 步：设计并新建宣传报刊

登录新华网-科普中国频道，收集宣传报刊素材，设计图样，如图 2.60 所示。

双击桌面上的【WPS 文字】图标，进入 WPS 文字首页，单击标签栏中的【新建】按钮，新建 WPS 文字空白文档，单击快速访问工具栏中的【保存】按钮，在打开的【另存为】对话框中选择指定文件夹，将文档命名为【科学家精神宣传报刊.docx】，单击【保存】按钮。

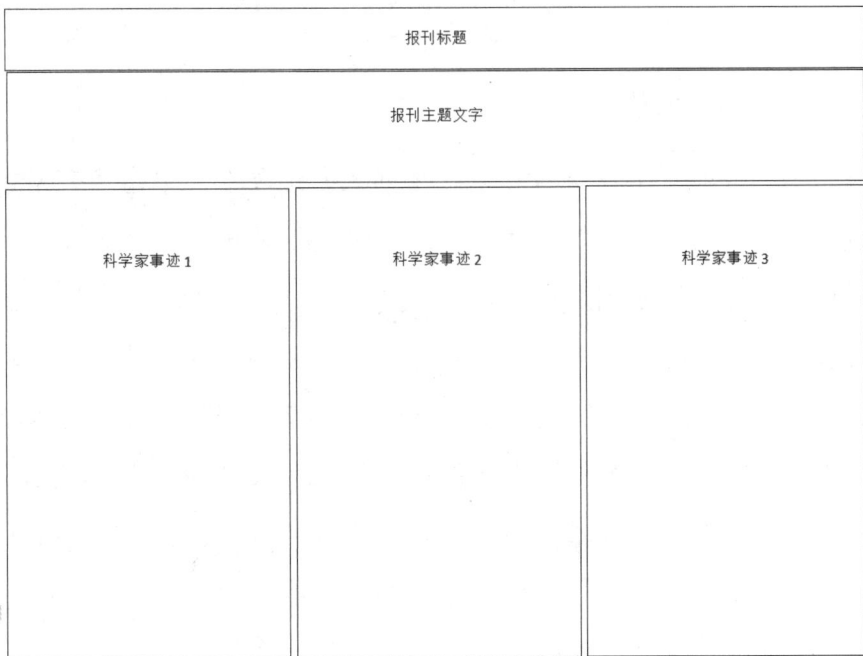

图 2.60　科学家精神宣传报刊设计图样

📖 **第 2 步：页面设置与背景设置**

（1）页面设置。单击【页面布局】选项卡，单击【纸张大小】下拉按钮，在下拉菜单中选择 A3 纸型；单击【纸张方向】下拉按钮，在下拉菜单中选择【横向】选项；通过【页边距】数值调节按钮设置上、下页边距为 2.5 厘米，左、右页边距为 2 厘米。

（2）背景设置。单击【页面布局】选项卡，单击【背景】下拉按钮，在下拉菜单中选择【其他背景】→【渐变】选项，打开【填充效果】对话框。在【填充效果】对话框的【颜色】选区中选中【单色】单选按钮，设置颜色为【橙色，着色 4，浅色 60%】并调整滑块为【浅】；在【透明度】选区中设置透明度从 0% 到 0%；在【底纹样式】选区中选中【斜上】单选按钮，单击【确定】按钮，如图 2.61 所示。

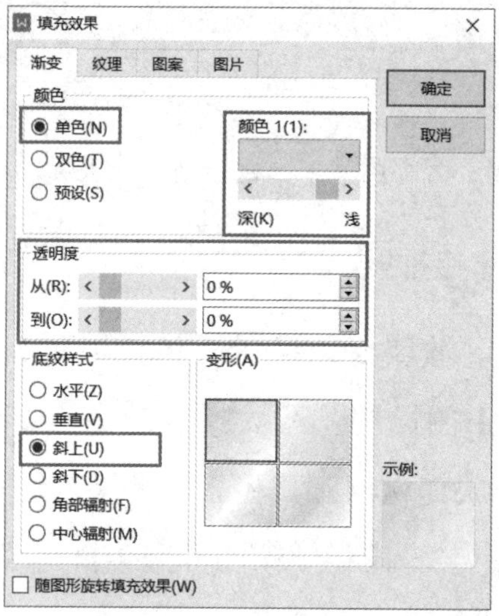

图 2.61　背景设置

📖 **第 3 步：制作报刊标题**

（1）插入艺术字，并设置字体字号。单击【插入】选项卡，单击【艺术字】下拉按钮，在下拉面板中选择第 3 种样式，输入文字【探寻新时代征程下的科学家精神】。选中艺术字，单击【开始】选项卡，在字体组合框中选择字体【宋体】，在字号组合框中选择字号【小初】。

（2）设置艺术字填充样式。单击【文本工具】上下文选项卡，并单击【文本效果】对话框按钮；或者单击任务窗格中的【属性】按钮，打开【属性】窗格，选择【文本选项】→【填充与轮廓】选项，在【文本填充】选区中选中【渐变填充】单选按钮，单击【颜色】下拉按钮，在下拉面板中选择【橙红色-褐色渐变】颜色；单击【渐变样式】按钮组中的【矩形渐变】按钮，在下拉面板中选择【中心辐射】样式，如图 2.62 所示。

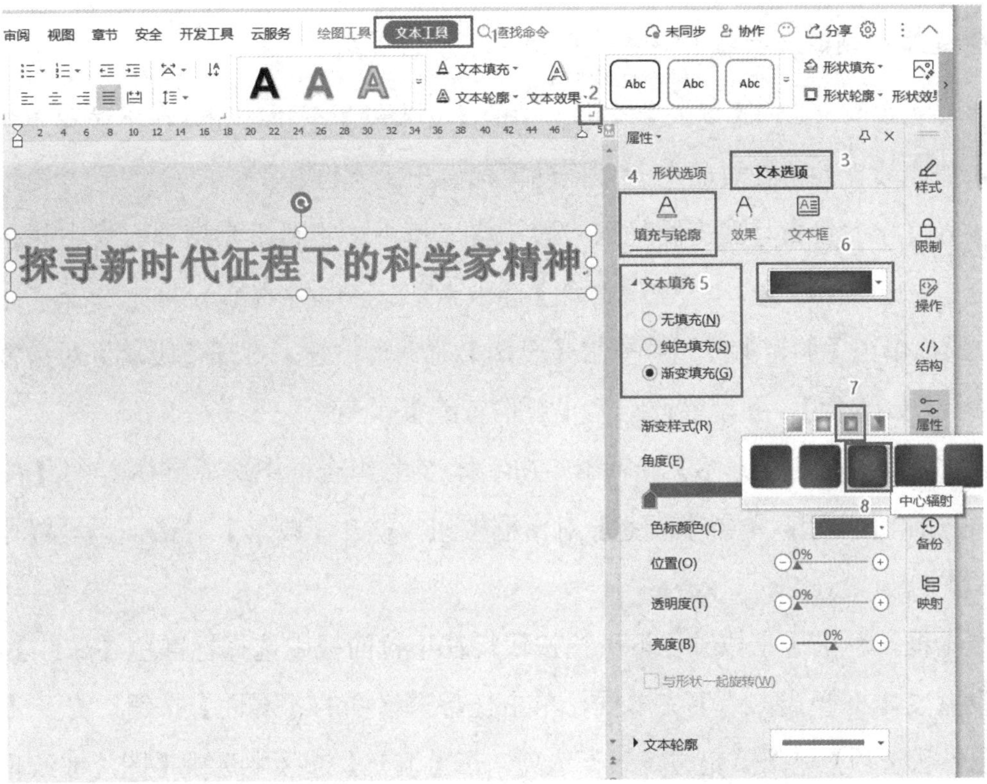

图 2.62　设置艺术字填充样式

📖 第 4 步：设置报刊主题文字

（1）插入文本框。单击【插入】选项卡中的【文本框】下拉按钮，在下拉菜单中选择【横向】选项，拖动鼠标画出文本框。

（2）设置文本框中文字内容的属性。选中文本框，单击【开始】选项卡中的【两端对齐】按钮，并单击任务窗格中的【属性】按钮，打开【属性】窗格，单击【文本选项】选项卡中的【文本框】按钮，选择垂直对齐方式为【中部对齐】，选择文字方向为【水平方向】，设置左、右边距为 0.25 厘米，上、下边距为 0.20 厘米，如图 2.63 所示。

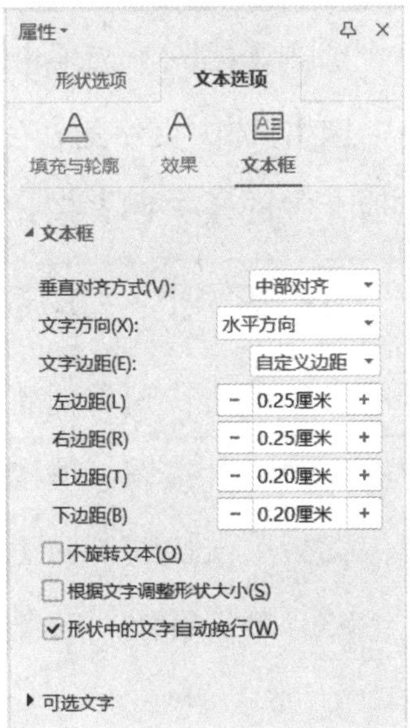

（3）输入文字并设置格式。将插入点置于文本框中，输入报刊主题文字，选中文本框，单击【开始】选项卡，在字体/字号组合框中选择字体/字号【宋体】/【小二】；单击【加粗】按钮；单击【字体颜色】下拉按钮，在下拉面板中选择标准色【深红】；单击【行距】下拉按钮，在下拉菜单中选择【1.5】选项。

（4）设置文本框边框。选中文本框，单击【绘图工具】上下文选项卡中的【填充】下拉按钮，在下拉面板中选择【无填充颜色】选项。

图 2.63　设置文本框中文字内容的属性

📖 **第 5 步：编辑并设置【科学家事迹】部分的格式**

（1）插入文本框。单击【插入】选项卡中的【文本框】下拉按钮，在下拉菜单中选择【横向】选项，按照设计效果在页面左下方拖动鼠标画出文本框。

（2）输入文字并设置格式。将插入点置于文本框中，将科学家精神素材中的相应内容粘贴至文本框中。选中标题文字，单击【开始】选项卡，在字体/字号组合框中选择字体/字号【宋体】/【小二】；单击【加粗】按钮；单击【段落】对话框按钮，打开【段落】对话框，设置段前/段后间距为【0.5 行】，并设置行距为【单倍行距】。

选中正文文字，单击【开始】选项卡，在字体/字号组合框中选择字体/字号【仿宋】/【小二】；单击【加粗】按钮；单击【段落】对话框按钮，打开【段落】对话框，设置行距为【固定值 22 磅】。

选中文本框，单击【字体颜色】下拉按钮，在下拉面板中选择标准色【深红】。

（3）设置文本框样式。选中文本框，单击任务窗格中的【属性】按钮，打开【属性】窗格，选择【形状选项】→【填充与线条】选项，在【填充】选区中选中【图片或纹理填充】单选按钮，单击【纹理填充】右侧的下拉按钮，在【预设图片】面板中选择【泥土 2】样式，设置透明度为 80%，在【线条】下拉列表中选择【无线条】选项。

（4）用同样的方法编辑其他科学家事迹并设置格式。

📖 **第 6 步：设置页脚**

单击【插入】选项卡中的【页眉页脚】按钮，在页脚区输入文字【素材来源于新华网–科普中国】，选中文字后在字体/字号组合框中选择字体/字号【宋体】/【四号】，单击【页眉页脚】选项卡中的【关闭】按钮。

📖 **第 7 步：打印预览并保存**

（1）单击快速访问工具栏中的【打印预览】按钮，预览效果后单击【打印预览】选项卡中的【关闭】按钮，退出预览。

（2）单击快速访问工具栏中的【保存】按钮。

（3）单击标签栏右侧的【关闭】按钮。

任务 2.3 制作用户信息反馈表

任务描述

为进一步了解用户对公司品牌和产品的感受，与用户建立良好关系，刘小扬需要设计并制作一份用户信息反馈表，用于收集用户对产品的反馈信息。制作用户信息反馈表任务工单如表 2.5 所示。

表 2.5 制作用户信息反馈表任务工单

任务名称	制作用户信息反馈表		组号		工时	
任务描述	为更好地提高工作效率和服务质量，了解用户感受，设计用户信息反馈表，收集用户反馈意见					
任务目的	◇ 了解沟通交流的方式和用户信息反馈表的作用 ◇ 学会制作简单表格 ◇ 体会用户至上的企业精神					
任务要求	1. 根据反馈信息内容设计用户信息反馈表 2. 使用 WPS 文字的表格处理功能制作用户信息反馈表					
任务实施计划	1. 明确需要使用的办公软件——WPS 文字 2. 掌握任务涉及的知识点：表格创建、表格编辑、表格格式化 3. 实施计划： （1）根据反馈信息包含的内容设计用户信息反馈表 （2）新建 WPS 文字文档，保存文件 （3）根据用户信息反馈表的简单行列结构插入规则表格 （4）输入内容，根据内容调整单元格、行和列 （5）预览、保存，并打印输出					

相关知识点

📖 表格创建

扫一扫 学一学

可以通过插入表格和绘制表格两种方式实现表格的创建。

插入表格：单击【插入】选项卡中的【表格】下拉按钮，在下拉面板中，按住鼠标左键，选中方格，如图 2.64 所示。或者执行【插入表格】命令，打开【插入表格】对话框，如图 2.65 所示。在此处设置表格的列数和行数，单击【确定】按钮，插入表格。

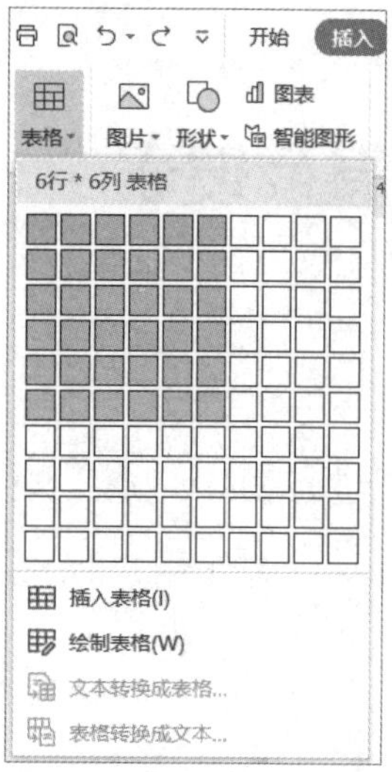

图 2.64　【表格】下拉面板

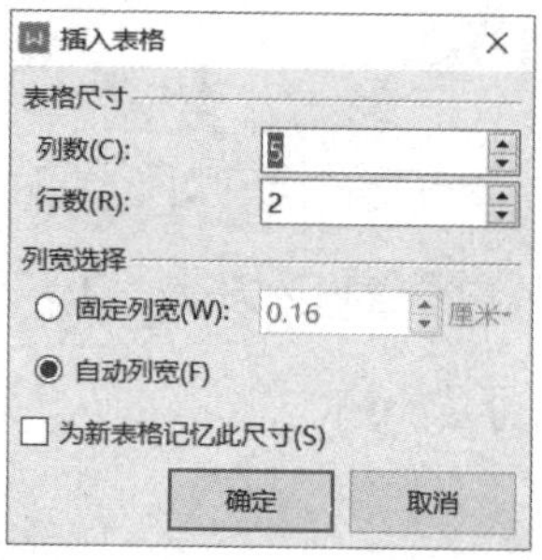

图 2.65　【插入表格】对话框

绘制表格： 如果预插入的表格的结构比较复杂，则采用手工绘制表格的方法创建表格。

选择图 2.64 中的【绘制表格】选项，鼠标指针变为铅笔状，使用鼠标直接绘制表格。按住鼠标左键拖动可以绘制出矩形、直线、斜线等，在拖动鼠标的过程中，会自动显示预插入表格的行数和列数。绘制表格后同时自动出现【表格工具】上下文选项卡，如图 2.66 所示。再次单击【绘制表格】按钮，取消绘制表格操作。

图 2.66　【表格工具】上下文选项卡

绘制斜线表头： 定位光标至目标单元格，依次单击【表格样式】→【绘制斜线表头】按钮，打开【斜线单元格类型】对话框，根据需要选择一款斜线表头后单击【确定】按钮。

📖 **表格编辑**

表格编辑操作包括选中表格，对行、列、单元格进行插入、删除和合并操作。

选中表格： 当移动鼠标指针至表格某列上方时，鼠标指针变为黑色向下箭头，单击选中一列；拖动鼠标选定一行、一列和整个表格；直接单击表格左上角的 ✛ 图标，选中整个表格。

扫一扫 学一学

⚠️ **提示：**

虚框选择表格功能可以精确且快速地选中文档中的表格。单击【开始】选项卡中的【选择】下拉按钮，在下拉菜单中选择【虚框选择表格】选项，按住鼠标左键拉出虚线方框，框选表格所在区域。

如果要取消虚框选择表格状态，则可再次选择【虚框选择表格】选项。

输入内容：表格创建完成后，将光标定位到单元格中，输入内容，当完成单元格内容的输入后，按 Tab 键使插入点跳转到下一个单元格，或者单击要输入内容的单元格。

插入单元格、行、列：将光标定位在单元格中，单击【表格工具】上下文选项卡中的【在上方/下方插入行】或【在左侧/右侧插入列】按钮；或者右击表格某处，在右键菜单中选择【插入】选项，在其子菜单中选择相应的选项；或者将光标定位在表格中，单击浮动工具栏中的【插入】下拉按钮，在下拉菜单中选择相应的选项，如图 2.67 所示。

扫一扫 学一学

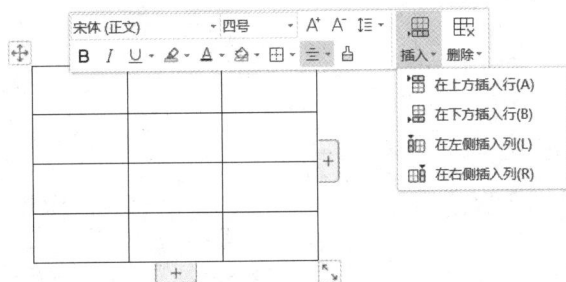

图 2.67　浮动工具栏中的【插入】下拉菜单

提示：

将光标移到行或列的边框处，将出现⊖和⊕两个图标，单击⊕图标可快速新增行或列，单击⊖图标可快速删除行或列。按住鼠标左键并拖动表格下方或右侧边缘的【+】图标，可批量新增行或列，如图 2.68 所示。

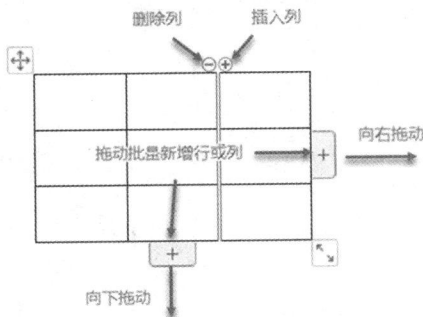

图 2.68　快速新增行或列与批量新增行或列

删除单元格、行、列：在表格中选择需要删除的单元格、行或列，单击【表格工具】上下文选项卡中的【删除】下拉按钮，在下拉菜单中选择适当的选项。或者直接右击要删除的单元格、行或列，通过右键菜单进行操作。或者将光标置于表格中，通过浮动工具栏中的【删除】下拉按钮进行操作。如果删除的是单元格，则会打开【删除单元格】对话框，根据所选项，其他单元格位置会做相应调整。

扫一扫 学一学

合并单元格：选择要合并的多个连续的单元格，单击【表格工具】上下文选项卡中的【合并单元格】按钮，或者右击选中的多个连续单元格，在右键菜单中选择【合并单元格】选项。

拆分单元格：将光标定位至目标单元格，单击【表格工具】上下文选项卡中的【拆分单元格】按钮，或者右击要拆分的单元格，在右键菜单中选择【拆分单元格】选项，打开【拆分单元格】对话框，如图 2.69 所示，确定当前单元格预拆分的行数和列数，单击【确定】按钮。

拆分表格：首先定位光标至表格中，单击【拆分表格】下拉按钮，根据需要在下拉菜单中选择【按行列拆分】/【按列拆分】选项，如图 2.70 所示。

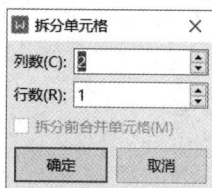

图 2.69　【拆分单元格】对话框

图 2.70　拆分表格

标题行重复：通常表格过长会跨页，非首页表格中没有标题行会造成阅读不便，为此可设置标题重复行。选中标题行，单击【表格工具】上下文选项卡中的【标题行重复】按钮，如图 2.71 所示。

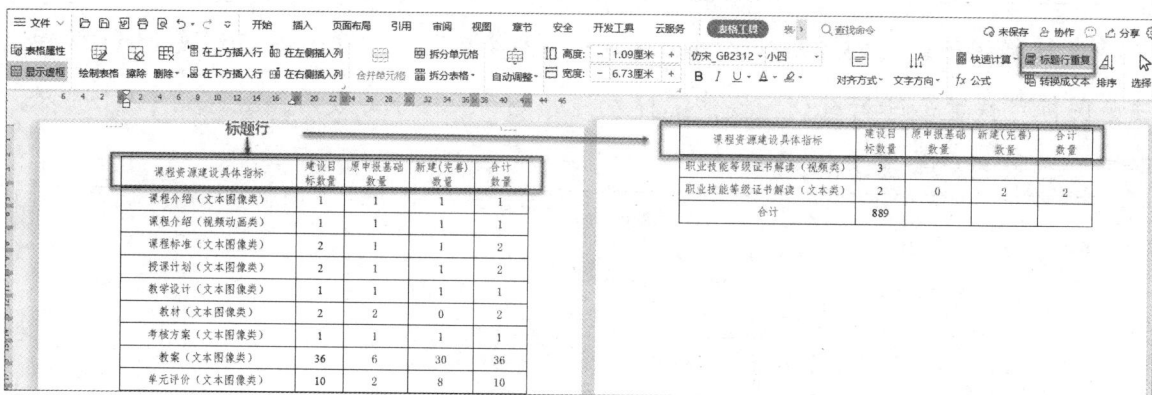

图 2.71　标题行重复操作

📖 **表格格式化**

在【表格样式】上下文选项卡中选择相应的样式，以此来设置表格的样式，或者通过【底纹】【边框】等按钮设置表格底纹、表格边框、表格中线条的粗细等。

设置表格边框与填充：选中表格，单击【表格样式】上下文选项卡，选中【首行填充】【隔行填充】等复选框。或者单击【边框】下拉按钮，按需要在下拉菜单中选择边框，如图 2.72 所示。或者单击【边框】下拉按钮，在下拉菜单中选择【边框和底纹】选项，打开【边框和底纹】对话框，如图 2.73 所示，可选择线型、边框颜色、边框位置、应用范围等，分别单击【页面边框】【底纹】选项卡，可对页面边框和表格底纹进行设置。

图 2.72　利用【表格样式】上下文选项卡设置表格边框

设置表格的行高与列宽：选中整个表格或表格的某行/列，或者将插入点置于某个单元格中，单击【表格工具】上下文选项卡，在【高度】与【宽度】数值框中输入数值，可精确行高和列宽，如图 2.74 所示。也可直接将光标置于内外框线上，当光标变为上下箭头时，拖动鼠标调整行高与列宽。

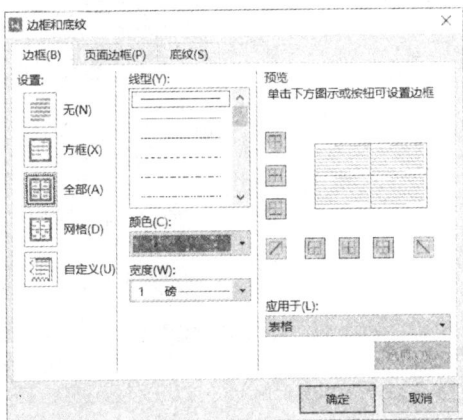

图 2.73　【边框和底纹】对话框

图 2.74　调整行高与列宽

任务实现

📖 第 1 步：设计用户信息反馈表

扫一扫 学一学

用户信息反馈表需要记录用户的名称、联系地址、联系人、联系电话、采购时间、采购数量、产品规格等内容，并对产品性能、使用效果等是否满意进行调查。首先应根据内容设计表格。

📖 第 2 步：新建用户信息反馈表文档

双击桌面上的【WPS 文字】图标，进入 WPS 文字首页，单击标签栏中的【新建】按钮，新建 WPS 文字空白文档，单击快速访问工具栏中的【保存】按钮，在【另存文件】对话框中将文字文档命名为【用户信息反馈表.docx】，单击【保存】按钮。

📖 第 3 步：具体制作

（1）在编辑区输入表格标题，单击【插入】选项卡中的【表格】下拉按钮，在下拉面板中选择【绘制表格】选项，拖动鼠标绘制 10 行 5 列的规则表格，如图 2.75 所示。

（2）选中表格，单击【表格工具】上下文选项卡，单击【自动调整】下拉按钮，在下拉菜单中选择【适应窗口大小】选项，如图 2.76 所示。此时表格宽度根据窗口自动调整，在相应单元格中输入内容，如图 2.77 所示。

（3）选中表格，单击【表格工具】上下文选项卡中的【对齐方式】下拉按钮，在下拉菜单中选择【水平居中】选项，使用【高度】数值调节按钮设置行高为 1.2 厘米。

（4）选中第 1 行后 4 个单元格，单击【表格工具】上下文选项卡中的【合并单元格】按钮，用同样的方法合并其他单元格，效果如图 2.78 所示。

图 2.75　手动绘制表格

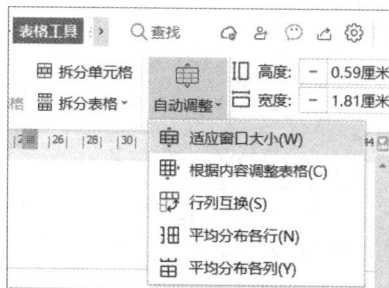

图 2.76　自动调整表格

图 2.77　输入内容

图 2.78　用户信息反馈表效果

（5）将光标置于表格底边框至鼠标指针变为上下箭头，拖动鼠标向下拉，加高最下方一行，在最下方单元格中输入相应的文字。

📖 第 4 步：打印预览并保存

（1）单击快速访问工具栏中的【打印预览】按钮，预览效果，预览后单击【打印预览】选项卡中的【关闭】按钮，退出预览，根据实际效果适当调整行高与列宽。

（2）单击快速访问工具栏中的【保存】按钮。

（3）单击标签栏右侧的【关闭】按钮。

🦋 任务评价

各组展示作品，介绍任务完成过程，制作过程视频，提交作品，进行自评、互评与师评，并进行任务反思，完成任务考核评价表（见表 2.6）。

表 2.6　任务考核评价表

任务 2.3　制作用户信息反馈表						
评价项目	评价内容	分值	自评	互评	师评	合计
职业素养（30分）	爱岗敬业，有责任意识、执行意识、安全意识与服务意识	5				
	制订计划能力强，学习态度严谨认真	5				
	团队合作，交流沟通、分享能力强	5				
	主动性强，能够保质保量完成任务	5				
	能够采取多种手段收集信息，并有效解决问题	5				
	遵守行业道德规范与行业规范	5				
专业能力（60分）	掌握 WPS 文字中多种插入表格方式的操作方法	20				
	掌握插入和删除单元格、行、列，合并和拆分单元格等操作方法	20				
	掌握表格边框与底纹设置、表格行高与列宽设置等操作方法，实现表格美化效果	20				
创新意识（10分）	具有创新思维与创新行动	10				
合计		100				
总结与反思						
总结归纳：						
存在问题：						
解决方案：						
提升措施：						

🦋 任务拓展：制作会议日程表

至强公司准备组织一场主题为"创新发展"的会议，时间定于 9 月 17 日和 18 日，刘小扬负责为此次会议制作会议日程表，具体步骤如下。

📖 **第1步：设计表格**

根据会议日程安排，精确到每项日程的具体时间段、会议地点、会议内容和主持人，设计表格。

📖 **第2步：创建 WPS 文字文档并保存**

双击桌面上的【WPS 文字】图标，进入 WPS 文字首页，单击标签栏中的【新建】按钮，新建 WPS 文字空白文档，单击快速访问工具栏中的【保存】按钮，在【另存文件】对话框中将文字文档命名为【会议日程表.docx】，单击【保存】按钮。

📖 **第3步：插入表格**

输入表格标题【会议日程表】，将表格标题字体、字号分别设置为【宋体】【四号】；单击【插入】选项卡中的【表格】下拉按钮，在下拉面板中选择【插入表格】选项，打开【插入表格】对话框，输入列数（4）、行数（16），单击【确定】按钮。

📖 **第4步：输入内容，调整表格**

（1）将光标移至第 1 行与第 2 行交界处，如图 2.79 所示，单击⊕图标插入 1 行。选中第 1 行，单击【表格工具】上下文选项卡中的【合并单元格】按钮，在合并后的单元格中输入文字【9 月 17 日（星期六）】。

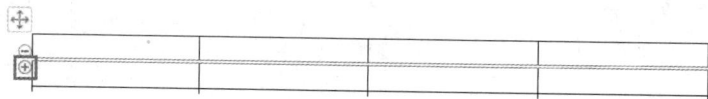

图 2.79　插入行

（2）在表格对应单元格中分别输入文字，包括时间、地点、内容与负责人。

（3）根据文字内容适当调整列宽与行高。

（4）选中表格，单击【表格工具】上下文选项卡中的【对齐方式】下拉按钮，在下拉菜单中选择【水平居中】选项；单击【开始】选项卡，设置表格中文字的字体、字号分别为【宋体】【小四】。

（5）选中表格，单击【表格样式】上下文选项卡中的【边框】下拉按钮，在下拉菜单中选择【边框和底纹】选项，打开【边框和底纹】对话框，单击【边框】选项卡中的【自定义】按钮，并单击预览区外边框，在【线型】列表框中选择【实线】线型，在【宽度】下拉列表中选择【1.5 磅】选项；单击预览区内边框，在【宽度】下拉列表中选择【1 磅】选项，在【应用于】下拉列表中选择【表格】选项，单击【确定】按钮，如图 2.80 所示。

（6）选中表格中两个日期所在行，单击【表格样式】上下文选项卡中的【底纹】下拉按钮，在下拉面板中选择【灰色-25%，背景 2】颜色，效果如图 2.81 所示。

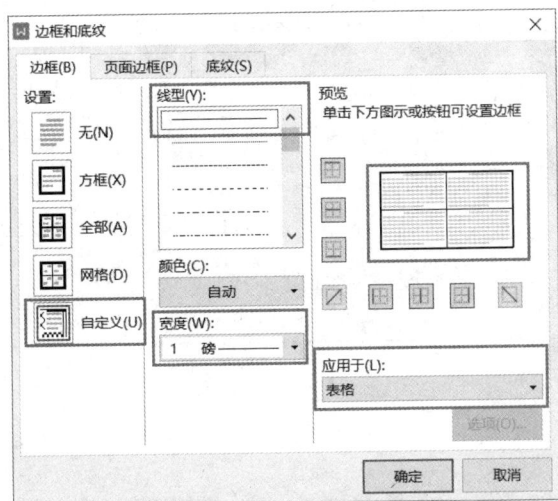

图 2.80　在【边框和底纹】对话框中设置边框线

会议日程表

9 月 17 日（星期六）			
时间	地点	内容	负责人
8：00－8：50	酒店前台	参会代表签到	刘小扬
9：00－11：30	第一会议室	1. 主持人介绍会议的议题与议程 2. 领导致词 3. ***做主旨演讲 4. ***做经验分享 5. 主持人做总结发言	王小微
11：30－11：50	第一会议室	全体合影	刘小扬
12：00－13：00	餐厅	午餐	刘小扬
13：00－13：30	酒店门口	集合，乘坐大巴	刘小扬
14：00－17：30	创新基地	全体会议代表参观创新基地	王小微
17：30－18：00		返回酒店	王小微
18：30－19：30	餐厅	晚餐	刘小扬
9 月 18 日（星期日）			
时间	地点	内容	负责人
9：00－11：00	第一会议室	与会代表开展研讨 议题 1：创新发展与时代发展的同频共振 议题 2：创新发展的实施策略	王小微
11：00－11：30	第一会议室	主持人做总结发言	王小微
12：00－13：00	餐厅	午餐	刘小扬
13：00		代表返程	刘小扬

图 2.81　会议日程表效果

📖 第 5 步：打印预览并保存

（1）单击快速访问工具栏中的【打印预览】按钮，预览效果，单击【打印预览】选项卡中的【关闭】按钮，退出预览，根据实际效果适当调整行高与列宽。

（2）单击快速访问工具栏中的【保存】按钮。

（3）单击标签栏右侧的【关闭】按钮。

任务 2.4　制作团建活动策划书

任务描述

为丰富员工业余生活，公司计划组织团建活动，要求制作团建活动策划书。下面以表 2.7 为指引，使用 WPS 文字提供的样式、多级编号、页眉页脚、自动目录等功能完成团建活动策划书的制作。

表 2.7　制作团建活动策划书任务工单

任务名称	制作团建活动策划书		组号		工时	
任务描述	公司组织团建活动，围绕团建活动的主题制作团建活动策划书					
任务目的	◇ 了解团建活动策划书的相关内容和格式，了解团建活动的目的与意义 ◇ 熟悉策划书的撰写规范和长文档编辑方法 ◇ 学会使用 WPS 文字的长文档编辑方法					
任务要求	1. 根据团建活动内容规范撰写团建活动策划书 2. 应用 WPS 文字提供的样式、页眉页脚、自动目录等功能制作团建活动策划书，充分体现智能结构布局					
任务实施计划	1. 明确需要使用的办公软件——WPS 文字 2. 掌握任务涉及的知识点：样式、多级编号、页眉页脚、分节符、导航窗格、目录 3. 实施计划： （1）撰写团建活动策划书 （2）新建 WPS 文字文档，重命名并保存文件 （3）根据需要设置文本的格式、应用样式 （4）设置页眉页脚 （5）自动生成目录，并根据需要更新目录 （6）预览并保存					

相关知识点

产品说明书、活动策划书等类型的长文档的制作与普通文档相比，需要使用高效的方法完成编辑与排版工作。

样式应用

样式是字体、段落和编号等集合而成的格式模板，是长文档编辑和管理的关键。通过应用样式，可高效统一规范长文档的格式，也便于批量快速修改文档格式。同时借助样式可以生成精准的文档目录。

扫一扫 学一学

应用样式： 选中目标文字或段落，单击【开始】选项卡中的【样式库】右侧下拉扩展按钮，在打开的所有预设样式中单击某一种样式。或者单击位于编辑界面右侧的任务窗格中的【样式】按钮，展开【样式和格式】窗格，选择某一种样式，如图 2.82 所示。

新建样式： 单击【开始】选项卡中【样式库】右侧的下拉扩展按钮，在下拉面板中选择【新建样式】选项，如图 2.83 所示。打开【新建样式】对话框，如图 2.84 所示，设置样式名称、样式类型和具体格式等。单击【格式】下拉按钮，结果如图 2.85 所示，选择某一选项后会打开对应的对话框，在对话框中设置格式。

修改样式： 右击【样式库】中需要修改的样式名，在右键菜单中选择【修改样式】选项，打开【修改样式】对话框，根据需要修改原样式中的字体、字号、段落等格式。

图 2.82 【样式和格式】窗格

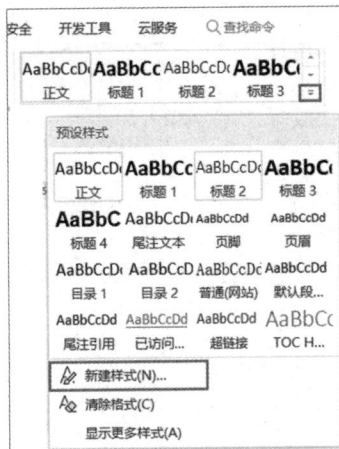

图 2.83 样式库预设样式

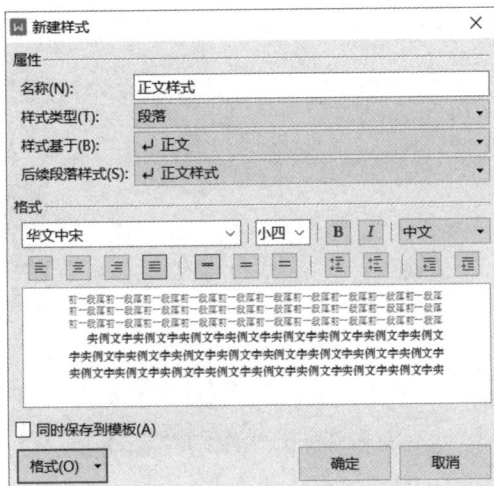

图 2.84 【新建样式】对话框

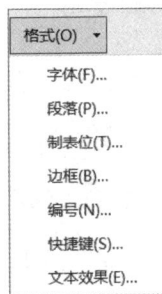

图 2.85 格式设置

提示：

不同类型的样式代表不同的文档层次，如一级标题可选择【标题1】样式，二级标题可选择【标题2】样式。

多级编号设置

在长文档的编辑中，标题常与编号同时出现，可将样式与多级编号关联，在应用样式的同时应用多级编号。

单击【开始】选项卡，右击【样式库】中的目标样式，在右键菜单中选择【修改样式】选项，打开【修改样式】对话框，选择【格式】→【编号】选项，打开【项目符号和编号】对话框，根据需求选择【多级编号】或【自定义列表】选项卡进行设置。例如，单击【多级编号】选项卡中的【自定义】按钮，打开【自定义多级编号列表】对话框，设置级别、编号格式等之后单击【确定】按钮，如图 2.86 所示。

图 2.86　样式关联自定义多级编号

📖 页眉页脚设置

页眉与页脚分别位于页面的顶端和底端，页眉与页脚中的信息通常是一些备注信息，包括日期、公司名称、文章标题等内容。

插入页眉与页脚： 双击文档页眉或页脚位置；或者先单击【插入】选项卡或【章节】选项卡，再单击【页眉页脚】按钮，激活【页眉页脚】上下文选项卡，分别单击【页码】下拉按钮与【页眉横线】下拉按钮，选择合适的模板，如图 2.87 所示。

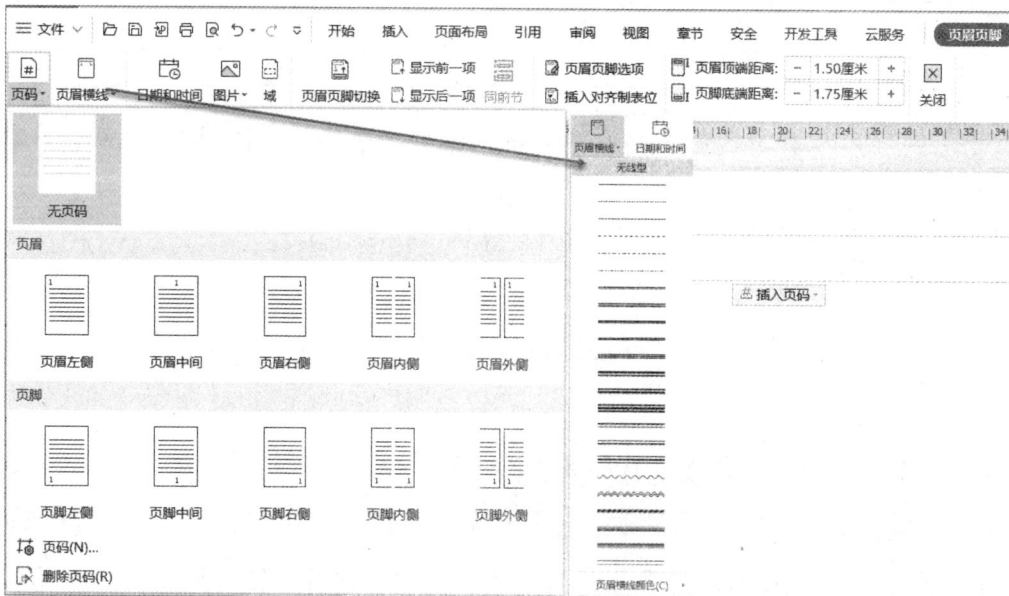

图 2.87　利用【页眉页脚】上下文选项卡插入页码与页眉横线

分别单击【日期和时间】【图片】【域】等按钮可以选择不同格式的日期和时间、图片、域等作为页眉或页脚的内容插入。如果页眉与页脚的内容为文字，那么只需在相应位置输入文字即可。

插入页码：在页眉与页脚编辑状态下，页眉与页脚区会自动出现【插入页码】按钮，单击【插入页码】按钮，在展开的面板中设置页码的样式、位置和应用范围后单击【确定】按钮，如图 2.88 所示。

图 2.88　插入页码

退出页眉与页脚编辑状态：单击【页眉页脚】上下文选项卡中的【关闭】按钮，或者双击正文区域即可退出页眉与页脚编辑状态。

提示：

页眉和页脚与正文文字属于不同的层，在正文编辑状态下无法对页眉和页脚进行编辑，必须切换到页眉与页脚编辑状态。

📖 **分节符应用**

节是文档格式化的基本单位，不同的节可以设置不同的格式，包括页眉/页脚、段落编号或页码等。如果文档中某一部分的页面设置与其他部分不同，则首先在这个部分前后各插入一个分节符。

插入分节符：移动光标至需要分节的文档处，单击【页面布局】选项卡中的【分隔符】下拉按钮，或者单击【插入】选项卡中的【分页】下拉按钮，在下拉菜单中选择【下一页分节符】选项，如图 2.89 所示。分节符有 4 种，分别是下一页分节符、连续分节符、偶数页分节符和奇数页分节符。

分节应用：将光标置于某一页，在此页前后各插入一个分节符，单击【页面布局】选项卡中的【页面设置】按钮，打开【页面设置】对话框，设置相应的页边距、纸张大小等内容后，选择应用于本节，单击【确定】按钮，如图 2.90 所示。

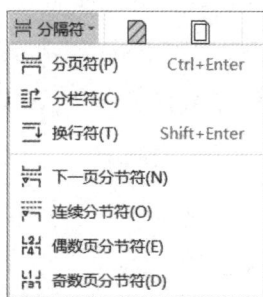

图 2.89　分隔符类型　　　　　　　　图 2.90　【页面设置】对话框

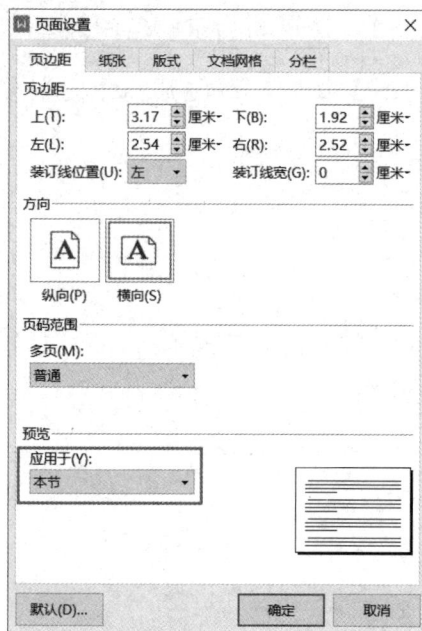

📖 导航窗格

导航窗格功能可方便用户快速定位文章，高效调整文章结构，方便用户对长文档的编辑和管理。

显示导航窗格：单击【视图】选项卡中的【导航窗格】按钮，窗口左侧区域显示导航窗格，通过单击导航窗格左侧标签可以从目录、章节、书签、查找和替换 4 个维度纵观文档。

章节导航：导航窗格中的章节维度以缩略图的形式展示章节内容页面，用户可以轻松对章节进行展开、收缩、新增（插入一个新的分节符）、删减、重命名等操作，如图 2.91 所示。【章节】导航窗格中的各节以插入的分节符为分隔标记，初始名为【第 1 节:未命名】。单击章节节名右侧的下拉按钮，在下拉菜单中选择【重命名】选项，为章节重命名，如图 2.92 所示。

📖 目录

自动目录：依据标题样式或大纲识别生成目录。自动目录可以使目录的制作变得非常简便，且在文档发生改变以后，可以根据文档的变化自动更新目录。

插入目录：单击【引用】选项卡中的【目录】下拉按钮，在下拉面板中选择【自动目录】选项，如图 2.93 所示。

图 2.91　导航窗格中的【章节】导航窗格

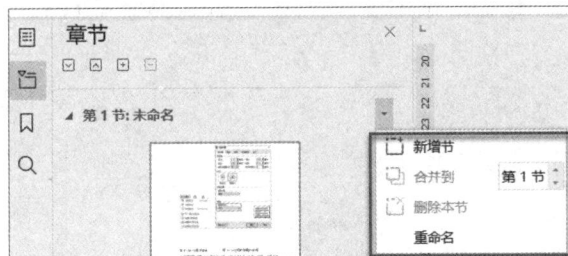

图 2.92　章节操作

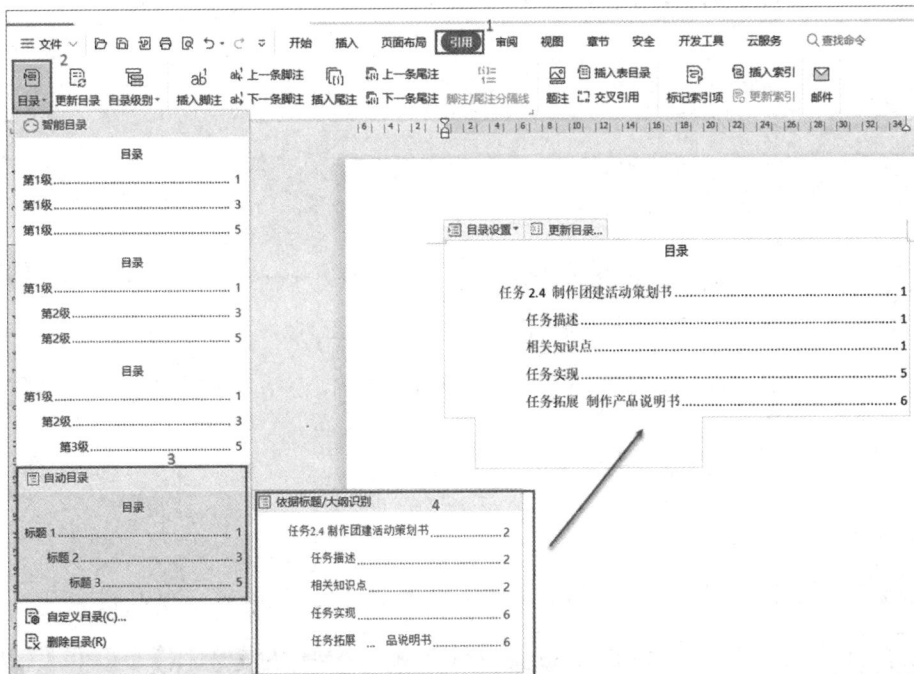

图 2.93　自动目录

智能识别目录：WPS文字组件中应用人工智能的特色功能，在文档中的标题未应用标题样式的情况下，自动识别文档的段落结构并生成对应级别的目录。单击【视图】选项卡中的【导航窗格】按钮，在目录区单击【智能识别目录】按钮，弹出【将智能识别的目录更新到导航视图中？】对话框，根据智能识别情况单击【确定】或【取消】按钮，如图2.94所示。

更新目录：如果文档内容被修改后页码或标题发生了变化，就单击自动生成的目录区，并单击上方出现的【更新目录】按钮，打开【更新目录】对话框，如图2.95所示，选中【只更新页码】或【更新整个目录】单选按钮即可。或者右击目录区，在右键菜单中选择【更新目录】选项，打开【更新目录】对话框。

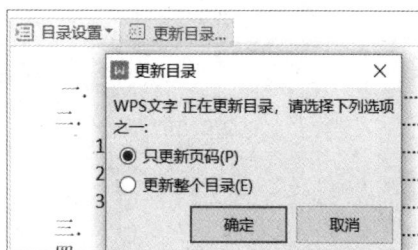

图2.94　智能识别目录

图2.95　【更新目录】对话框

任务实现

扫一扫 学一学

第1步：新建WPS文字文档

双击桌面上的【WPS文字】图标，进入WPS文字首页，单击标签栏中的【新建】按钮，新建WPS文字空白文档，单击快速访问工具栏中的【保存】按钮，打开【另存文件】对话框，选择保存的目标文件夹，输入文件名【公司团建活动策划书.docx】，单击【保存】按钮。

第2步：设置格式与应用样式

（1）输入撰写好的团建活动策划书。

（2）单击【开始】选项卡，右击【样式库】中的【正文】样式，在右键菜单中选择【修改样式】选项，在【修改样式】对话框中设置字体、字号分别为【宋体】【小四】。单击【格式】下拉按钮，在下拉菜单中选择【段落】选项，在弹出的【段落】对话框中，设置行距为【1.5

倍行距】，单击【确定】按钮，关闭【段落】对话框。单击【确定】按钮，关闭【修改样式】对话框。

（3）选中全部正文文字，单击【样式库】中的【正文】样式，应用样式。

（4）单击【开始】选项卡，右击【样式库】中的【标题 1】样式，在右键菜单中选择【修改样式】选项，在【修改样式】对话框中设置字体、字号分别为【黑体】【小三】。单击【格式】下拉按钮，在下拉菜单中选择【段落】选项，在弹出的【段落】对话框中，将对齐方式设置为【居中对齐】，段前、段后间距均为【0.5 行】，行距为【1.5 倍行距】，单击【确定】按钮，关闭【段落】对话框。单击【确定】按钮，关闭【修改样式】对话框。

同样，将【标题 2】样式修改为【宋体】【四号】【加粗】，将【标题 3】样式修改为【宋体】【小四】，段落格式设置与【标题 1】样式一致。

（5）选中一级标题或将光标置于一级标题处，单击【开始】选项卡的【样式库】中的【标题 1】样式。

（6）选中二级标题或将光标置于二级标题处，单击【开始】选项卡的【样式库】中的【标题 2】样式。

（7）选中三级标题或将光标置于三级标题处，单击【开始】选项卡的【样式库】中的【标题 3】样式。

最终效果如图 2.96 所示。

📖 第 3 步：按章节分节

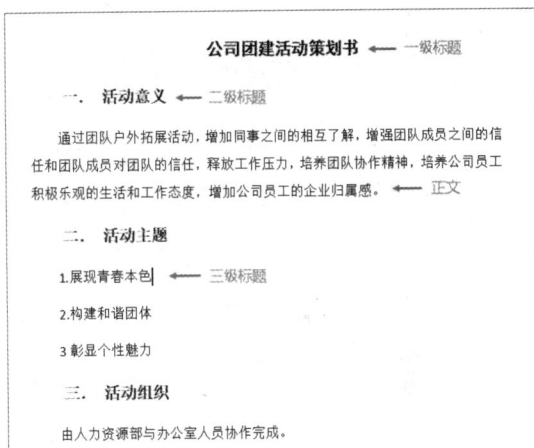

图 2.96　最终效果

将光标置于【附件：户外拓展安全注意事项】前，单击【插入】选项卡中的【分页】下拉按钮，在下拉菜单中选择【下一页分节符】选项。

📖 第 4 步：设置页眉与页脚

（1）单击【插入】选项卡中的【页眉页脚】按钮，单击页眉处，输入【公司团建活动策划书】；单击【页眉横线】下拉按钮，在下拉菜单中选择【横实线】选项；单击【开始】选项卡中的【右对齐】按钮，效果如图 2.97 所示。

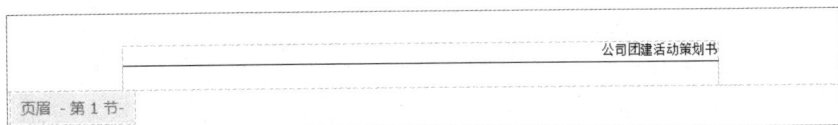

图 2.97　设置页眉效果

（2）在【页眉页脚】上下文选项卡中单击【页眉页脚切换】按钮，切换至页脚处，单击【插入页码】按钮，位置选择【居中】，应用范围选择【整篇文档】，单击【确定】按钮。

（3）单击【页眉页脚】上下文选项卡中的【关闭】按钮，退出页眉与页脚编辑状态。

📖 **第 5 步：自动目录生成**

（1）将光标置于文档第 1 行，单击【引用】选项卡中的【目录】下拉按钮，在下拉菜单中选择【自动目录】选项。选中自动生成的目录文字，单击【开始】选项卡，在【样式库】中选择【目录 1】样式。

（2）将光标置于目录最后一行结尾处，单击【插入】选项卡中的【分页】下拉按钮，在下拉菜单中选择【下一页分节符】选项。

（3）单击自动目录区域，单击【更新目录】按钮，选中【只更新页码】单选按钮，单击【确定】按钮。

📖 **第 6 步：打印预览并保存**

（1）单击快速访问工具栏中的【打印预览】按钮，效果如图 2.98 所示，预览后单击【打印预览】选项卡中的【关闭】按钮，退出预览。

（2）单击快速访问工具栏中【保存】按钮。

（3）单击标签栏右侧的【关闭】按钮。

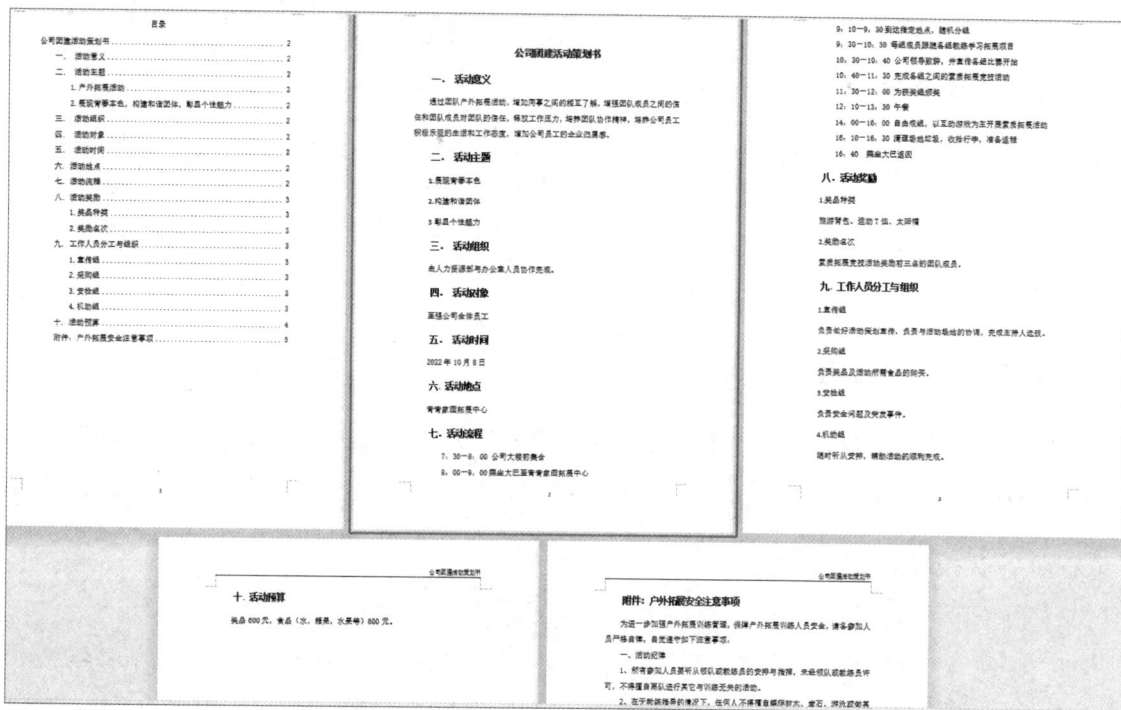

图 2.98　公司团建活动策划书实现效果

🦋 任务评价

各组展示作品，介绍任务完成过程，制作过程视频，提交作品，进行自评、互评与师评，并进行任务反思，完成任务考核评价表（见表2.8）。

表2.8 任务考核评价表

任务2.4 制作团建活动策划书						
评价项目	评价内容	分值	自评	互评	师评	合计
职业素养（30分）	爱岗敬业，有责任意识、执行意识、安全意识	5				
	制订计划能力强，学习态度严谨认真	5				
	团队合作，交流沟通、协作与分享能力强	5				
	积极主动性强，能够保质保量完成任务	5				
	能够采取多种手段收集信息，并有效解决问题	5				
	遵守行业道德规范与行业规范	5				
专业能力（60分）	掌握新建、修改与应用样式的操作方法	10				
	掌握多级编号的设置与应用的操作方法	10				
	掌握设置页眉/页脚、在页眉/页脚区域插入页码和日期时间等的操作方法	10				
	掌握分页符、分节符等的插入方法，掌握不同节之间页眉/页脚的设置方法	10				
	掌握使用导航窗格对文稿进行快速定位的方法	10				
	掌握自动生成目录、智能识别目录，以及更新目录的方法	10				
创新意识（10分）	具有创新思维与创新行动	10				
合计		100				
总结与反思						
总结归纳： 存在问题： 解决方案： 提升措施：						

🦋 任务拓展：制作操作手册

刘小扬是社区的信息技术宣传志愿者，为帮助社区居民了解Internet的常用操作方法，刘小扬整理了一份Internet操作手册并分发给了社区居民。

📖 第1步：打开源文件

双击桌面上的【WPS文字】图标，进入WPS文字首页，单击主导航中的【打开】按钮，在【打开文件】对话框中选择源文件所在文件夹和源文件【Internet操作手册.docx】，单击【打开】按钮。

📖 **第 2 步：设置格式与样式**

（1）单击【开始】选项卡，右击【样式库】中的【正文】样式，在右键菜单中选择【修改样式】选项，在弹出的【修改样式】对话框中设置字体、字号分别为【仿宋】【小四】。单击【格式】下拉按钮，在下拉菜单中选择【段落】选项，在弹出的【段落】对话框中设置行距为【1.5 倍行距】，单击【确定】按钮，关闭【段落】对话框。单击【确定】按钮，关闭【修改样式】对话框。选中全部文字，单击【开始】选项卡，选择【样式库】中的【正文】样式。

（2）单击位于编辑界面右侧任务窗格中的【样式】按钮，展开【样式和格式】窗格，右击【标题 1】样式，在右键菜单中选择【修改样式】选项，打开【修改样式】对话框，设置格式为【仿宋】【小三】【居中】【加粗】。选择【格式】→【段落】选项，设置段前、段后间距为【0.5 行】，行距为【1.5 倍行距】，单击【确定】按钮，关闭【段落】对话框。

（3）在【修改样式】对话框中选择【格式】→【编号】选项，打开【项目符号和编号】对话框，单击【自定义列表】选项卡，选择【自定义列表】框中的任意一项，单击【自定义】按钮，打开【自定义多级编号列表】对话框，分别设置级别 1 和级别 2 的编号，如图 2.99、图 2.100 所示，单击【确定】按钮。

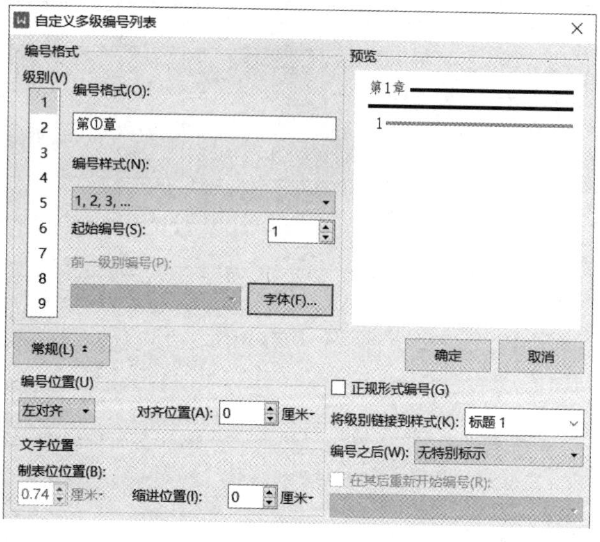

图 2.99　设置级别 1 编号 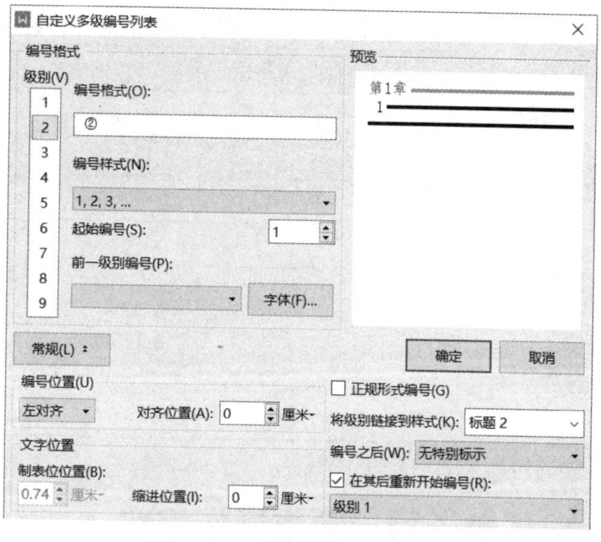　　　　　　图 2.100　设置级别 2 编号

（4）采用同样的方法设置【样式库】中的【标题 2】样式为【仿宋】【四号】，段前、段后间距为【0 行】，行距为【1.5 倍行距】。

（5）选中一级标题或将光标置于一级标题文字中，单击【开始】选项卡的【样式库】中的【标题 1】样式。

（6）选中二级标题或将光标置于二级标题文字中，单击【开始】选项卡的【样式库】中的【标题 2】样式。

📖 **第 3 步：插入分节符**

将光标分别置于第 1 章、第 2 章、第 3 章 3 个章标题之前，单击【插入】选项卡中的【分页】下拉按钮，在下拉菜单中选择【下一页分节符】选项。

📖 **第 4 步：设置页眉与页脚**

（1）双击页眉位置进入页眉与页脚编辑状态，单击【页眉页脚】上下文选项卡中的【页眉页脚选项】按钮，打开【页眉/页脚设置】对话框，如图 2.101 所示，勾选【首页不同】复选框，在【页码】选区的【页脚】下拉列表中选择【页脚中间】选项，单击【确定】按钮。

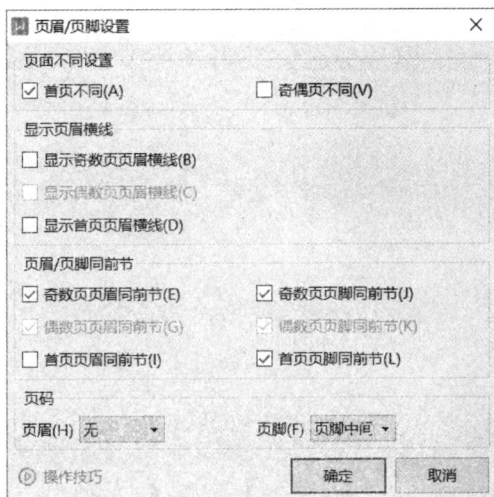

图 2.101 【页眉/页脚设置】对话框

（2）在第 1 章所在节（第 2 节）页眉处输入【第 1 章 基本术语】，单击【开始】选项卡中的【右对齐】按钮，结果如图 2.102 所示；将光标移至第 2 章所在节（第 3 节）处，单击【页眉页脚】上下文选项卡中的【同前节】按钮，取消其选中状态，在页眉处输入【第 2 章 Internet 常用操作】。采用同样的方法输入第 3 章所在节（第 4 节）的页眉内容。通过分节实现不同节不同页眉的效果，如图 2.102 所示。

图 2.102 第 2 节页眉设置结果

（3）单击第 2 节第 1 页页脚处，单击【页码设置】下拉按钮，在【应用范围】选区中选中【本页及之后】单选按钮，单击【确定】按钮。单击【页眉页脚】上下文选项卡中的【关闭】按钮。

📖 第 5 步：自动生成目录

（1）将光标置于第 1 节处，单击【引用】选项卡中的【目录】下拉按钮，在下拉菜单中选择【自动目录】选项，自动生成目录。

（2）插入目录后，原第 1 章标题编号自动更改成第 2 章，右击第 2 章编号，在右键菜单中选择【重新开始编号】选项，如图 2.103 所示，重新按照第 1 章编号。

🖹 设置目录级别(A)		▸
▢ 复制(C)	Ctrl+C	
✂ 剪切(T)	Ctrl+X	
▢ 粘贴	Ctrl+V	
▢ 选择性粘贴(S)...	Ctrl+Alt+V	
调整列表缩进(U)...		
🎵 重新开始编号(R)		
继续编号(C)		
⬅ 减少缩进量(D)	Shift+Alt+,	
➡ 增加缩进量(I)	Shift+Alt+.	
🖺 格式刷(F)	🖺	
Ⓣ 字体(F)	Ctrl+D	
🖹 段落(P)...		
☷ 项目符号和编号(N)...		

图 2.103　【自动编号】右键菜单

（3）右击目录区，在右键菜单中选择【更新域】选项，更新整个目录。

（4）单击【开始】选项卡，右击【样式库】中的【目录 1】样式，在右键菜单中选择【修改样式】选项，在弹出的【修改样式】对话框中设置字体、字号分别为【仿宋】【小四】。单击【格式】下拉按钮，在下拉菜单中选择【段落】选项，在弹出的【段落】对话框中设置行距为【1.5 倍行距】，单击【确定】按钮，关闭【段落】对话框。单击【格式】下拉按钮，在下拉菜单中选择【制表位】选项，在弹出的【制表位】对话框中设置制表位位置为【40 字符】，对齐方式为【右对齐】，前导符为【5……】，单击【确定】按钮，关闭【制表位】对话框。单击【确定】按钮，关闭【修改样式】对话框。

选中目录文字，单击【开始】选项卡，选择【样式库】中的【目录 1】样式。

选中【目录】两个字，单击【开始】选项卡中的【居中对齐】按钮。

（5）单击【视图】选项卡中的【导航窗格】按钮。

📖 第 6 步：打印预览并保存

（1）单击快速访问工具栏中的【打印预览】按钮，效果如图 2.104 所示，预览后单击【打印预览】选项卡中的【关闭】按钮，退出预览。

（2）单击快速访问工具栏中的【保存】按钮。

（3）单击标签栏右侧的【关闭】按钮。

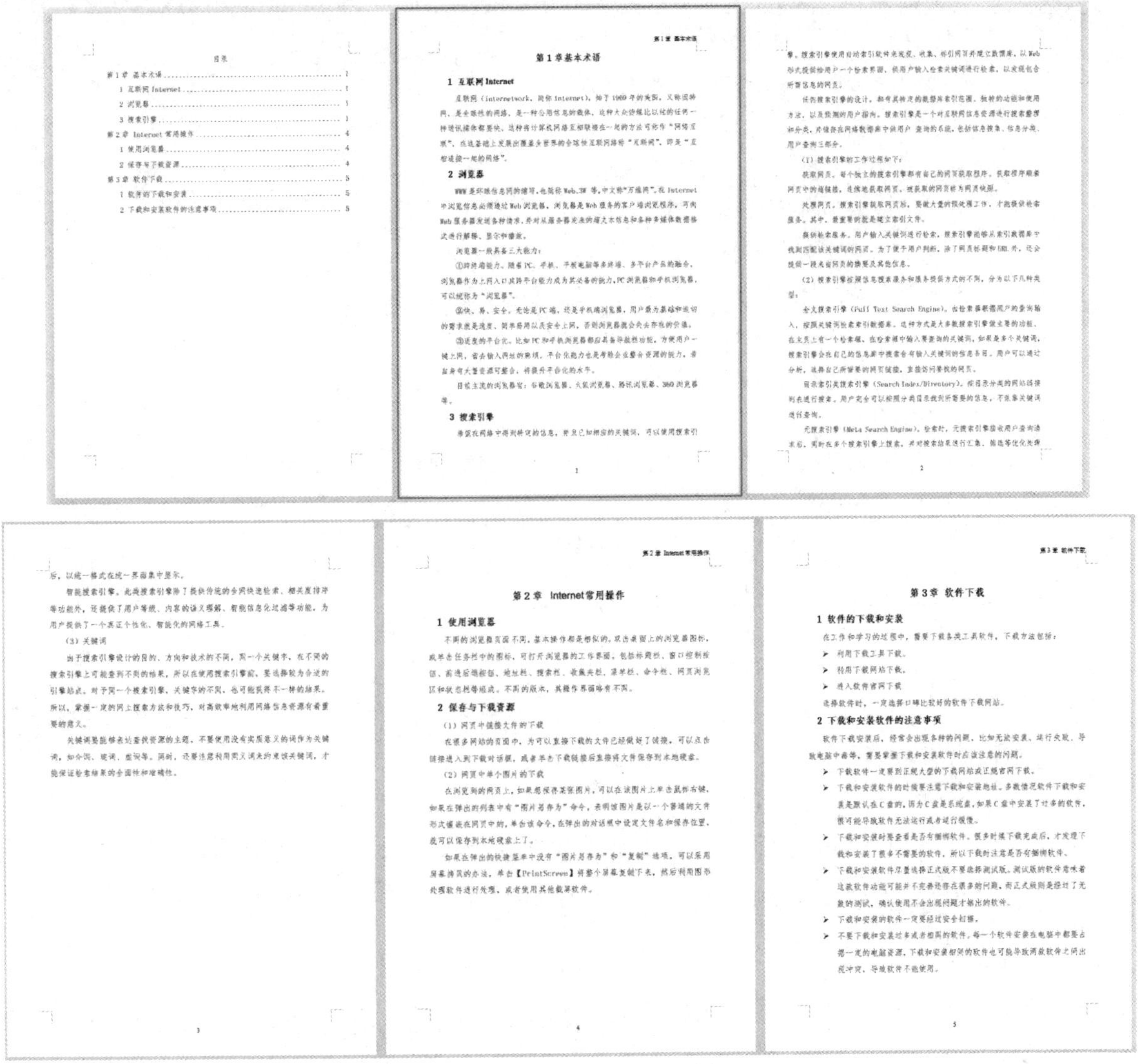

图 2.104　打印预览效果

任务 2.5　批量发送会议通知

任务描述

公司组织开展产品规划会议，刘小扬起草好会议通知后需要首先发送给相关部门负责人，然后根据负责人的修改意见完成会议通知的定稿，最后根据收件人名单批量制作和发送会议通知。批量发送会议通知任务工单如表 2.9 所示。

表2.9　批量发送会议通知任务工单

任务名称	批量发送会议通知		组号		工时	
任务描述	公司组织产品规划会议，起草会议通知并发送相关部门负责人审阅，根据审阅意见修订会议通知，并根据收件人名单批量发送会议通知					
任务目的	◇ 熟悉文档审阅与处理审阅结果的方法 ◇ 熟悉文档权限设置的方法 ◇ 使用邮件合并功能批量制作会议通知					
任务要求	1．将会议通知的编辑权限设置为指定人 2．审阅会议通知并根据审阅意见进行修改 3．将会议通知制作为包含不同参会人员信息的多个会议通知					
任务实施计划	1．明确需要使用的办公软件——WPS文字 2．掌握任务涉及的知识点：修订文档、批注、文档检查、文档安全、邮件合并 3．实施计划： （1）编辑会议通知主文档和参会人员数据表，并设置会议通知的编辑权限 （2）审阅者对会议通知进行批注 （3）根据审阅者的批注对会议通知进行修改 （4）批量制作会议通知并发送					

相关知识点

修订文档

扫一扫 学一学

修订文档是一种便于审阅者与作者沟通交流的功能，启用修订功能后，WPS文字将自动记录文档中所有内容的变更痕迹，并将变更痕迹标记出来。至于作者是否接受审阅者的修订，可以根据需要选择接受或拒绝。

设置修订状态：单击【审阅】选项卡中的【修订】按钮，进入修订状态。执行【修订】→【修订选项】命令可以设置修订标记等。

取消修订状态：再次单击【审阅】选项卡中的【修订】按钮即可取消修订状态。

接受/拒绝修订：将光标置于审阅者的修订内容处，单击【审阅】选项卡中的【接受】下拉按钮，在下拉菜单中选择【接受修订】选项；或者单击【拒绝】下拉按钮，在下拉菜单中选择【拒绝所选修订】选项。或者在编辑区右侧修订框处直接单击【√】按钮接受修订，单击【×】按钮拒绝修订，如图2.105所示。

> **小提示：**
>
> 如果接受审阅者对文档所做的所有修订，则只需选择【接受】→【接受对文档所做的所有修订】选项即可。

图 2.105　修订文档内容

📖 批注

在审阅文档时，如果不需要直接修订，则可以给文档添加批注，使审阅者与作者的沟通变得更加清晰与方便。

插入批注：将光标置于目标位置，单击【审阅】选项卡中的【插入批注】按钮，在批注框中输入批注内容，如图 2.106 所示。

图 2.106　插入批注

> ⚠ **小提示：**
>
> 选中目标内容后单击【审阅】选项卡中的【插入批注】按钮，可以明确批注具体针对的内容。

处理批注：作者根据审阅者给出的批注内容进行修改，处理完成后可选择【解决】或【删除】选项。

📖 文档检查

编辑文档时不可避免会出现一些英文拼写错误或语法错误，WPS 文字中的拼写检查功能可根据英文文本的拼写和语法要求对选中的文本或全部文本内容做智能检查，并根据呈现的拼写存疑内容给予精确的表达推荐。

拼写检查：选中文本或将光标置于文档任意处，单击【审阅】选项卡中的【拼写检查】

按钮，打开【拼写检查】对话框，如图 2.107 所示，根据检查的结果和实际文档，需要单击【更改】、【忽略】或【添加到词典】等按钮，检查完成后会弹出【拼写检查已经完成】提示框。

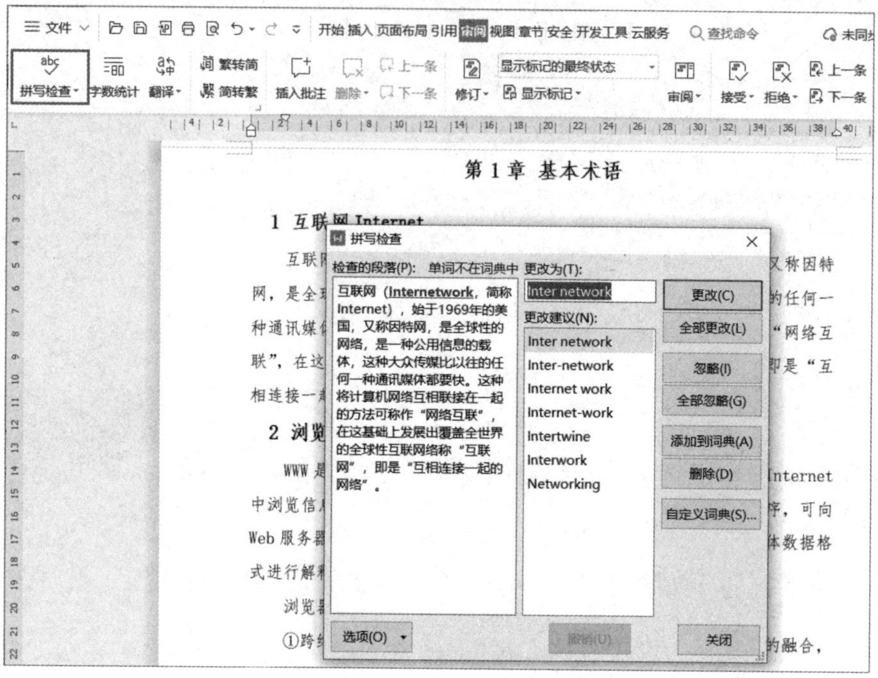

图 2.107　进行拼写检查

📖 文档安全

文档安全可以通过 WPS 文字提供的限制编辑和文档权限功能来实现。限制编辑功能可以限制人员对文档特定部分进行编辑或设置格式，文档权限功能可将文档设置为私密文档，仅由文档拥有者和指定人查看或编辑。

设置限制编辑：单击【审阅】选项卡中的【限制编辑】按钮；或者直接单击右侧任务窗格中的【限制】按钮，在【限制编辑】窗格中勾选【限制对选定的样式设置格式】复选框，单击【设置】按钮，打开【限制格式设置】对话框，根据需要选择对选定的样式进行限制格式设置；勾选【设置文档的保护方式】复选框，根据需要选择文档保护方式；单击【启动保护】按钮，打开【启动保护】对话框，可设置保护密码（可为空），如图 2.108 所示。

设置文档权限：单击【安全】选项卡中的【文档权限】按钮，打开【文档权限】对话框，将【私密文档保护】右侧按钮设置为开启状态后，仅作者拥有对文档的查看、编辑等权限。如果要设置其他人拥有文档权限，则单击【添加指定人】按钮，打开【添加指定人】对话框，可以通过微信、WPS 账号或邀请方式添加指定人，如图 2.109 所示。例如，单击【邀请】选项卡，设置文档权限和邀请人数后，单击【生成链接】按钮，生成链接后会出现链接和【复制链接】按钮，单击【复制链接】按钮，将链接粘贴给指定人。

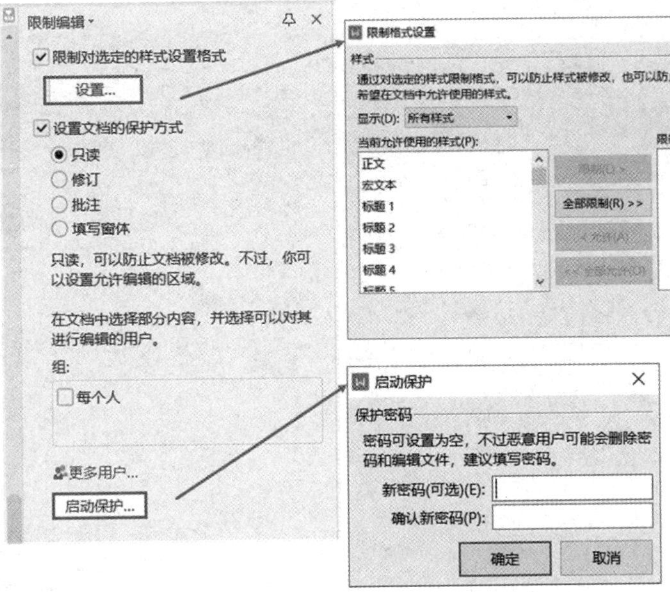

图 2.108　设置限制编辑

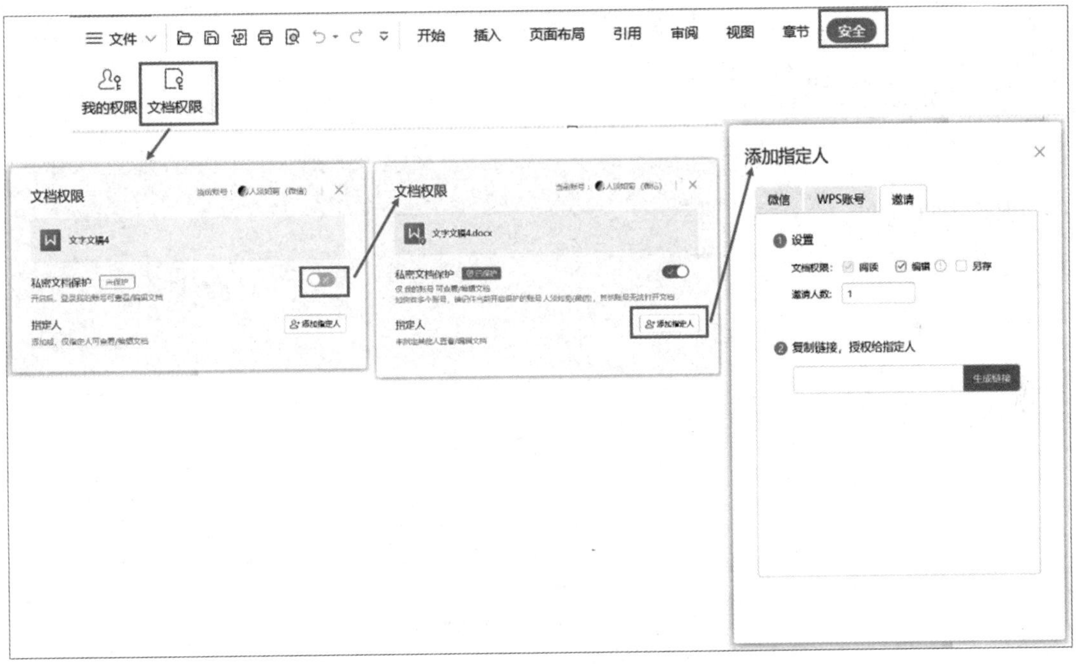

图 2.109　设置文档权限

小提示：

　　无论使用微信、WPS 账号或邀请哪一种方式添加指定人，都必须同步将文档发送给指定人，指定人通过 WPS 软件打开该文档。再次单击【文档权限】按钮之后，在弹出的【文档权限】对话框中单击【修改指定人】按钮，打开【添加指定人】对话框，将鼠标指针置于权限列表下某个指定人处，此时会出现 ⊗ 图标，单击即可删除该指定人，如图 2.110 所示。

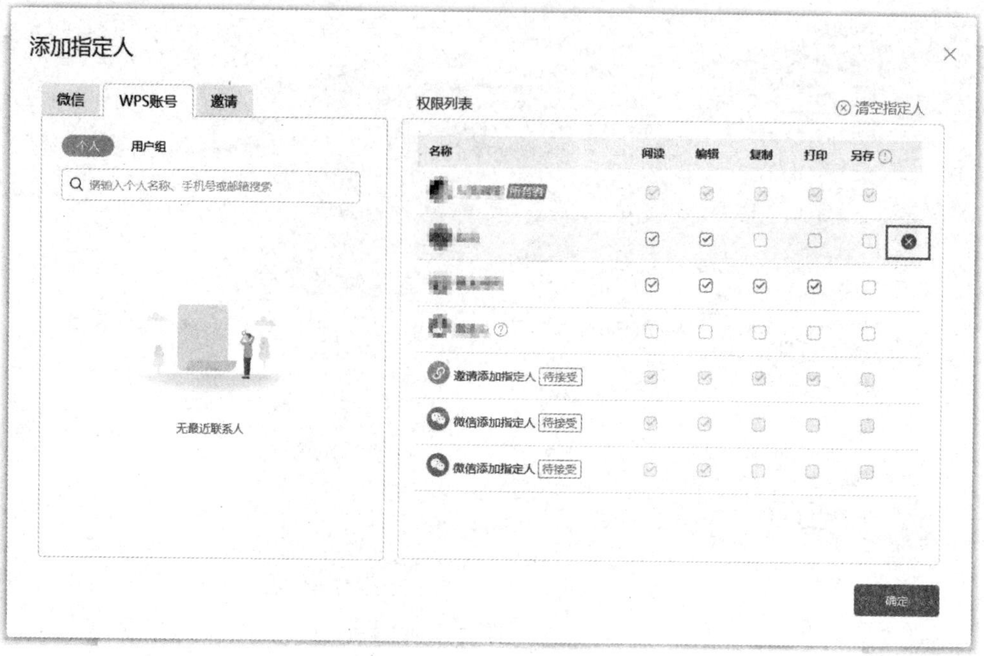

图 2.110　删除指定人

查看安全文档信息：添加指定人后，将鼠标指针移至 WPS 右上角头像上后单击【我的通知】按钮，打开【WPS 办公助手】对话框，可以查看安全文档信息，包括接受权限的人数和详情等，如图 2.111 所示。

图 2.111　查看安全文档信息

📖 **邮件合并**

邮件合并是 WPS 文字中一种可以将数据源批量应用到主文档中的功能，常应用于特殊版式文档的批量制作。

扫一扫 学一学

制作主文档和数据源表： 编辑完成主文档固定内容并保存，编辑数据列表形式的数据源表并保存，数据源表格式可以为.docx 或.xlsx。

打开并选择数据源： 打开主文档，单击【引用】选项卡中的【邮件】按钮，显示【邮件合并】上下文选项卡，将光标置于主文档中需要引用数据源的位置，单击【打开数据源】按钮，打开【选取数据源】对话框，选择需要引用的数据源，单击【打开】按钮，如图 2.112 所示。

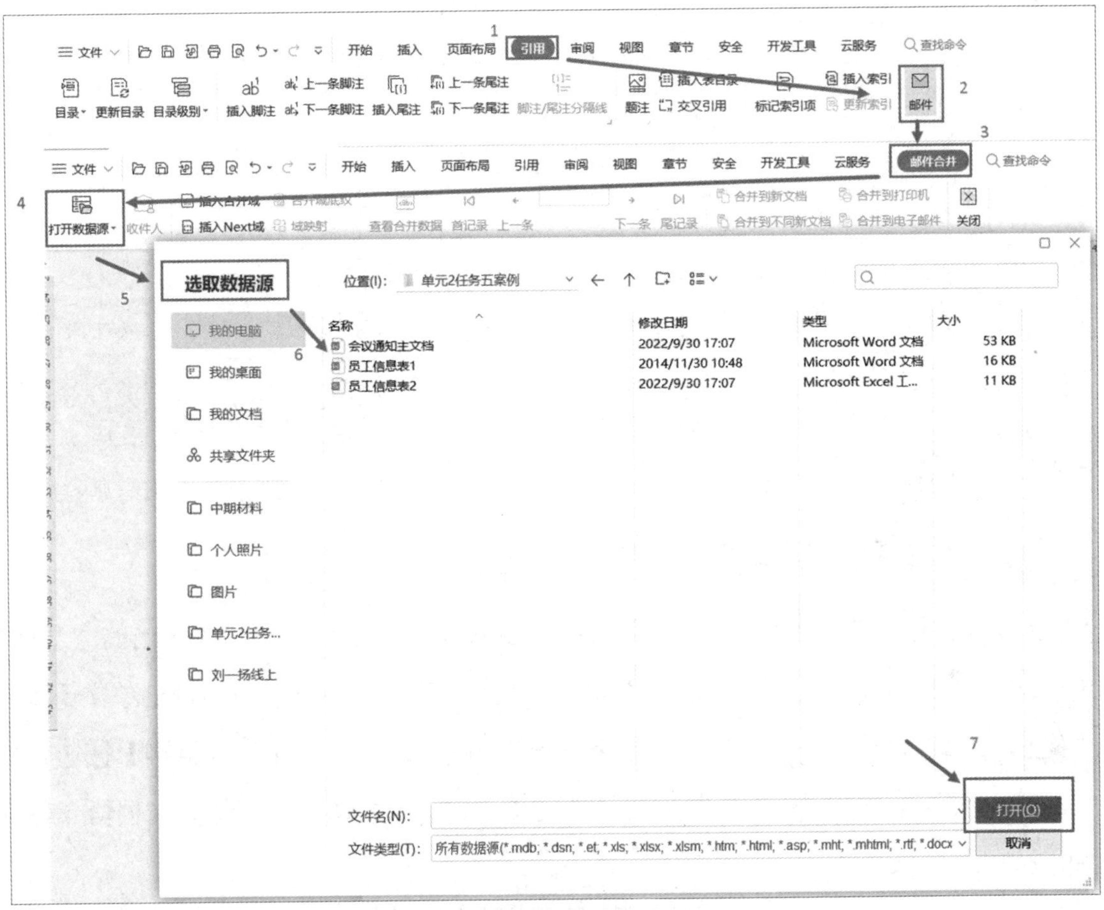

图 2.112 打开并选择数据源

插入合并域/Next 域： 单击【插入合并域】按钮，打开【插入域】对话框，选择需要插入的域类型（地址域、数据库域），在【域】列表框中选择要应用域的名称，单击【插入】按钮，关闭【插入域】对话框。如果需要在不同位置插入不同的域，则重复以上操作。

查看合并数据： 插入域操作全部完成后，单击【查看合并数据】按钮，主文档中的插入域位置显示数据源中的真实数据。

文档输出： 检查主文档与合并数据后的效果，选择合并方式。如果单击【合并到不同新文档】按钮，则将生成与数据源中的数据记录相同的文档数量；如果单击【合并到新文档】按钮，则生成一个总文档，文档中包含不同域值的内容。单击【关闭】按钮，关闭【邮件合并】选项卡。

任务实现

第1步：制作会议通知主文档与参会人员数据源表

双击桌面上的【WPS文字】图标，进入WPS文字首页，单击标签栏中的【新建】按钮，新建两个WPS文字空白文档，其中一个文档为会议通知主文档（见图2.113），另一个文档为参加会议的员工信息数据源表（见图2.114），编辑内容并保存。

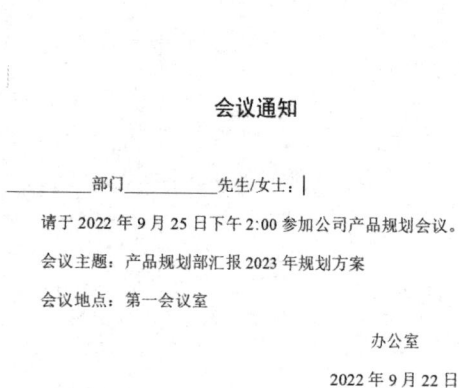

会议通知

_____部门_____先生/女士：

请于2022年9月25日下午2:00参加公司产品规划会议。

会议主题：产品规划部汇报2023年规划方案

会议地点：第一会议室

办公室

2022年9月22日

图2.113　会议通知主文档

工号	姓名	部门
201	蔡腾达	产品规划部
202	陈惠娟	产品规划部
203	成姚龙	产品规划部
204	方兴	产品规划部
205	高月利	产品规划部
206	古永武	产品设计部
207	江金华	产品设计部
208	李广华	产品设计部
209	李鸿华	产品设计部
210	廖芹	产品设计部
211	刘升	产品销售部
212	刘小翠	产品销售部
213	阚海和	产品销售部
214	沈建昆	产品销售部
215	舒礼清	产品销售部

图2.114　参加会议的员工信息数据源表

第2步：设置会议通知编辑权限

打开会议通知主文档，单击【安全】选项卡中的【文档权限】按钮，在弹出的【文档权限】对话框中启动私密文档保护功能；单击【添加指定人】按钮，在弹出的对话框中单击【邀请】选项卡，勾选【编辑】复选框，在【邀请人数】数值框中输入3，单击【生成链接】按钮，生成链接后单击【复制链接】按钮，将链接发给3位部门负责人，即发送会议通知主文档给3位部门负责人，如图2.115所示。

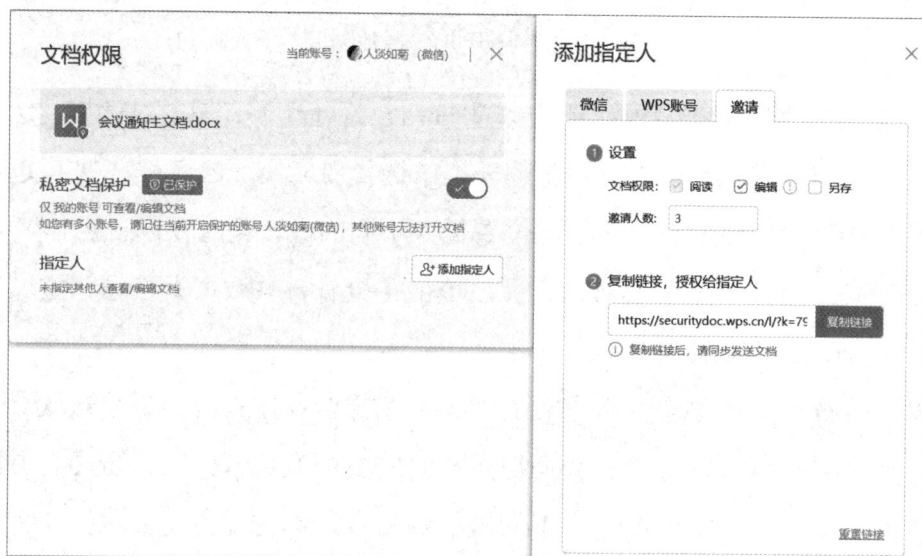

图2.115　文档权限设置

📖 **第 3 步：审阅人对会议通知进行批注**

审阅人获取链接并单击链接，使用 WPS 软件打开会议通知主文档，在要修改位置单击【审阅】选项卡中的【插入批注】按钮，输入批注内容。审阅完成后单击快速访问工具栏中的【保存】按钮，执行【文件】→【退出】命令，使用邮箱或其他通信工具将做好批注的会议通知发回刘小扬。

📖 **第 4 步：根据审阅者的批注内容修改会议通知**

刘小扬通过邮箱或其他通信工具接收审阅者发回的会议通知主文档，根据批注内容对会议通知主文档进行修改，处理完成后单击批注框右侧的【删除】按钮。完成后单击快速访问工具栏中的【保存】按钮，保存会议通知主文档。

📖 **第 5 步：批量制作会议通知并发送**

（1）打开主文档，单击【引用】选项卡中的【邮件】按钮，将光标置于会议通知主文档中需要引用数据源的位置，单击【邮件合并】上下文选项卡中的【打开数据源】按钮，打开【选取数据源】对话框，选择需要引用的数据源【员工信息表.docx】，单击【打开】按钮。

（2）将光标置于会议通知主文档中的【部门】前空白处，单击【邮件合并】上下文选项卡中的【插入合并域】按钮，打开【插入域】对话框，选中【数据库域】单选按钮，在【域】列表框中选择【部门】选项，单击【插入】按钮，关闭【插入域】对话框。采用同样的方法在【部门】后空白处插入【姓名】域，如图 2.116 所示。

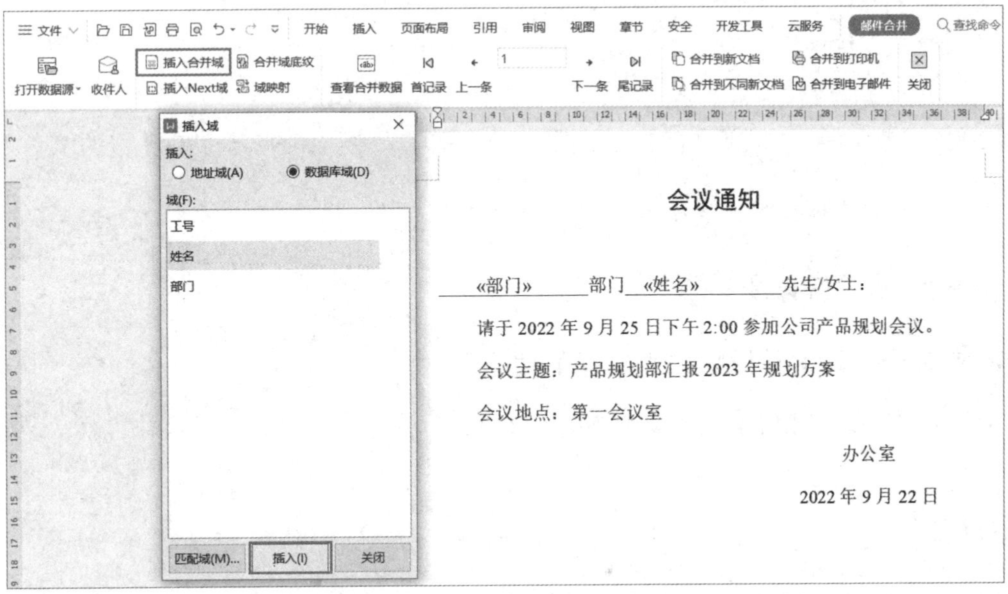

图 2.116　插入合并域

（3）完成全部插入域操作后，单击【查看合并数据】按钮，会议通知主文档中插入域位

置显示数据源中的真实数据，单击【上一条】或【下一条】按钮查看所有真实数据，如图2.117
所示。

图2.117　查看合并数据

（4）检查包含真实数据的会议通知主文档，单击【邮件合并】上下文选项卡中的【合并
到不同新文档】按钮，打开【合并到不同新文档】对话框，如图2.118所示。

（5）在【以域名】下拉列表中选择【姓名】选项（作为新文档的文件名）；单击【修改】
按钮，重新设置文档的保存位置；选中【合并记录】选区中的【全部】单选按钮，单击【确
定】按钮，检查合并后生成的多个文档，如图2.119所示。

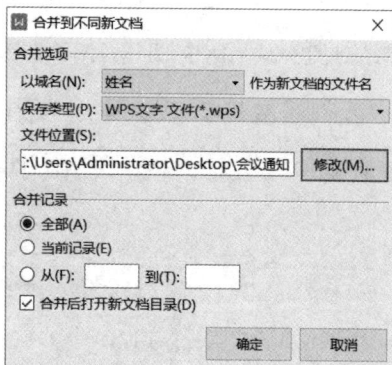

图2.118　【合并到不同新文档】对话框

图2.119　合并后生成的多个文档

（6）将会议通知发送给参会人员。

📖 第6步　保存并关闭文档

（1）单击快速访问工具栏中的【保存】按钮。

（2）单击标签栏右侧的【关闭】按钮。

🦋 任务评价

各组展示作品，介绍任务完成过程，制作过程视频，提交作品，进行自评、互评与师评，
并进行任务反思，完成任务考核评价表（见表2.10）。

表 2.10　任务考核评价表

评价项目	评价内容	分值	自评	互评	师评	合计
职业素养（30分）	爱岗敬业，有责任意识、执行意识、信息安全意识	5				
	制订计划能力强，学习态度严谨认真	5				
	团队合作，交流沟通、协作与分享能力强	5				
	工作主动性强，能够保质保量完成任务	5				
	能够采取多种手段收集信息，分析解决问题能力强	5				
	遵守行业道德规范与行业行为规范	5				
专业能力（60分）	能够设置和取消文档修订状态、接受和拒绝修订内容	15				
	能够给文档内容添加批注并处理批注	10				
	能够对文档的拼写错误进行检查与更改	5				
	能够通过设置限制编辑和文档权限保护文档的安全	15				
	能够使用邮件合并功能将数据源批量应用到主文档中	15				
创新意识（10分）	具有创新思维与创新行动	10				
合计		100				
总结与反思						

总结归纳：

存在问题：

解决方案：

提升措施：

任务拓展：制作并发送用户信息反馈表

在任务 2.3 中，刘小扬制作了用户信息反馈表，现需要使用邮件合并的方式将用户名称、联系地址、联系人、联系电话等信息自动插入表中并发送给用户。

第 1 步：制作用户信息表

双击桌面上的【WPS 文字】图标，进入 WPS 文字首页，单击标签栏中的【新建】按钮，新建 WPS 空白文档，参考图 2.120 制作用户信息表，将整理的用户名称、联系地址、联系人、联系电话信息输入对应的单元格中，单击快速访问工具栏中的【保存】按钮，打开【另存文件】对话框，选择保存的目标文件夹，输入文件名【用户信息表.docx】。单击快速访问工具栏中的【保存】按钮，单击标签栏右侧的【关闭】按钮。

用户名称	联系地址	联系人	联系电话
三维集团	上海路***号	王小群	136********
世纪集团	山东路***号	张青	137********
超强公司	青岛路***号	刘玉	138********
至尚公司	海南路***号	赵强	180********
小强物流	小山路***号	张丽	181********
大川公司	拓展路***号	李国	136********
小众公司	河北街***号	郑重	133********
路通物流	江西路***号	付平	138********

图 2.120　用户信息表

📖 第 2 步：批量制作用户信息反馈表并发送

（1）打开任务 2.3 中的用户信息反馈表并将其作为主文档。双击桌面上的【WPS 文字】图标，进入 WPS 文字首页，单击主导航中的【打开】按钮，在【打开文件】对话框中选择源文件所在文件夹和源文件【用户信息反馈表.docx】，单击【打开】按钮。

（2）单击【引用】选项卡中的【邮件】按钮，单击【邮件合并】上下文选项卡中的【打开数据源】按钮，打开【选取数据源】对话框，选择【用户信息表.docx】，单击【打开】按钮。

（3）将光标置于【用户名称】后的单元格处，单击【邮件合并】上下文选项卡中的【插入合并域】按钮，打开【插入域】对话框，选中【数据库域】单选按钮，在【域】列表框中选择【用户名称】选项，单击【插入】按钮，关闭【插入域】对话框。采用同样的方法，在【联系地址】【联系人】【联系电话】后的单元格处分别插入【联系地址】域、【联系人】域和【联系电话】域，结果如图 2.121 所示。

用户信息反馈表

用户名称	«用户名称»		
联系地址	«联系地址»		
联系人	«联系人»	联系电话	«联系电话»

图 2.121　插入合并域后的结果

（4）域全部插入完成后，单击【查看合并数据】按钮，主文档中插入域位置显示数据源中的真实数据，单击【上一条】或【下一条】按钮查看所有真实数据。

（5）单击【邮件合并】选项卡中的【合并到打印机】按钮，打开【合并到打印机】对话框，选中【全部】单选按钮，单击【确定】按钮，打开【打印】对话框，选择打印机名称与打印份数，单击【确定】按钮。

（6）将用户信息反馈表发送给用户。

📖 第 3 步　保存并关闭文档

（1）单击快速访问工具栏中的【保存】按钮。

（2）单击标签栏右侧的【关闭】按钮。

单元习题

一、单项选择题

1. 在 WPS 文字【打印】对话框的【页码范围】文本框中输入【3-6,12,20】，表示（   ）。

   A. 打印第 3 页至第 6 页、第 12 页、第 20 页

   B. 打印第 3 页、第 6 页、第 12 页、第 20 页

   C. 打印第 3 页至第 20 页

   D. 打印第 3 页、第 6 页、第 12 页至第 20 页

2. 在 WPS 文字中，使用（   ）选项卡可以完成页边距的调整。

   A.【开始】   B.【插入】   C.【页面布局】   D.【视图】

3. 在 WPS 文字的【段落】对话框中，不可以设置（   ）。

   A. 字符间距   B. 对齐方式   C. 段落间距   D. 行距

4. 在导航窗格的（   ）标签页中可以使查看文档分节情况，并快速进行分节操作。

   A. 目录   B. 章节   C. 书签   D. 查找和替换

5. 在 WPS 文字中，自动生成文档目录之前应先将文档中的相应文本设置为（   ）。

   A. 黑体   B. 粗体   C. 宋体   D. 标题样式

6. 在 WPS 文字中，可以显示出页眉和页脚的视图是（   ）。

   A. 大纲视图   B. 全屏视图   C. 页面视图   D. Web 视图

7. 如果希望保留对文稿的修改痕迹，则可使用 WPS 的（   ）功能。

   A. 查找与替换   B. 修订和审阅   C. 格式刷   D. 样式

8. 在 WPS 文字中，如果需要输入公式，则可以使用【插入】选项卡中的（   ）命令。

   A.【公式】   B.【艺术字】   C.【文本框】   D.【批注】

9. 在 WPS 文字中，要为一篇整理好的长文档添加目录，可以在（   ）选项卡中完成相关操作。

   A.【开始】   B.【插入】   C.【页面布局】   D.【引用】

10. 在 WPS 文字中，如果需要为相邻的两页设置不同的纸张方向，则必须在它们之间插入（   ）。

   A. 分页符   B. 分节符   C. 分栏符   D. 换行符

11. WPS 文字中关于表格的说法错误的是（   ）。

   A. 可以通过【插入】选项卡中的【表格】命令插入表格

B．表格中的单元格可以合并与拆分

C．表格中的数据不能求和

D．表格可以转换成文本

12．WPS 文字具有分栏功能，下列对于分栏的说法错误的是（　　　）。

A．各栏的宽度可以不同

B．各栏之间的间距是固定的

C．分栏的数量可以在【分栏】对话框中设置

D．各栏之间的间距可以在【分栏】对话框中设置

二、多项选择题

1．在 WPS 工作界面，可以创建新文档的操作是（　　　）。

A．执行【文件】→【新建】→【新建】命令

B．在快速访问工具栏中单击【打开】按钮

C．使用 Ctrl+N 快捷键

D．在快速访问工具栏中单击【新建】按钮

2．在 WPS 文字中，关于更新目录，下列说法正确的是（　　　）。

A．可以只更新页码　　　　　　　　　B．可以只更新整个目录

C．不可以更新整个目录　　　　　　　D．只能更新页码

3．邮件合并功能包括（　　　）。

A．群发电子邮件　　　　　　　　　　B．批量制作会议通知

C．批量制作录取通知书　　　　　　　D．合并多个文档

4．关于 WPS 剪贴板的描述正确的是（　　　）。

A．WPS 剪贴板可以保存最近多次复制的内容

B．WPS 剪贴板可以保存文字、图片等各种格式的内容

C．WPS 剪贴板可以设置为复制时自动显示剪贴板模式

D．WPS 剪贴板可以设置为连续按 Ctrl+C 组合键两次显示

E．WPS 剪贴板可保存的次数是无限的

5．在 WPS 文字中，可以对选定的文本进行设置的操作包括（　　　）。

A．加底纹　　　　　　B．加下画线　　　　　　C．加着重号　　　　　　D．加艺术字效果

E．加边框

三、操作题

1. 请设计制作一张宣传海报，主题为我的祖国，内容包括祖国山河的图片，以及我国所取得的令世界瞩目的伟大成就文字介绍或图片等。

2. 为了普及云计算、大数据等新技术，请收集云计算、大数据技术的相关资料，使用 WPS 文字制作一期科普报刊。

3. 上网查询申请志愿者的流程，编辑详细申请步骤，制作成长文档，命名为【志愿者申请流程】并以邮件形式发送给班主任。

4. 收到班级群教师转发的《关于印发第九届大学生科技创新大赛方案的通知》后，请整理自己的科技创新方案，并按照通知中申报书的模板完成内容的填写。

WPS 表格处理-市场篇

任务 3.1 制作员工信息表

任务描述

联强公司人力资源部刘晓婷接到任务，制作本年度新进员工信息表，以便对员工信息进行存档。WPS 表格在阅读、编辑、格式调整等方面高效、智能，刘晓婷根据任务要求选择使用 WPS 表格，并制订了任务实施计划，任务工单如表 3.1 所示。下面让我们跟随刘晓婷一起来完成本次任务。

表 3.1 制作员工信息表任务工单

任务名称	制作员工信息表	组号		工时	
任务描述	为了便于新员工信息的存档管理，要求使用 WPS 表格制作一份员工信息表				
任务目的	◇ 熟悉 WPS 表格工作界面 ◇ 掌握 WPS 表格的基本操作与美化 ◇ 学会使用 WPS 表格进行数据管理 ◇ 培养严谨认真的工作作风				
任务要求	1. 工作簿命名为【员工信息表.xlsx】 2. 录入员工信息，包括工号、姓名、性别、出生日期、部门、家庭地址、联系方式等。当将鼠标指针悬停到姓名列的单元格上时，能查看该员工照片 3. 美化员工信息表 4. 打印输出版面合理，每页均包含表头行				
任务实施计划	1. 明确需要使用的办公软件——WPS 表格 2. 掌握任务涉及的知识点：表格常用操作、表格格式设置、表格样式设置、预览与打印 3. 实施计划： （1）收集员工信息 （2）新建 WPS 工作簿，重命名并保存 （3）录入员工信息，并设置单元格格式与表格样式 （4）嵌入员工照片 （5）预览并打印输出表格				

相关知识点

📖 WPS 表格工作界面

扫一扫 学一学

新建 WPS 表格或打开 WPS 表格文件之后，会显示 WPS 表格工作界面，如图 3.1 所示。

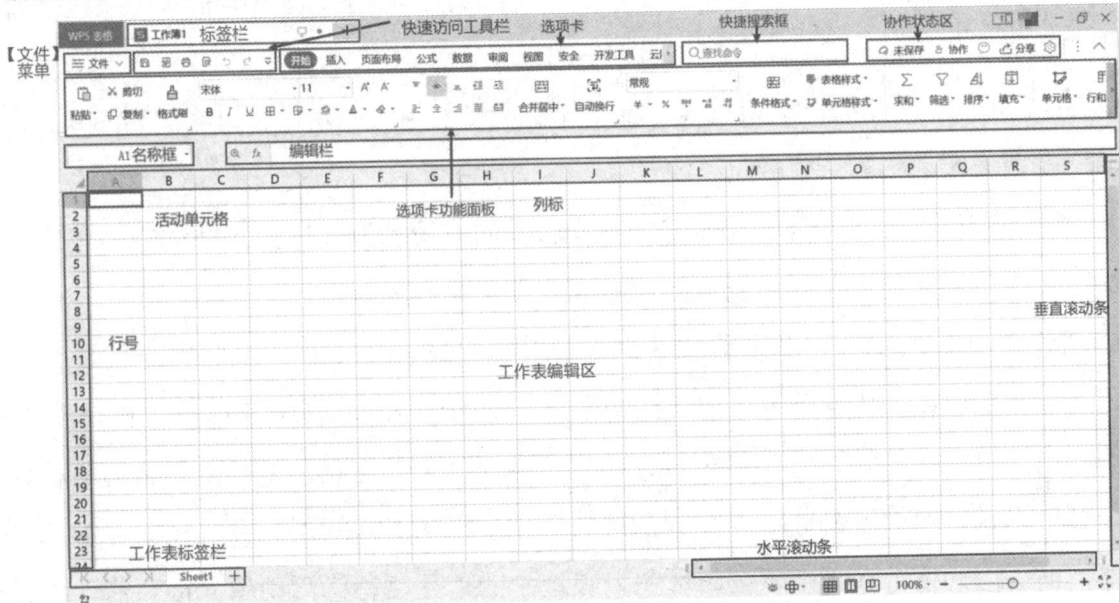

图 3.1　WPS 表格工作界面

标签栏：用于标签切换、显示已经打开的 WPS 表格文件的名称和新建文档。

功能区：各类功能入口，包括选项卡、【文件】菜单、快速访问工具栏（默认置于功能区内）、快捷搜索框、协作状态区等。

工作表编辑区：WPS 表格内容编辑和呈现的主要区域，包括名称框、编辑栏、单元格、工作表标签栏、行号、列标、垂直滚动条、水平滚动条等。

（1）**名称框**：用于显示当前选择的单元格、图表项或绘图对象等的名称。

（2）**编辑栏**：用于输入或编辑数据、公式等对象。编辑栏包括【浏览公式结果】按钮 🔍、【插入函数】按钮 fx 和右侧的编辑框。当将光标定位到编辑框后，【插入函数】按钮左侧随即切换为【取消】按钮 × 和【输入】按钮 ✓ 。

（3）**行号**：位于工作表编辑区左侧，用于显示行数，用数字表示。在一个工作表中，行的编号从 1 到 1 048 576，共 1 048 576 行。

（4）**列标**：位于工作表编辑区上方，用于显示列数，默认用字母表示。在一个工作表中，列的编号依次用字母 A、B……AA、AB……XFD 表示，共 16 384 列。

（5）**垂直滚动条**：位于工作表编辑区右侧，用于查看工作表编辑区中超过屏幕显示行范围而未显示出来的内容。单击垂直滚动条区域【向上滚动】按钮▲和【向下滚动】按钮▼实现上、下按行滚动，每单击一下，滚动一行；单击垂直滚动条和▲、▼两个滚动按钮之间的空白位置，按屏幕滚动，每单击一下，向上或向下滚动一屏幕工作表编辑区内容。除此之外，还可单击垂直滚动条并上下拖动，以此来改变表格显示区域。

（6）**水平滚动条**：位于工作表编辑区下方右侧，用于查看工作表编辑区中超过屏幕显示列范围而未显示出来的内容，其具体使用方法如下。

① 单击其左右两侧的滚动按钮◄、►，分别实现工作表向左、右两侧按列滚动，每单击一下，向左或右滚动一列。

② 单击其左右两侧的【向左滚动】按钮◄、【向右滚动】按钮►之间的空白位置，按屏幕滚动，每单击一下，向左或向右滚动一屏幕工作表编辑区内容。

③ 单击水平滚动条并左右拖动可以改变工作表显示区域。

（7）**单元格**：在工作表编辑区中，行、列交汇处的区域称为单元格。单元格是组成 WPS 表格的基本单位，可存储字符、数字、公式、图形、声音、视频等内容。单元格的名称默认由列标和行号组成，如第 E 列和第 6 行交汇处的单元格称为 E6 单元格。

（8）**活动单元格**：在工作表编辑区中，被选中的单元格称为活动单元格。活动单元格的边框默认为绿色，一个工作表中有且只有一个活动单元格。只有在活动单元格中才能输入和修改数据。

（9）**【全选】按钮**：位于工作表编辑区左上角。单击【全选】按钮 ◢ 可以选中所有单元格。

（10）**工作表标签栏**：位于工作表编辑区下方左侧，从左向右依次为标签滚动按钮组、工作表标签和【新建工作表】按钮。

工作表标签用来标记工作表的名称，如 Sheet1，白底绿字的标签为当前活动工作表的标签，单击工作表名称可以切换工作表。WPS 表格的一个工作簿中默认有一个工作表，用户可以根据需要新建工作表，但每个工作簿最多可以包含 255 个工作表。

当工作表标签向右超过水平滚动条位置时，将激活【标签左滚动】按钮、【标签右滚动】按钮，其具体使用方法如下。

① 单击【标签右滚动】按钮可查看右侧工作表。

② 单击【标签左滚动】按钮可查看左侧工作表。

③ 按住 Ctrl 键，单击【标签左滚动】按钮，滚动到第一个工作表。

④ 按住 Ctrl 键，单击【标签右滚动】按钮，滚动到最后一个工作表。

⑤ 在两个按钮之间的位置单击鼠标右键，打开【活动文档】对话框，将显示所有工作表名称。选择任一工作表，可切换并激活所选工作表。

（11）**标签分隔条**：位于工作表标签栏和水平滚动条中间。向左或向右拖动【标签分隔条】按钮 ‖ 可以显示或隐藏工作表标签栏或水平滚动条。

📖 **工作簿常用操作**

工作簿是指 WPS 表格中用来存储并处理工作数据的文件，一个 WPS 表格文件就是一个工作簿，其扩展名为.xlsx。工作表是显示在工作簿窗口中的表格，每个工作簿中可以包含多张工作表。工作簿就像一本小册子，而工作表就像这本册子中一页一页的内容。

工作簿的常用操作有新建、打开、保存、另存为等。

新建工作簿：方式 1，双击桌面上的【WPS 表格】图标，进入 WPS 表格首页，单击左侧主导航中的【新建】按钮，或者单击顶部标签栏中的【新建】标签按钮，新建工作簿，如图 3.2 所示；方式 2，如果已经打开了工作簿，则可执行【文件】→【新建】命令，新建空白工作簿，如图 3.3 所示；方式 3，在 WPS 表格中，按快捷键 Ctrl+N 来创建新的工作簿。

图 3.2　新建工作簿方式 1　　　　　图 3.3　新建工作簿方式 2

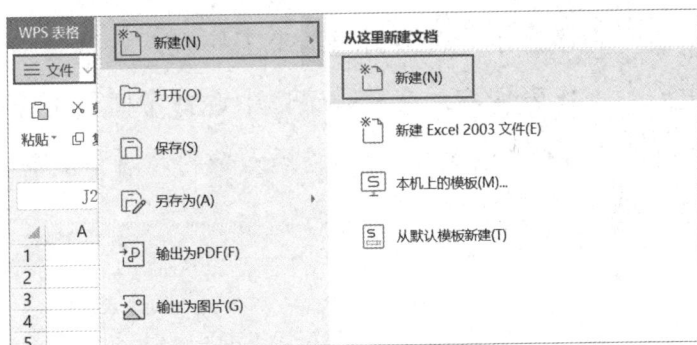

打开工作簿：打开 WPS 表格，单击【WPS 表格】标签下的【打开】按钮，如果已经打开了工作簿，那么也可执行【文件】→【打开】命令，弹出【打开文件】对话框，选择文件所存储的位置，可以打开之前已经保存的文档。

保存工作簿：在第 1 次保存新建的工作簿时，执行【文件】→【保存】命令，打开【另存文件】对话框，在【位置】下拉列表中选择目标文件夹，在【文件名】文本框中输入保存的文件名，在【文件类型】下拉列表中选择保存类型，默认文件类型为【Microsoft Excel 文件(*.xlsx)】，单击【保存】按钮。对于已经保存过的文件，再次执行【保存】命令会按照上次保存的位置、文件名和文件类型保存，如果需要重命名或将其另存在其他位置，则需要执行【文件】→【另存为】命令。

📖 工作表常用操作

在工作表编辑区，右击一个工作表标签，即可弹出包含工作表常用命令的右键菜单。常用操作有插入工作表、删除工作表、创建副本、移动或复制工作表、重命名、设置工作表标签颜色、隐藏工作表等，如图 3.4 所示。

图 3.4 工作表标签右键菜单

新建工作表：方式 1，单击工作表标签栏中的【新建工作表】按钮 ➕，如图 3.5 所示，每单击一下该按钮，就会新建一个工作表，默认名称依次为 Sheet2、Sheet3……；方式 2，右击一个工作表标签，在右键菜单中选择【插入工作表】选项，弹出【插入工作表】对话框，如图 3.6 所示，输入或微调插入数目，并选择插入位置，单击【确定】按钮，新建工作表。

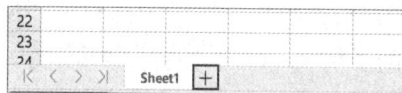

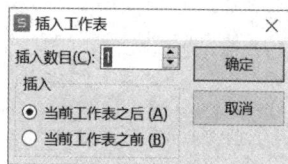

图 3.5 新建工作表　　　　　图 3.6 【插入工作表】对话框

删除工作表：右击要删除的工作表标签，在右键菜单中选择【删除工作表】选项。

移动或复制工作表：右击要移动或复制的工作表标签，在右键菜单中选择【移动或复制工作表】选项，弹出【移动或复制工作表】对话框，如图所示 3.7 所示。如果需要移动工作表，则在此对话框中指定移动位置后单击【确定】按钮；如果需要复制工作表，则在此对话框中勾选【建立副本】复选框后单击【确定】按钮。

设置工作表标签颜色：右击需要设置标签颜色的工作表标签，在右键菜单中选择【工作表标签颜色】选项，在弹出的右侧级联面板中选择要设置的颜色，如图 3.8 所示。

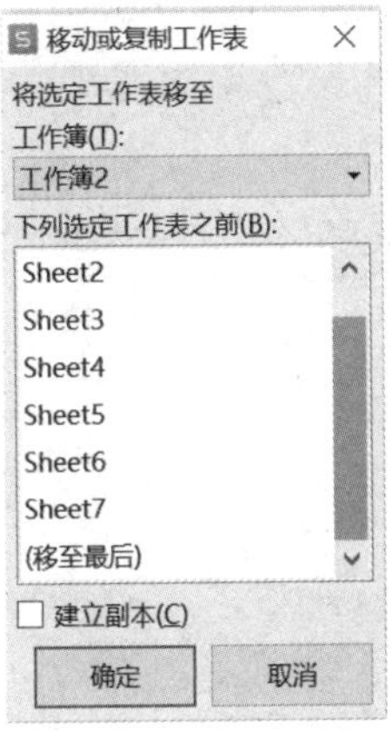

图 3.7 【移动或复制工作表】对话框

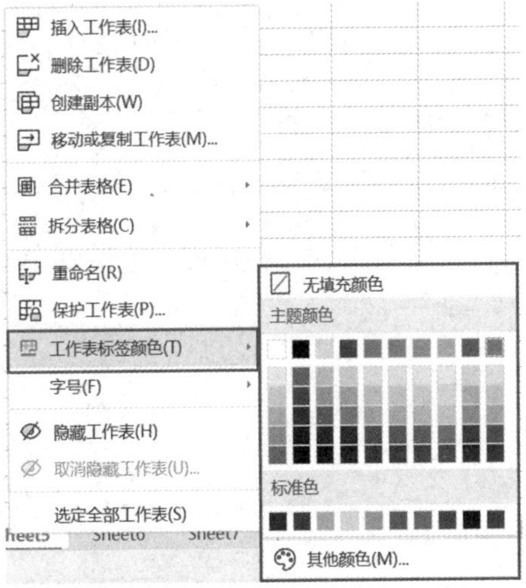

图 3.8 设置工作表标签颜色

隐藏工作表：右击要隐藏的工作表标签，在右键菜单中选择【隐藏工作表】选项，可将选中的工作表隐藏，如图 3.9 所示；右击任意工作表标签，在右键菜单中选择【取消隐藏工作表】选项，弹出【取消隐藏】对话框，在对话框中选择要取消隐藏的工作表，单击【确定】按钮，即可将隐藏工作表重新显示出来，如图 3.10 所示。

图 3.9 隐藏工作表

图 3.10 取消隐藏工作表

📖 **单元格、行与列常用操作**

扫一扫 学一学

选择单元格、行（列）：

（1）选择单个单元格：单击单元格即可选择单个单元格。

（2）选择连续的单元格：先选择起始单元格，然后按住 Shift 键，选择最后一个单元格。

（3）选择不连续的单元格：按住 Ctrl 键，单击要选择的单元格。

（4）选择工作表的所有单元格：单击【全选】按钮可以选择所有单元格。

（5）选择整行（列）：将鼠标指针移至需要选择的行或列所在的行号或列标上，当鼠标指针变为向右或向下的小箭头时单击即可。

插入单元格、行、列：

（1）插入单元格。

选定需要插入单元格的位置后单击鼠标右键，在右键菜单中选择【插入】选项并在其右侧级联菜单中选择插入方式，如图3.11所示。

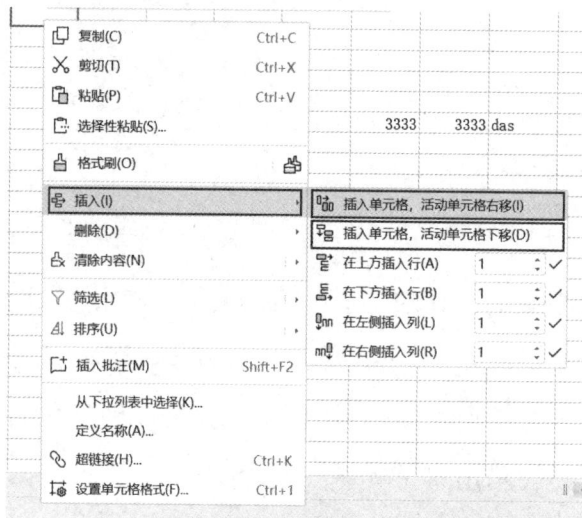

图3.11　插入单元格

（2）插入行、列。

当选择的插入位置为单元格时，单击鼠标右键，在右键菜单中选择【插入】选项并在其级联菜单中可选择插入位置和插入行数，如图3.12所示。

当选择的插入位置为行时，单击鼠标右键，在右键菜单中选择【在上方插入行】或【在下方插入行】选项，如图3.12所示。

当选择的插入位置为列时，单击鼠标右键，在右键菜单中选择【在左方插入列】或【在右方插入列】选项，如图3.13所示。

图3.12　插入行

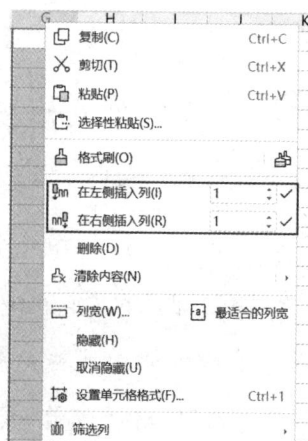

图3.13　插入列

删除单元格、行、列：

（1）删除单元格。

右击需要删除的单元格，在右键菜单中选择【删除】选项，并在其右侧级联菜单中选择删除方式，如图 3.14 所示。

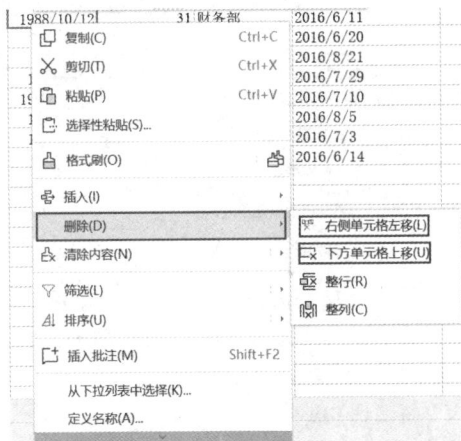

图 3.14　删除单元格

（2）删除行、列。

选定并右击需要删除的行、列所在单元格，在右键菜单中选择【删除】→【整行】/【整列】选项。将鼠标指针移动到选定行（列）的行号（列标）位置，当鼠标指针变成向右或向下的小箭头时，单击鼠标右键，在右键菜单中选择【删除】选项。

合并单元格： 在工作表中选中需要合并的单元格，单击【开始】选项卡中的【合并居中】下拉按钮，出现下拉面板，如图 3.15 所示，在此选择需要的合并方式。每种合并方式左侧都有合并后的效果展示。或者选择单元格后直接按快捷键 Ctrl+M 进行单元格合并，默认合并方式为合并居中。

图 3.15　合并单元格

隐藏行、列：在工作表中选中需要隐藏的行（列）的行号（列标），单击鼠标右键，在右键菜单中选择【隐藏】选项，如图 3.16 所示。如果想再次显示已经隐藏的行（列），则拖动选中包含隐藏行（列）的多行（列），单击鼠标右键，在右键菜单中选择【取消隐藏】选项即可。也可以单击行号（或列标）位置的【展开隐藏内容】按钮 ，即可取消隐藏。

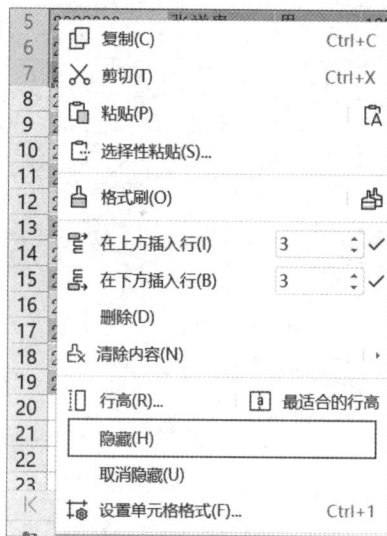

图 3.16　隐藏行、列

📖 **高效数据录入**

扫一扫 学一学

（1）文本类型数字录入。

WPS 表格可以智能识别常见的文本型数据。当在单元格中输入的数字位数是超过 11 位的长数字（如身份证、银行卡等）或是以 0 开头的超过 5 位的数字编号（如 012345）时，WPS 表格将其自动识别为文本类型数字。除此之外，还可通过手动设置数字格式或添加英文半角单引号来录入文本类型数字。

（2）相同数据录入。

在第 1 个单元格中输入数据后，将光标移动至该单元格的右下角，当光标变成十字形状时，同时按住 Ctrl 键和鼠标左键，并拖至最后一个单元格处释放，即可将拖动区域内的单元格全部填充为相同的数据。

（3）序列数据录入。

在单元格中录入部分有规律的序列数据，并同时选中这些单元格，将光标移动至选中区域的右下角，当光标变成十字形状时，按住鼠标左键并拖至最后一个单元格处释放，即可将拖动区域内的单元格全部填充为有规律的序列数据。

数据填充

（1）智能填充。

WPS 表格的智能填充功能可以根据输入数据的示例结果智能分析其与原始数据之间的关系，并尝试填充同列其他单元格。智能填充可以使一些不太复杂但需要重复操作的字符串处理工作变得简单，如实现字符串的分列和合并、提取身份证出生日期、分段显示手机号码等。

该功能具体的使用方法如下。

方法 1：输入示例数据，按组合键 Ctrl+E，智能填充余下内容，如图 3.17 所示。

图 3.17　智能填充 1

方法 2：输入示例数据，单击【数据】选项卡中的【填充】下拉按钮，在下拉菜单中选择【智能填充】选项，智能填充余下内容，如图 3.18 所示。

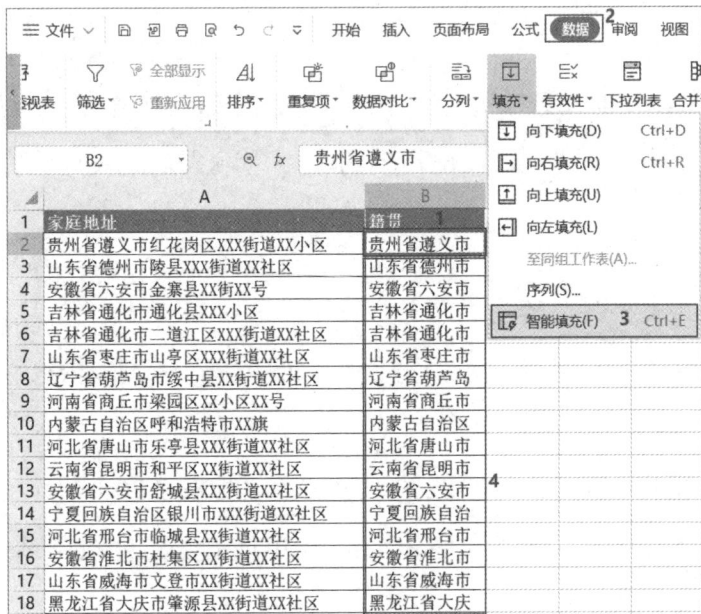

图 3.18　智能填充 2

（2）自定义序列。

在 WPS 表格中，用户可自定义添加常用的数据序列。添加自定义序列的方法如下。

方法 1：执行【文件】→【选项】命令，弹出【选项】对话框，选择【自定义序列】选项，在【自定义序列】列表框里选择【新序列】选项，在【输入序列】文本框中输入自定义序列（用回车符或逗号分隔），单击【添加】按钮，并单击【确定】按钮，如图 3.19 所示。

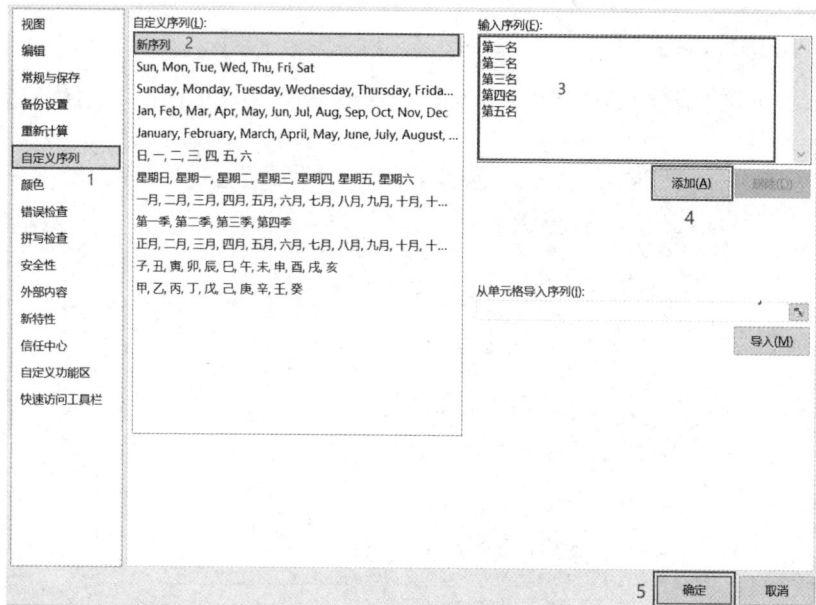

图 3.19　自定义序列

对于此方法，也可提前在单元格中录入序列；然后选中录入区域，执行【文件】→【选项】命令，在【选项】对话框中单击【导入】按钮，导入自定义序列；最后单击【确定】按钮。

方法 2：选中工作表中的任意单元格，单击【数据】选项卡中的【排序】下拉按钮，在下拉菜单中选择【自定义排序】选项，在出现的对话框中输入自定义序列，单击【确定】按钮。

📖 表格阅读工具

在阅读数据较多的表格时，容易看错行/列。打开 WPS 表格的阅读模式后，选中的单元格区域所在的行和列将以特定颜色显示，方便用户阅读同一行或列的数据。开启阅读模式的方法如下。

单击【视图】选项卡中的【阅读模式】下拉按钮，如图 3.20 所示；或者单击工作表界面任务栏区域右下角的【阅读模式】下拉按钮 中，在出现的颜色面板中选择一种颜色，即可开启阅读模式。

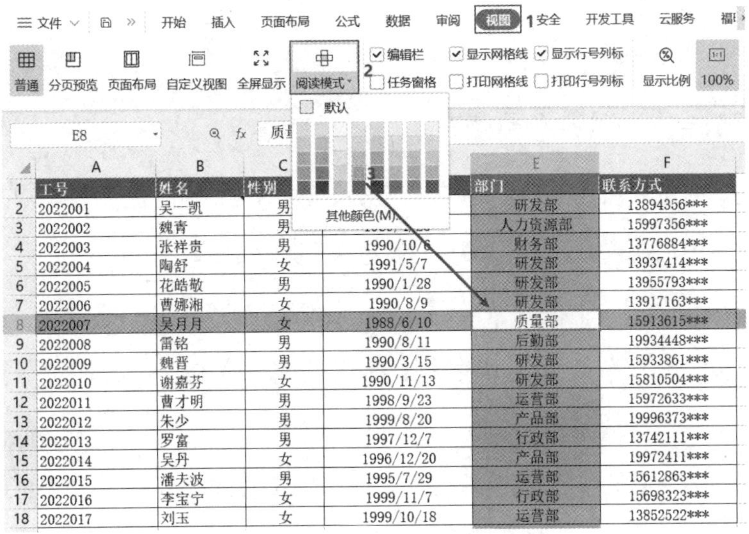

图 3.20　开启阅读模式

📖 表格样式

套用表格样式：在制作 WPS 表格时，可以直接套用其自带的表格样式，以达到快速美化的目的。一般在套用表格样式后，表格将转变为智能表格。鉴于智能表格引用时会带来一些限制，WPS 表格提供了仅套用表格样式功能，可以使表格在套用表格样式的同时保留单元格区域的属性。

操作方法为：单击工作表数据区域任意单元格，或者按住鼠标左键，拖动选中要套用表格样式的目标区域，单击【开始】选项卡中的【表格样式】下拉按钮，在下拉面板中选择一种表格样式，在弹出的【套用表格样式】对话框中首先单击【仅套用表格样式】单选按钮，然后在【标题行的行数】下拉列表中选择表格标题行行数，最后单击【确定】按钮。

📖 工作表输出

WPS 表格提供了多种输出格式，支持将制作好的表格输出为其他格式，与他人分享。

执行【文件】菜单中【输出为 PDF】命令，并在弹出的对话框中进行输出设置后，将表格输出为 PDF 文件；执行【输出为图片】命令，并在弹出的对话框中进行输出设置后，将表格输出为 PNG、JPG、BMP 或 TIF 格式的图片；执行【输出为 OFD】命令，并在弹出的对话框中进行输出设置后，将表格输出为 OFD 文件。

⭐ 小提示：

OFD 是开放版式文档（Open Fixed-layout Document）的英文缩写，是我国自主研发、自主制定的版式文件格式标准。它在 PDF 的基础上加入了许多基于我国社会发展需要的应用场景功能。

✿ 任务实现

扫一扫 学一学

📖 第 1 步：新建并保存员工信息表

（1）双击桌面上的【WPS 表格】图标，进入 WPS 表格首页，单击左侧主导航中的【新建】按钮，新建一个 WPS 工作簿，默认名称为【工作簿 1】。

（2）单击快速访问工具栏中的【保存】按钮，弹出【另存文件】对话框，选择合适的保存位置，在【文件名】文本框中输入工作簿名称【员工信息表】，文件类型选择默认格式【Microsoft Excel 文件(*.xlsx)】，单击【保存】按钮，保存工作簿。

（3）右击工作表 Sheet1 的工作表标签，在右键菜单中选择【重命名】选项，将工作表 Sheet1 的名称重命名为【员工信息表】，如图 3.21 所示。

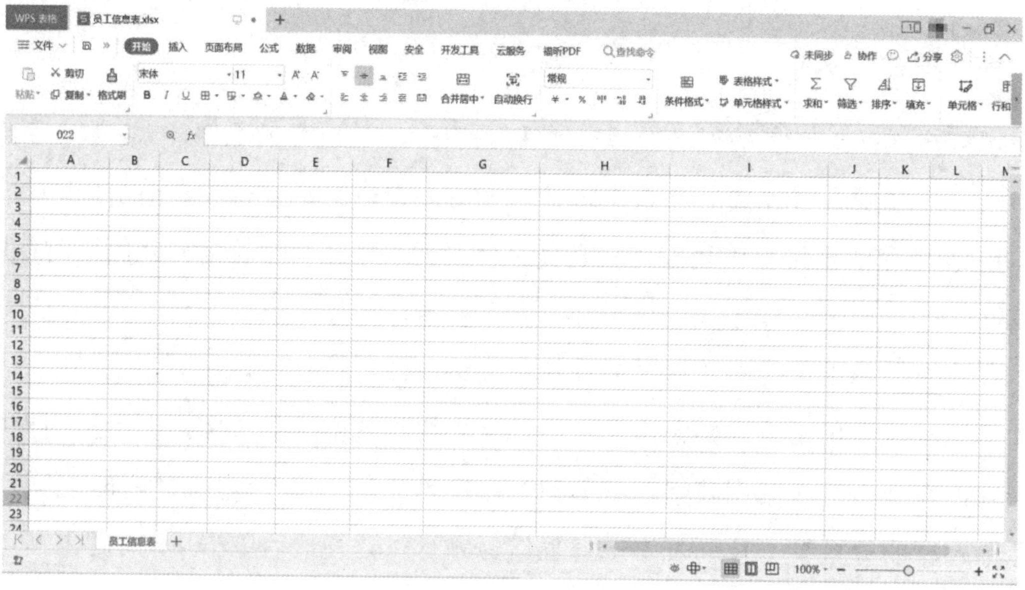

图 3.21　新建工作簿

📖 第 2 步：编辑表格内容

（1）输入表格标题和列名。

在工作表中单击 A1 单元格，输入标题【员工信息表】，在 A2:G2 单元格中分别输入【工号】【姓名】【性别】【出生日期】【部门】【家庭地址】【联系方式】。如果文本超过网格线，则可以适当拖动网格线以加大列宽，使得文本显示在一列中。

（2）录入员工基本信息。

输入工号：单击 A3 单元格，输入【2022001】，选中 A3 单元格区域，向下拖动右下角黑色十字样式的填充柄，快速填充至【2022017】。

输入姓名、性别、家庭地址各列的数据。

输入出生日期：拖动选中 D3:D19 数据区域，右击选中区域，在右键菜单中选择【设置单元格格式】选项，在弹出的【单元格格式】对话框中单击【数字】选项卡，在左侧的【分类】列表框中选择【日期】类型，在右侧的【类型】列表框中选择日期格式为【2001/3/7】，如图 3.22 所示，单击【确定】按钮，录入数据。

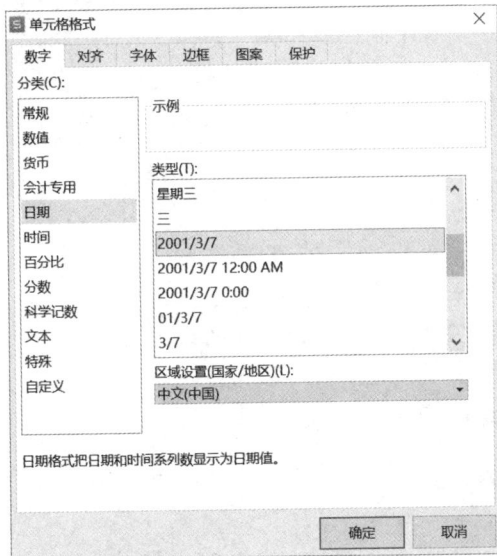

图 3.22　单元格格式设置

输入联系方式：录入联系方式列的数据。

（3）修改表格数据对齐方式：选中表格数据区域，单击【开始】选项卡中的【左对齐】按钮。

【员工信息表】数据输入后的效果如图 3.23 所示。

	A	B	C	D	E	F	G
1	员工信息表						
2	工号	姓名	性别	出生日期	部门	家庭地址	联系方式
3	2022001	吴一凯	男	1990/8/4	研发部	贵州省遵义市红花岗区XXX街道XX小区	13894356***
4	2022002	魏青	男	1989/4/25	人力资源部	山东省德州市陵县XXX街道XX号	15997356***
5	2022003	张祥贵	男	1990/10/6	财务部	安徽省六安市金寨县XX街XX号	13776884***
6	2022004	陶舒	女	1991/5/7	研发部	吉林省通化市通化县XXX小区	13937414***
7	2022005	花皓敬	男	1990/1/28	研发部	吉林省通化市二道江区XXX街道XX社区	13955793***
8	2022006	曹娜湘	女	1990/8/9	研发部	山东省枣庄市山亭区XX街道XX社区	13917163***
9	2022007	吴月月	女	1988/6/10	质量部	辽宁省葫芦岛市绥中县XX街道XX社区	15913615***
10	2022008	雷铭	男	1990/8/11	后勤部	河南省商丘市梁园区XX小区XX号	19934448***
11	2022009	魏晋	男	1990/3/15	研发部	内蒙古自治区呼和浩特市XX旗	15933861***
12	2022010	谢嘉芬	女	1990/11/13	研发部	河北省唐山市乐亭县XX街道XX社区	15810504***
13	2022011	曹才明	男	1998/9/23	运营部	云南省昆明市和平区XX街道XX社区	15972633***
14	2022012	朱少	男	1999/8/20	产品部	安徽省六安市舒城县XXX街道XX社区	19996373***
15	2022013	罗富	男	1997/12/7	行政部	宁夏回族自治区银川市XX街道XX社区	13742111***
16	2022014	吴丹	女	1996/12/20	产品部	河北省邢台市临城县XX街道XX社区	19972411***
17	2022015	潘夫波	男	1995/7/29	运营部	安徽省淮北市杜集区XX街道XX社区	15612863***
18	2022016	李宝宁	女	1999/11/7	行政部	山东省威海市文登市XX街道XX社区	15698323***
19	2022017	刘玉	女	1999/10/18	运营部	黑龙江省大庆市肇源县XX街道XX社区	13852522***

图 3.23　【员工信息表】数据输入后的效果

📖 第 3 步：设置表格格式与样式

（1）设置标题格式。选择第 1 行，右击选中区域，在右键菜单中选择【行高】选项，打开【行高】对话框，将行高设置为 26 磅，如图 3.24 所示。选择 A2:G2 单元格区域，单击【开始】选项卡中的【合并居中】下拉按钮，在下拉菜单中选择【合并居中】选项，如图 3.25 所示。在【开始】选项卡中设置标题的字体为【黑体】，字号为【20 磅】，字体颜色为【黑色】，对齐方式为【居中对齐】。完成后的标题效果如图 3.26 所示。

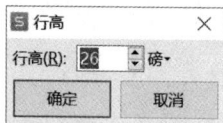

图 3.24　设置行高

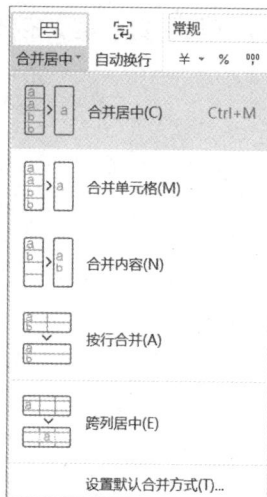

图 3.25　选择【合并居中】选项

图 3.26　完成后的标题效果

（2）套用表格样式，美化表格。选中 A2:G12 单元格区域，单击【开始】选项卡中的【表格样式】下拉按钮，在下拉菜单中选择【表样式中等深浅 9】样式，弹出【套用表格样式】对话框，选中【仅套用表格样式】单选按钮，如图 3.27 所示。单击【确定】按钮，最终效果如图 3.28 所示。

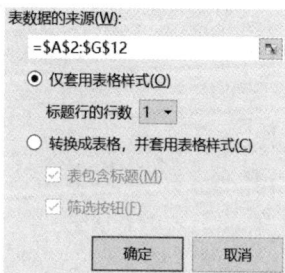

图 3.27　表格样式套用设置

图 3.28　最终效果

📖 **第 4 步：嵌入单元格图片**

右击 B3 单元格，在右键菜单中选择【插入批注】选项，在批注边框处单击鼠标右键，在右键菜单中选择【设置批注格式】选项，弹出【设置批注格式】对话框，如图 3.29 所示。选中【颜色与线条】选项卡，单击【颜色】下拉按钮，在下拉面板中选择【填充效果】选项，弹出【填充效果】对话框。单击【图片】选项卡中的【选择图片】按钮，从本地选择图片，如图 3.30 所示，单击【确定】按钮。采用相同的方法为其他单元格嵌入图片。嵌入单元格图片后的效果如图 3.31 所示。

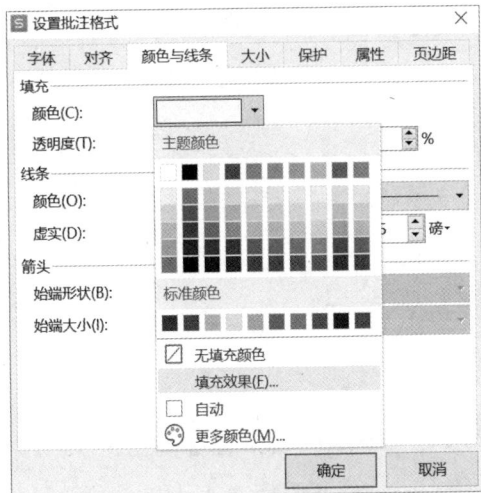

图 3.29　设置批注格式

图 3.30　嵌入单元格图片

图 3.31　嵌入单元格图片后的效果

📖 第 5 步：打印工作表

（1）设置打印区域。

单击【页面布局】选项卡中的【打印标题】按钮，在弹出的【页面设置】对话框内选择【工作表】选项卡，单击【打印区域】文本框右侧的【折叠】按钮，选择打印区域；再次单击【折叠】按钮返回【页面设置】对话框，单击【确定】按钮，如图 3.32 所示。

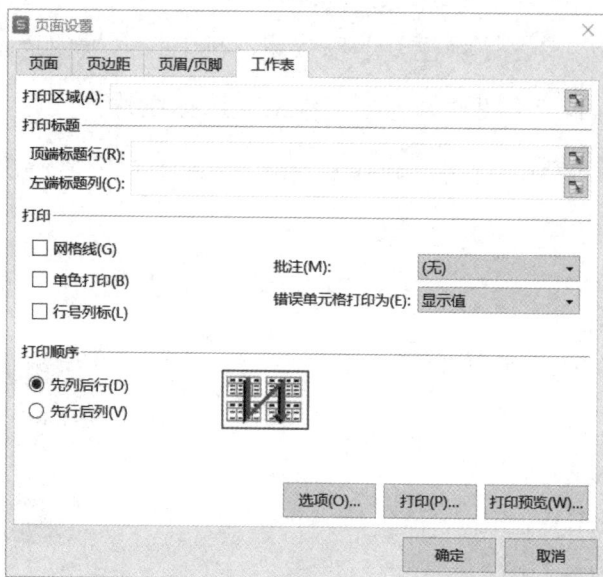

图 3.32 【页面设置】对话框

（2）设置打印标题行。

在【页面设置】对话框中单击【顶端标题行】文本框右侧的【折叠】按钮，选择顶端标题行；再次单击【折叠】按钮返回【页面设置】对话框，单击【确定】按钮。

（3）打印预览。

单击快速访问工具栏中的【打印预览】按钮，设置纸张信息与打印方向，根据预览打印效果调整表格各列的列宽，如图 3.33 所示。

图 3.33 打印预览

（4）打印表格。

单击快速访问工具栏中的【打印】按钮，或者单击【打印预览】选项卡中的【直接打印】按钮，打印表格。

📖 **第 6 步：保存并退出**

（1）执行【文件】→【保存】命令，保存文件。

（2）执行【文件】→【退出】命令，退出 WPS 表格。

🦋 任务评价

各组展示作品，介绍任务完成过程，提交作品，进行自评、互评与师评，并进行任务反思，完成任务考核评价表（见表 3.2）。

表 3.2　任务考核评价表

任务 3.1　制作员工信息表						
评价 项目	评价内容	分值	自 评	互 评	师 评	合 计
职业素养 （30 分）	爱岗敬业，有责任意识、执行意识和安全意识	5				
	有严谨的工作态度和按流程执行任务的意识	5				
	有良好的计算机使用和操作规范意识	5				
	具有由表及里地观察和分析事物的能力	5				
	具有自主学习能力，在工作中能够灵活利用互联网查找信息并解决实际问题	5				
	团队合作，交流沟通、协作与分享能力强	5				
专业能力 （60 分）	熟悉 WPS 表格工作界面并应用常用视图模式对工作表进行编辑	5				
	理解工作簿与工作表的区别；掌握新建、打开、保存工作簿等常用操作	10				
	掌握新建、删除、复制、移动、隐藏工作表等常用操作	10				
	掌握单元格、行、列的选择、插入、删除、合并、隐藏等常用操作	10				
	掌握各种不同类型数据的编辑录入方法和快速填充方法	10				
	掌握工作表中单元格的编辑与美化方法	10				
	会对电子表格进行打印输出	5				
创新意识 （10 分）	具有创新思维与创新行动	10				
合计		100				
总结与反思						
总结归纳： 存在问题： 解决方案： 提升措施：						

🦋 任务拓展：制作员工考勤表

为了维护正常工作秩序，强化员工的纪律观念，提高工作效率，公司制定了考勤管理制度。这里使用 WPS 表格制作一份员工考勤表，记录员工的考勤情况，效果如图 3.34 所示。

图 3.34　员工考勤表效果

📖 第 1 步：新建并保存员工考勤表

（1）双击桌面上的【WPS 表格】图标，进入 WPS 表格首页，单击左侧主导航中的【新建】按钮，新建一个 WPS 工作簿，默认名称为【工作簿 1】。

（2）单击快速访问工具栏中的【保存】按钮，弹出【另存文件】对话框，选择合适的保存位置，在【文件名】文本框中输入工作簿名称【员工考勤表】，文件类型选择默认格式【Microsoft Excel 文件(*.xlsx)】，单击【保存】按钮，保存工作簿。

📖 第 2 步：设计考勤表

（1）在 A1 单元格中输入【员工考勤表】，在 A2:AJ2 单元格中输入考勤表的列名：工号、姓名、本月的日期（1～31）、应出勤、实际出勤、备注。

（2）在 C3:AG3 单元格中分别输入日期所对应的星期。

（3）选中 A2、A3 两个单元格，单击【开始】选项卡中的【合并居中】按钮。采用同样的方法合并 B2 与 B3、AH2 与 AH3、AI2 与 AI3、AJ2 与 AJ3 单元格。

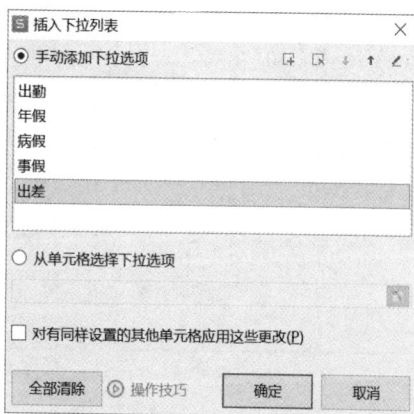

图 3.35　插入下拉列表

📖 第 3 步：录入数据

（1）录入工号和姓名两列数据。

（2）选中 C4:AG20 单元格区域，单击【数据】选项卡中的【下拉列表】按钮，在弹出的【插入下拉列表】对话框中单击【新增】按钮，新增下拉选项输入框，录入考勤选项【出勤】，继续录入【年假】【病假】【事假】【出差】，如图 3.35 所示，单击【确定】按钮返回工作簿。

📖 第 4 步：美化表格

（1）设置标题行样式。选择 A1:AJ1 单元格区域，单击【开始】选项卡中的【合并居中】

按钮，设置标题居中显示，选择第 1 行，单击鼠标右键，在右键菜单中选择【行高】选项，将标题行行高设置为 26 磅；选择 A1 单元格，单击【开始】选项卡，设置字体为黑体，字号为 20。

（2）设置表格样式。选中 A4:AG20 单元格区域，单击【开始】选项卡中的【表格样式】下拉按钮，在下拉面板中选择【表样式浅色 20】样式。

📖 第 5 步：保存并退出

（1）执行【文件】→【保存】命令，保存文件。

（2）执行【文件】→【退出】命令，退出 WPS 表格。

任务 3.2　制作员工工资表

✿ 任务描述

联强公司积极贯彻国家新发展理念，积极推进高质量发展，公司经济效益得到了提升，公司薪资制度随之发生了变化，公司人力资源部需要根据最新的薪资制度制作员工工资表，刘晓婷接到了任务并制订了详细的实施计划，如表 3.3 所示。

表 3.3　制作员工工资表任务工单

任务名称	制作员工工资表		组号		工时	
任务描述	根据公司最新的薪资制度，使用 WPS 表格制作员工工资表					
任务目的	✧ 学会使用 WPS 表格进行数据管理 ✧ 掌握 WPS 表格中单元格引用和公式的使用方法 ✧ 灵活应用常用函数进行数据的运算和统计 ✧ 提高逻辑思维能力，养成踏实认真、严谨务实的工作作风					
任务要求	1. 设计并新建【员工工资表.xlsx】 2. 应用公式或函数，根据员工出生日期计算其年龄；使用 IF 函数计算应交税款；使用公式计算实发工资；使用 RANK 函数计算工资排名 3. 筛选符合条件的数据 4. 调整、美化表格					
任务实施计划	1. 掌握任务涉及的知识点：公式应用、单元格引用、函数应用、数据排序和数据筛选 2. 实施计划： （1）设计新建员工工资表并录入基本信息 （2）根据员工出生日期计算员工年龄 （3）应用公式、函数计算员工应发工资、应交税款、实发工资 （4）计算工资排名 （5）保存并关闭员工工资表					

相关知识点

📖 数据清单

数据清单是一个特殊的表格，是包含列标题的一组连续数据行的工作表。数据清单由两部分组成，即表结构和纯数据。表结构就是数据清单中的第 1 行，即列标题。数据清单的每一列称为一个字段，列标题称为字段名，从数据清单第 2 行开始的每一行都称为一条记录。在表格中输入数据时，还可以通过设置数据有效性来限制输入内容和范围（例如，对于性别字段，限定输入男或女），如果有人伪造错误信息，则将弹出警告。数据清单如图 3.36 所示。

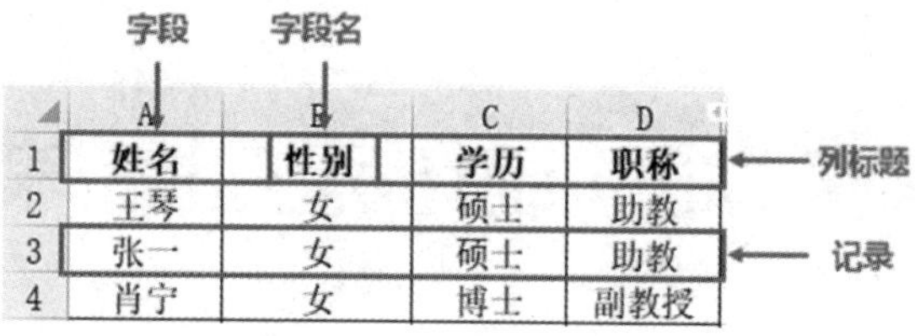

图 3.36　数据清单

将 WPS 工作表设计为数据清单格式可以更方便实现排序、筛选等功能。

📖 公式应用

公式是进行计算和分析的等式，可以对数据进行加、减、乘、除等运算，也可以对文本进行比较。

公式录入方式： 公式可以在单元格里直接录入，也可以在编辑框中录入，公式中使用的运算符必须是英文半角状态。输入公式后，编辑框中显示输入的公式，活动单元格中显示公式的计算结果。

公式的组成： 公式以 "=" 开头，由数据、运算符、单元格引用、函数等组成。其中，单元格引用可以使用其他单元格数据计算后得到的值。

公式中的运算符： 在使用公式计算数据时，运算符用于连接公式中的计算参数，是工作表处理数据的指令。运算符一般有算术运算符、比较运算符、文本运算符和引用运算符。

（1）常用的算术运算符：加号 "+"、减号 "－"、乘号 "*"、除号 "/"、百分号 "%"、乘方号 "^" 等。

（2）常用的比较运算符：等号 "="、大于号 ">"、小于号 "<"、小于或等于号 "<="、大于或等于号 ">="、不等号 "<>"。

（3）文本运算符：只有与号 "&"。该符号用于将两个文本值连接或串起来产生一个连续的文本值。

（4）引用运算符：可以将单元格区域合并运算，包括冒号（:）、逗号（,）和空格。

冒号是区域运算符，可对两个引用之间的所有单元格（包括这两个引用）进行引用。

逗号是联合运算符，可以引用逗号前后单元格或区域的合集，将多个引用合并为一个引用。例如，在单元格 D1 内输入=SUM(A1,B1,C1)，可以将 A1、B1、C1 单元格合并成 1 个单元格引用并返回 3 个单元格数据的和。

空格是交叉运算符，产生对两个引用区域的交叉区域的引用。例如，对于两个单元格区域 A1:B3 和 B2:B6，它们之间有一块区域是交叉的，现在想求交叉区域的和，可以用空格来引用，输入公式=SUM(A1:B3 B2:B6)，WPS 表格会对交叉区域里面的单元格进行求和运算。

在公式的应用中，应注意每个运算符的优先级是不同的。在一个混合运算的公式中，各种运算符的优先级（从高到低）为：冒号、空格、逗号、负号、百分号、乘方、乘号或除号、加号或减号、与号，以及比较运算符 "="""<"">""<="">="""<>"。

📖 **单元格引用**

绝对引用：将含有公式的单元格进行复制，无论复制到什么位置，公式中所引用的单元格地址都不发生变化，如公式=SUM($E$2:$I$2)就是对单元格的绝对引用实例。绝对引用单元格地址的列号和行号前都加 "$" 符号，如$E$2、$A$1 等。

扫一扫 学一学

相对引用：当将包含公式的单元格复制到其他单元格时，公式中所引用的单元格地址也随之发生变化。相对引用单元格地址变化规律：当相对引用的公式被复制到其他单元格时，公式所在单元格与引用单元格之间仍保持行列相对位置关系不变，相当于对单元格做平移操作。例如，将工作表 J2 单元格中的计算公式=SUM(E2:I2)复制到 J10 单元格中就变成了=SUM(E10:I10)。

混合引用：在公式引用的单元格地址中既有绝对引用又有相对引用。例如，单元格 A1、B1 中分别有数据 60 和 100，在 C1 单元格中有公式=SUM(A$1:B$1)，当将公式向下快速填充到 C2 单元格时，因对行的引用为绝对引用，所以 C1、C2 单元格中的公式相同，计算结果无变化，如图 3.37 所示。

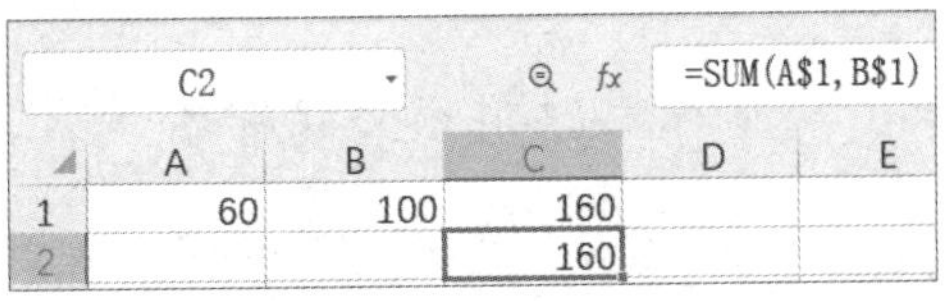

图 3.37　混合引用

📖 **函数应用**

函数是 WPS 表格内部已经定义的公式，由函数名和参数组成。函数名通常以大写字母出现，用以描述函数的功能。参数可以是数字、单元格引用、单元格区域，也可以是一个表达式或函数，或者函数计算所需的其他信息。当函数的参数有多个时，要用逗号分隔。函数的语法为=函数名(参数列表)。

函数的输入方法：选定要输入函数的单元格，单击【公式】选项卡中的【插入函数】按钮，弹出【插入函数】对话框。在【插入函数】对话框中单击【全部函数】选项卡，在【或选择类别】下拉列表中选择函数类别，如常用函数，如图 3.38 所示。

从【选择函数】列表框中选择要输入的函数，单击【确定】按钮，弹出【函数参数】对话框（以 SUM 函数为例），如图 3.39 所示。在文本框中输入数据或单元格引用时，可单击文本框右侧的【折叠】按钮，暂时折叠对话框。在工作表中选择单元格区域后，再次单击【折叠】按钮，即可返回对话框。输入函数的参数后，单击【确定】按钮，即可在选定的单元格中插入函数并显示结果。

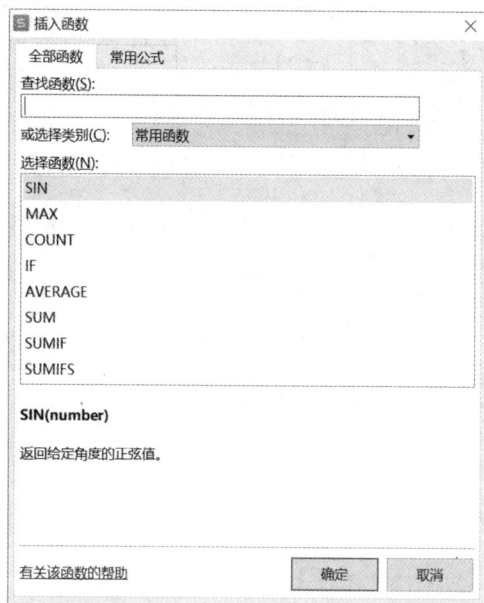

图 3.38　【插入函数】对话框中的【全部函数】选项卡

图 3.39　【函数参数】对话框

⚠️ **小提示：**

除上述插入函数的方法外，还可在编辑框中直接输入函数，或者使用编辑栏左侧的【插入函数】按钮，通过【插入函数】对话框完成函数的输入。

下面介绍几种常用函数的用法。

TODAY 函数：返回日期格式的当前日期，函数格式为 TODAY()。

DATEDIF 函数：求两个日期的时间差。

DATEDIF 函数的格式为 DATEDIF(开始日期,终止日期,比较单位)。

DATEDIF 函数的参数说明如下。

- 开始日期：时间段内的第一个日期或起始日期。

- 终止日期：时间段内的最后一个日期或结束日期。

- 比较单位：所需信息的返回类型。其中，Y 表示时间段中的整年数，M 表示时间段中的整月数，D 表示时间段中的天数。

IF 函数：根据逻辑计算真假值，返回不同的结果。可以使用 IF 函数对数值和公式进行条件检测。IF 函数可以嵌套使用。

IF 函数的格式：IF(测试条件,真值,[假值])。

IF 函数的参数说明如下。

- 测试条件：计算结果为 TRUE 或 FALSE 的任意值或表达式。例如，A10=100 就是一个逻辑表达式,如果单元格 A10 中的值等于 100,则表达式的值为 TRUE,否则为 FALSE。

- 真值：测试条件为 TRUE 时返回的值。

- 假值：测试条件为 FALSE 时返回的值。

RANK 函数：返回指定数字在一列数字中相对于其他数值的大小排名。

RANK 函数格式：RANK(数值,引用,[排位方式])。

RANK 函数的参数说明如下。

数值：参与排名的单元格，即引用一个需要排名的数据。

引用：引用全部需要排名的数据。

排位方式：可省略。输入 0 表示按降序排名，输入 1 表示按升序排名。

📖 数据排序

排序分升序、降序和自定义排序 3 种。

升序或降序：单击数据区域中需要排序的任意单元格，单击【数据】选项卡中的【排序】下拉按钮，在下拉菜单中选择【升序】或【降序】选项。

自定义排序：WPS 表格支持自定义排序，如多条件排序、按格式排序等。具体的操作步骤为：单击数据清单中的任意单元格，单击【数据】选项卡中的【排序】下拉按钮，在下拉菜单中选择【自定义排序】选项，打开【排序】对话框，分别在【主要关键字】【排序依据】【次序】下拉列表中选择相应的选项，单击【添加条件】按钮，可以添加多个【次要关键字】作为排序依据。【排序】对话框如图 3.40 所示。

扫一扫 学一学

常用办公软件
(WPS Office)（第2版）

图 3.40　【排序】对话框

📖 **数据筛选**

筛选就是将工作表中所有不满足条件的数据暂时隐藏起来，只显示符合条件的数据。

扫一扫 学一学

自动筛选： 单击数据清单中的任意单元格，单击【开始】选项卡中的【筛选】下拉按钮，在下拉菜单中选择【筛选】选项后，数据清单中列标题右侧均出现下拉按钮，单击预筛选列标题右侧下拉按钮，弹出【筛选】面板，将鼠标指针移至预筛选项上，右侧出现【仅筛选此项】按钮，单击此按钮筛选出单项，如图 3.41 所示。

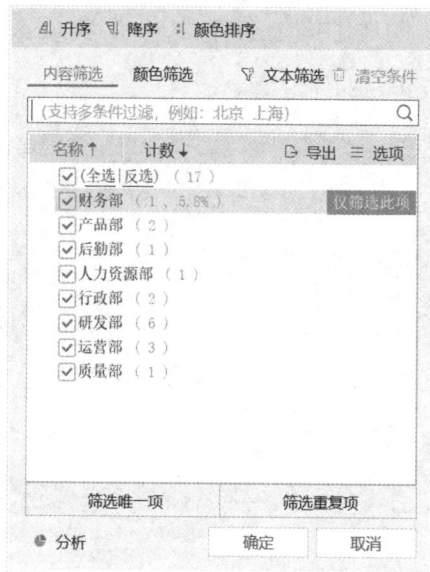

图 3.41　【筛选】面板

取消筛选： 再次单击【开始】选项卡中的【筛选】按钮即可取消筛选。

⚠️ **小提示：**

自动筛选只能将筛选出的记录在原位置上显示，并且一次只能对一个字段设置筛选条件。若筛选涉及多个字段条件，则必须经过多次自动筛选才能完成筛选任务。

高级筛选： 可一次完成筛选条件较为复杂的记录筛选。高级筛选首先要创建筛选条件区域，如果筛选时要求多个条件同时满足，则称这些条件之间为"与"的关系；如果筛选只要求满足多个条件之一，则称这些条件之间为"或"的关系。

106

创建条件区域： 将条件涉及的字段名复制到某个单元格中，在复制字段的下方设置条件。同行的条件表示"与"的关系，不同行的条件表示"或"，如图 3.42 所示。

"与"的关系			"或"的关系	
学历	职称		学历	职称
博士	教授		博士	
				教授

图 3.42 "与"的关系与"或"的关系的表示

高级筛选步骤： 单击数据清单中的任意单元格，单击【开始】选项卡中的【筛选】下拉按钮，在下拉菜单中选择【高级筛选】选项后弹出【高级筛选】对话框，根据需要选择【在原有区域显示筛选结果】或【将筛选结果复制到其它位置】两种方式之一；【列表区域】文本框中会自动识别为数据清单所在区域；单击【条件区域】文本框右侧的【折叠】按钮，折叠【高级筛选】对话框后拖动选择已经提前设置好的条件区域；再次单击【折叠】按钮，在【高级筛选】对话框中单击【确定】按钮，如图 3.43 所示。

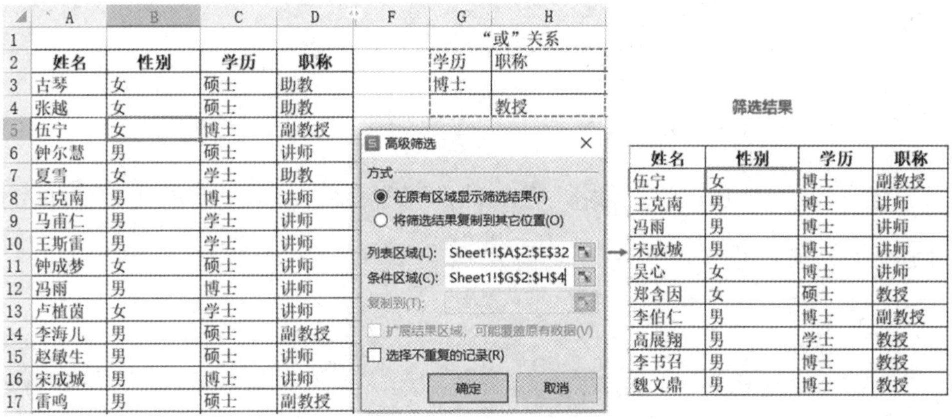

图 3.43 【高级筛选】步骤①

任务实现

📖 **第 1 步：新建员工工资表**

扫一扫 学一学

（1）双击桌面上的【WPS 表格】图标，进入 WPS 表格首页，单击左侧主导航中的【新建】按钮，新建一个 WPS 工作簿，默认名称为【工作簿 1】。

（2）单击快速访问工具栏中的【保存】按钮，弹出【另存文件】对话框，选择合适的保存位置，在【文件名】文本框中输入工作簿名称【员工工资表】，文件类型选择默认格式【Microsoft Excel 文件(*.xlsx)】，单击【保存】按钮。

（3）右击 Sheet1 工作表标签，在右键菜单中选择【重命名】选项，将工作表重命名为【员

---

① 软件图中的"其它"的正确写法为"其他"。

工工资表】。

（4）按照图 3.44 在工作表中输入数据并设置表格格式。

图 3.44　【员工工资表】数据清单

📖 第2步：计算员工年龄、应发工资、应扣税款与实发工资

（1）计算员工年龄。单击 E2 单元格，在编辑框中输入公式=DATEDIF(D2,TODAY(),"Y")，按 Enter 键得到 E2 数据，拖动填充柄填充年龄列，效果如图 3.45 所示。

图 3.45　计算员工年龄

（2）计算应发工资。应发工资的计算公式：应发工资=基本工资+绩效奖金+津贴补贴。选中 I2 单元格，在编辑框中输入公式=SUM(F2,G2,H2)，按 Enter 键得到计算结果，拖动填充柄向下填充公式计算每位员工的应发工资。

（3）使用 IF 函数计算应扣税款。

首先熟悉扣税具体要求：应发工资≤5000（单位：元），扣税=0；5000<应发工资≤8000：扣税=(应发工资−5000)×0.03；8000<应发工资≤17000，扣税=(应发工资−5000)×0.1−210；应发工资>17000，扣税=(应发工资−5000)×0.2−1410。

在 K2 单元格中输入公式：=IF(I2<=5000,0,IF(I2<=8000,(I2−5000)*0.03,IF(I2<=17000,(I2−5000)*0.1−210,(I2−5000)*0.2−1410)))，按 Enter 键得到计算结果，拖动填充柄向下填充，结果如图 3.46 所示。

K2　fx　=IF(I2<=5000, 0, IF(I2<=8000, (I2-5000)*0.03, IF(I2<=17000, (I2-5000)*0.1-210, (I2-5000)*0.2-1410)))

	A	B	C	D	E	F	G	H	I	J	K	L	M
1	工号	姓名	性别	出生日期	年龄	基本工资	绩效奖金	津贴补贴	应发工资	代缴	扣税	实发工资	
2	2022001	吴一凯	男	1990/8/4	32	¥4,500.00	¥1,600.00	¥890.00	¥6,990.00		¥59.70		
3	2022002	魏青	男	1989/4/25	33	¥5,000.00	¥1,800.00	¥640.00	¥7,440.00		¥73.20		
4	2022003	张祥贵	男	1990/10/6	31	¥4,800.00	¥1,200.00	¥640.00	¥6,640.00		¥49.20		
5	2022004	陶舒	女	1991/5/7	31	¥4,800.00	¥2,000.00	¥860.00	¥7,660.00		¥79.80		
6	2022005	花皓敬	男	1990/1/28	32	¥4,500.00	¥2,200.00	¥780.00	¥7,480.00		¥74.40		
7	2022006	曹娜湘	女	1990/8/9	32	¥5,500.00	¥2,100.00	¥640.00	¥8,240.00		¥114.00		
8	2022007	吴月月	女	1988/6/10	34	¥6,000.00	¥2,800.00	¥890.00	¥9,690.00		¥259.00		
9	2022008	雷铭	男	1990/8/11	32	¥4,900.00	¥1,400.00	¥640.00	¥6,940.00		¥58.20		
10	2022009	魏晋	男	1990/3/15	32	¥5,200.00	¥3,500.00	¥640.00	¥9,340.00		¥224.00		
11	2022010	谢嘉芬	女	1990/11/13	31	¥4,300.00	¥1,800.00	¥860.00	¥6,960.00		¥58.80		
12	2022011	曹才明	男	1998/9/23	24	¥5,600.00	¥1,200.00	¥780.00	¥7,580.00		¥77.40		
13	2022012	朱少	男	1999/8/20	23	¥4,700.00	¥2,000.00	¥640.00	¥7,340.00		¥70.20		
14	2022013	罗富	男	1997/12/7	24	¥6,300.00	¥3,300.00	¥640.00	¥10,240.00		¥314.00		
15	2022014	吴丹	女	1996/12/20	25	¥2,900.00	¥2,100.00	¥860.00	¥5,860.00		¥25.80		
16	2022015	潘夫波	男	1995/7/29	27	¥3,600.00	¥2,800.00	¥780.00	¥7,180.00		¥65.40		
17	2022016	李宝宁	女	1999/11/7	22	¥3,000.00	¥1,600.00	¥860.00	¥5,460.00		¥13.80		
18	2022017	刘玉	女	1999/10/18	22	¥3,200.00	¥3,200.00	¥640.00	¥7,040.00		¥61.20		

图 3.46　使用 IF 函数计算应扣税款

（4）用公式求代缴五险一金金额。

个人五险一金缴费金额计算方法：个人五险一金缴费基数×个人五险一金比例。对于五险一金缴费基数和缴费比例，各地区有所不同，为了方便计算，这里假定员工个人的缴费基数为其应发工资，养老保险个人缴费比例为 8%，医疗保险个人缴费比例为 2%，失业保险个人缴费比例为 0.5%，工伤保险个人缴费比例为 0，生育保险个人缴费比例为 0，公积金个人缴费比例为 8%，则个人五险一金缴费比例为 8%+2%+0.5%+8%=18.5%，即个人五险一金缴费金额=应发工资×18.5%。

选择 J2 单元格，单击【公式】选项卡中的【数学和三角】下拉按钮，在下拉菜单中选择 PRODUCT 函数，弹出【函数参数】对话框，如图 3.47 所示。在【数值 1】文本框中填写 I2，在【数值 2】文本框中填写 18.5%，单击【确定】按钮，得到 J2 单元格的计算结果，拖动填充柄向下填充公式计算每位员工的代缴金额。

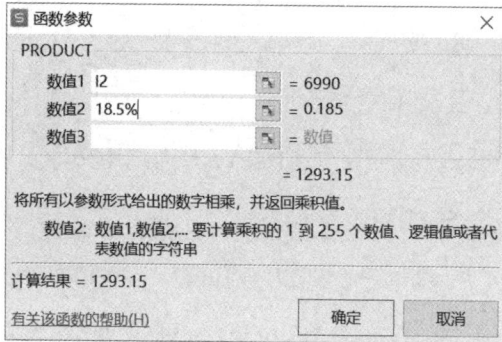

图 3.47　PRODUCT 函数的【函数参数】对话框

（5）计算实发工资。

实发工资的计算公式如下：实发工资=应发工资-代缴-扣税。

选择 L2 单元格，在编辑框中输入公式=I2-J2-K2，按 Enter 键得到计算结果，拖动填充柄向下填充公式计算每位员工的实发工资。

📖 **第 3 步：实发工资排序**

（1）单击【员工工资表】数据清单的【实发工资】列中的任意数据单元格，单击【数据】选项卡中的【排序】下拉按钮，在下拉菜单中选择【升序】选项，得到按实发工资从低到高排序的结果。

（2）按照年龄降序排序，当年龄相同时，按实发工资升序排列。

单击【数据】选项卡中的【排序】下拉按钮，在下拉菜单中选择【自定义排序】选项，弹出【排序】对话框，设置主要关键字为【年龄】列、排序依据为【数值】、次序为【降序】的排序方式；单击【添加条件】按钮，添加次要关键字设置行，设置次要关键字为【实发工资】列、排序依据为【数值】、次序为【升序】的排序方式，单击【确定】按钮，如图 3.48 所示。

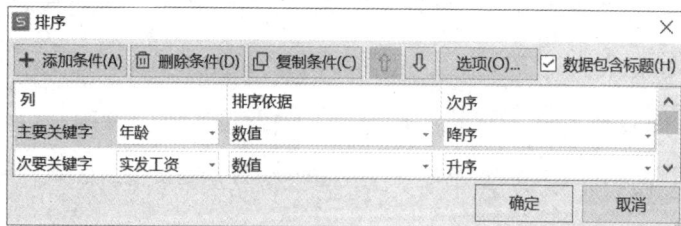

图 3.48　【排序】对话框

📖 **第 4 步：计算工资排名**

（1）在【实发工资】列后插入【排名】列，将【排名】列的单元格格式设置为常规类型。

（2）选择 M2 单元格，单击【公式】选项卡中的【插入函数】按钮，在【插入函数】对话框的【查找函数】文本框中输入文字【RANK】，或者在【选择函数】列表框中选择【RANK】选项，单击【确定】按钮，如图 3.49 所示。

（3）在弹出的【函数参数】对话框中单击【数值】文本框右侧的【折叠】按钮，选择 M2 单元格；再次单击【折叠】按钮，单击【引用】文本框右侧的【折叠】按钮，选择需要排名的数据区域 L2:L18；再次单击【折叠】按钮，修改引用区域为 L$2:L$18；在【排位方式】文本框中输入【0】或不输入任何值，单击【确定】按钮，如图 3.50 所示。

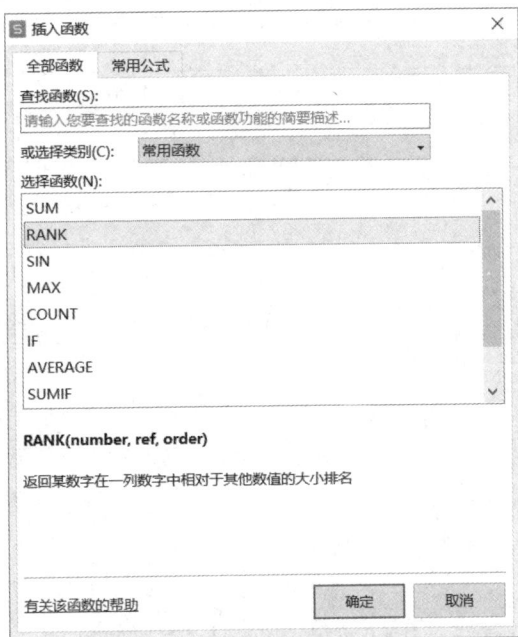

图 3.49　【插入函数】对话框　　　　　　　图 3.50　【函数参数】对话框

（4）计算出第 1 位员工的工资排名，选中 M2 单元格，双击其右下角填充柄快速填充该列的其他单元格，效果如图 3.51 所示。

	B	C	D	E	F	G	H	I	J	K	L	M
1	姓名	性别	出生日期	年龄	基本工资	绩效奖金	津贴补贴	应发工资	代缴	扣税	实发工资	排名
2	吴一凯	男	1990/8/4	32	¥4,500.00	¥1,600.00	¥890.00	¥6,990.00	¥1,293.15	¥59.70	¥5,637.15	12
3	魏青	男	1989/4/25	33	¥5,000.00	¥1,800.00	¥640.00	¥7,440.00	¥1,376.40	¥73.20	¥5,990.40	8
4	张祥贵	男	1990/10/6	32	¥4,800.00	¥1,200.00	¥640.00	¥6,640.00	¥1,228.40	¥49.20	¥5,362.40	15
5	陶舒	女	1991/5/7	31	¥4,800.00	¥2,000.00	¥860.00	¥7,660.00	¥1,417.10	¥79.80	¥6,163.10	5
6	花皓敬	男	1990/1/28	32	¥4,500.00	¥2,200.00	¥780.00	¥7,480.00	¥1,383.80	¥74.40	¥6,021.80	7
7	曹娜湘	女	1990/8/9	32	¥5,500.00	¥2,100.00	¥640.00	¥8,240.00	¥1,524.40	¥114.00	¥6,601.60	4
8	吴月月	女	1988/6/10	34	¥6,000.00	¥2,800.00	¥890.00	¥9,690.00	¥1,792.65	¥259.00	¥7,638.35	2
9	雷铭	男	1990/8/11	32	¥4,900.00	¥1,400.00	¥640.00	¥6,940.00	¥1,283.90	¥58.20	¥5,597.90	14
10	魏晋	男	1990/3/15	32	¥5,200.00	¥3,500.00	¥640.00	¥9,340.00	¥1,727.90	¥224.00	¥7,388.10	3
11	谢嘉芬	女	1990/11/13	31	¥4,300.00	¥1,800.00	¥860.00	¥6,960.00	¥1,287.60	¥58.80	¥5,613.60	6
12	曹才明	男	1998/9/23	24	¥5,600.00	¥1,200.00	¥780.00	¥7,580.00	¥1,402.30	¥77.40	¥6,100.30	6
13	朱少	男	1999/8/20	23	¥4,700.00	¥2,000.00	¥640.00	¥7,340.00	¥1,357.90	¥70.20	¥5,911.90	9
14	罗富	男	1997/12/7	24	¥6,300.00	¥3,300.00	¥640.00	¥10,240.00	¥1,894.40	¥314.00	¥8,031.60	1
15	吴丹	女	1996/12/20	25	¥2,900.00	¥2,100.00	¥860.00	¥5,860.00	¥1,084.10	¥25.80	¥4,750.10	16
16	潘夫波	男	1995/7/29	27	¥3,600.00	¥2,800.00	¥780.00	¥7,180.00	¥1,328.30	¥65.40	¥5,786.30	10
17	李宝宁	女	1999/11/7	23	¥3,000.00	¥1,600.00	¥860.00	¥5,460.00	¥1,010.10	¥13.80	¥4,436.10	17
18	刘玉	女	1999/10/18	23	¥3,200.00	¥3,200.00	¥640.00	¥7,040.00	¥1,302.40	¥61.20	¥5,676.40	11

图 3.51　按【实发工资】列排名的效果

📖 第 5 步：保存并退出

（1）执行【文件】→【保存】命令，保存文件。

（2）执行【文件】→【退出】命令，退出 WPS 表格。

任务评价

各组展示作品，介绍任务完成过程，提交作品，进行自评、互评与师评，并进行任务反思，完成任务考核评价表（见表 3.4）。

表 3.4　任务考核评价表

任务 3.2　制作员工工资表						
评价项目	评价内容	分值	自评	互评	师评	合计
职业素养（30 分）	爱岗敬业，有责任意识、执行意识和安全意识	5				
	有严谨的工作态度和按流程执行任务的意识	5				
	有良好的计算机使用和操作规范意识	5				
	具有由表及里地观察和分析事物的能力	5				
	具有自主学习能力，在工作中能够灵活利用互联网查找信息并解决实际问题	5				
	团队合作，交流沟通、协作与分享能力强	5				
专业能力（60 分）	理解数据清单的概念	10				
	理解公式的概念并会正确使用公式，理解并会使用单元格的绝对引用、相对引用和混合引用	10				
	理解函数的概念，会正确使用函数计算数据，能够灵活应用各种常用函数，如 IF、SUM、AVERAGE、MAX、MIN、DATAIF、RANK 等进行数据的运算和统计	10				
	掌握数据排序操作，掌握多关键字排序方法	10				
	掌握数据自动筛选的操作方法	10				
	掌握高级筛选的操作方法和条件筛选区域的创建方法	10				
创新意识（10 分）	具有创新思维与创新行动	10				
合计		100				
总结与反思						

总结归纳：

存在问题：

解决方案：

提升措施：

任务拓展：制作员工借阅图书统计表

为培养员工养成终身学习的习惯，公司自建了图书馆，鼓励员工定期借阅图书，请使用 WPS 表格制作一份员工借阅图书统计表，效果图如图 3.52 所示。

	A	B	C	D	E	F	G	H	I	J	K
1					2022年联强公司员工借阅图书统计表						
2	工号	部门	入职年份	姓名	性别	社会科学类	自然科学类	综合性图书	其他	平均册数	总册数
3	2017028	研发部	2017	曹才明	男	2	5	2	0	2.25	9
4	2018012	运营部	2018	花皓敬	男	6	5	2	2	3.75	15
5	2019101	财务部	2019	魏青	男	10	8	2	0	5	20
6	2019120	研发部	2019	潘夫波	男	2	7	0	2	2.75	11
7	2019122	质量部	2019	柏权凡	男	2	6	9	5	5.5	22
8	2019032	研发部	2019	曹娜湘	女	2	0	16	4	5.5	22
9	2020093	质量部	2020	罗富	男	4	6	2	1	3.25	13
10	2020032	后勤部	2020	常博文	女	6	8	0	1	3.75	15
11	2020245	研发部	2020	朱少	男	6	0	3	0	2.25	9
12	2021002	研发部	2021	张祥贵	男	5	0	2	0	1.75	7
13	2021023	运营部	2021	陶舒	女	3	1	1	1	1.5	6
14	2021011	产品部	2021	吴月	女	12	8	3	0	5.75	23
15	2021201	行政部	2021	雷铭	男	0	3	1	2	1.5	6
16	2022008	产品部	2022	魏晋	男	0	5	12	0	4.25	17
17	2022006	运营部	2022	谢嘉芬	女	1	2	3	2	2	8
18	2022039	行政部	2022	吴丹	女	3	4	0	1	2	8
19	2022018	运营部	2022	范国冬	女	6	0	1	2	2.25	9
20	最高借阅册数					12	8	16	5	5.75	23
21	最高借阅册数员工姓名					吴月	魏青	曹娜湘	柏权凡	吴月	吴月

图 3.52 员工借阅图书统计表效果图

📖 **第 1 步：利用公式求出入职年份、平均册数、总册数和各类图书最高借阅册数**

（1）使用 WPS 表格打开工作簿【员工借阅图书统计表.xlsx】。

（2）已知工号的前 4 位数是入职年份，用 MID 函数根据工号求出对应的入职年份。在 C3 单元格中输入公式=MID(A3,1,4)，按 Enter 键得到入职年份 2017，双击此单元格右下角填充柄快速填充该列的其他单元格。

（3）用 AVERAGE 函数求平均册数。选择 J3 单元格，单击【公式】选项卡中的【插入函数】按钮，在弹出的【插入函数】对话框中选择 AVERAGE 函数后单击【确定】按钮，在弹出的【函数参数】对话框中，单击【数值】文本框右侧的【折叠】按钮，选中 F3:I3 单击格区域；再次单击【折叠】按钮，返回【函数参数】对话框，单击【确定】按钮，得到第 1 位员工借阅的平均册数，双击此单元格右下角填充柄快速填充该列的其他单元格。

用同样的方法，使用 SUM 函数得到每位员工借阅的总册数。

选中 F20 单元格，使用 MAX 函数求出社会科学类图书的最高借阅册数，双击此单元格右下角填充柄快速填充每类图书的最高借阅册数。

📖 **第 2 步：利用 XLOOKUP 函数求出每类图书最高借阅册数员工姓名**

选中 F21 单元格，单击【公式】选项卡中的【插入函数】按钮，在弹出的【插入函数】对话框中选择 XLOOKUP 函数，单击【确定】按钮，在弹出的【函数参数】对话框中输入相应的参数值或单击【折叠】按钮后选择对应的单元格区域，如图 3.53 所示。单击【确定】按钮，得到社会科学类图书最高借阅册数员工姓名。用同样的方法得到其他类图书的最高借阅册数员工姓名。

图 3.53　XLOOKUP 函数参数设置

📖 **第 3 步：利用高级筛选功能求出 2021 年入职的员工中借阅总册数大于 5 的员工姓名**

（1）在表中空白区域输入高级筛选条件：入职年份为 2021，总册数大于 5，如图 3.54 所示。

（2）新建名称为【高级筛选结果】的工作表，选择【员工借阅图书统计表】中的任意单元格，单击【数据】选项卡中的【筛选】下拉按钮，在下拉菜单中选择【高级筛选】选项，在弹出的【高级筛选】对话框中，单击【列表区域】文本框右侧的【折叠】按钮，折叠【高级筛选】对话框后选择 A2:K19 单元格区域；再次单击【折叠】按钮，返回【高级筛选】对话框，单击【条件区域】文本框右侧的【折叠】按钮，折叠【高级筛选】对话框后选择提前设置好的条件区域 M7:N8；再次单击【折叠】按钮，返回【高级筛选】对话框，选中【将筛选结果复制到其它位置】单选按钮，单击【复制到】文本框右侧的【折叠】按钮，折叠【高级筛选】对话框后，单击【高级筛选结果】表中的 A1 单元格；再次单击【折叠】按钮，返回【高级筛选】对话框，如图 3.55 所示。单击【确定】按钮，筛选结果如图 3.56 所示。

入职年份	总册数
2021	>5

图 3.54　高级筛选条件

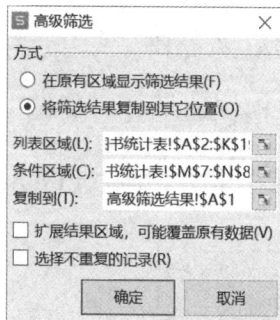

图 3.55　高级筛选设置

	A	B	C	D	E	F	G	H	I	J	K
1	工号	部门	入职年份	姓名	性别	社会科学类	自然科学类	综合性图书	其他	平均册数	总册数
2	2021002	研发部	2021	张祥贵	男	5	0	2	0	1.75	7
3	2021023	运营部	2021	陶舒	女	3	1	1	1	1.5	6
4	2021011	产品部	2021	吴月	女	12	8	3	0	5.75	23
5	2021201	行政部	2021	雷铭	男	0	3	1	2	1.5	6

图 3.56　筛选结果

📖 **第 4 步：保存并退出**

（1）执行【文件】→【保存】命令，保存文件。

（2）执行【文件】→【退出】命令，退出 WPS 表格。

任务 3.3　制作销售数据表

任务描述

联强公司销售部召开总结会，要求对 2022 年的商品销量进行统计分析，包括详细分析各类商品销售额、各月的销量情况，并通过柱形图、折线图等形式直观地展示相关数据的变化。销售部王小康接到任务后按照任务工单（见表 3.5）开始实施。

表 3.5　制作销售数据表任务工单

任务名称	制作销售数据表	组号		工时	
任务描述	根据公司上半年、下半年销售数据原始表制作商品销售数据表，以及各类商品销售额对比图表、全年各月销售额图表等				
任务目的	✧ 掌握 WPS 表格中分类汇总、合并计算的用法 ✧ 灵活应用各种常用图表进行数据统计分析 ✧ 认识数据的重要性				
任务要求	1. 根据 2022 年销售数据表，应用分类汇总功能统计各类商品销售额 2. 应用合并计算功能统计 2022 年各类商品销售额 3. 应用图表功能制作 2022 年各类商品销售额柱形图/饼图、2022 年各月销售额折线图				
任务实施计划	1. 掌握任务涉及的知识点：分类汇总、合并计算、图表 2. 实施计划： （1）根据 2022 年上半年销售数据表，分类汇总上半年各类商品销售额 （2）根据 2022 年上、下半年销售数据，合并计算 2022 年各类商品销售额，制作 2022 年各类商品销售额表 （3）根据 2022 年各类商品销售额表制作 2022 年各类商品销售额柱形图/饼图 （4）根据 2022 年各月销售额数据制作 2022 年各月销售额折线图 （5）保存数据				

相关知识点

📖 **分类汇总**

扫一扫 学一学

分类汇总是指将数据清单中的记录根据需求先按照某个字段进行分类，分类的方法即对分类字段进行排序，再对选定的汇总项字段进行汇总统计。汇总统计的方式通常有求和、计数，以及求平均值、最大值、最小值等。

操作步骤： 首先对分类字段进行排序。单击分类字段列的任意单元格，单击【数据】选项卡中的【排序】按钮，进行排序。

然后对汇总项进行分类汇总。单击数据清单中的任意单元格，单击【数据】选项卡中的【分类汇总】按钮，打开【分类汇总】对话框，如图3.57所示。在【分类汇总】对话框的【分类字段】下拉列表中选择分类字段，在【汇总方式】下拉列表中选择汇总方式，在【选定汇总项】列表框中选择汇总项。

最后单击【确定】按钮，得到分类汇总结果。分类汇总结果可以通过单击工作表左上角的【汇总级别】按钮进行分级别显示。

📖 **合并计算**

合并计算可以对同一工作簿，或者不同工作簿之间的数据进行合并汇总，并可以在单独的工作表中保存汇总结果。数据汇总的方式包括求和、计数、求平均值/最大值/最小值等。

扫一扫 学一学

操作步骤： 单击【数据】选项卡中的【合并计算】按钮，打开【合并计算】对话框，如图3.58所示。在【函数】下拉列表中选择数据汇总方式，单击【引用位置】文本框右侧的【折叠】按钮，选择需要进行数据汇总的区域，单击【添加】按钮后，所选区域会显示在【所有引用位置】列表框中。重复上述操作添加多个数据汇总区域。根据需要勾选【合并计算】对话框的【标签位置】选区中的【首行】与【最左列】复选框，会以首行与最左列作为参照完成数据汇总。单击【确定】按钮，关闭【合并计算】对话框。

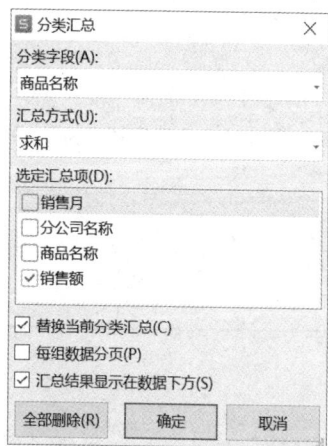

图 3.57　【分类汇总】对话框　　　　图 3.58　【合并计算】对话框

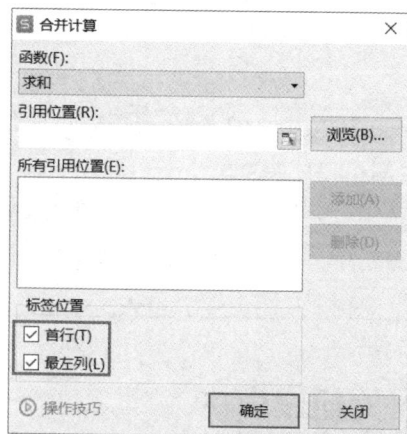

📖 **图表**

图表把工作表中的部分或全部数据用图形的形式展示出来，通过生动、易懂、直观、清晰的形式显示不同数据间的相对关系。当工作表中的数据发生变化时，图表中对应项的数据也会自动更新。

图表类型：每种类型的图表都有其各自不同的特点，适合于不同的数据结构。常用的图表类型有柱形图、折线图、饼图等，可参考表 3.6 选择合适的图表类型。

表 3.6　常用图表类型及其特点

图表类型	特　点
柱形图	柱形图用于显示一段时间内的数据变化或各项之间的比较情况
条形图	条形图是用宽度相同的条形的高度或长短来表示数据多少的
折线图	折线图可以显示随时间变化的连续数据，类别数据沿水平轴均匀分布，数值数据沿垂直轴均匀分布
饼图	饼图显示一个数据系列中各项的大小与各项总和的比例
散点图	散点图显示若干数据系列中各数值之间的关系
面积图	面积图强调数据随时间变化的程度，也可用于对总值趋势进行强调
组合图	组合图是由多个图表组合在一起的图表
股价图	股价图是特殊的图表，需要根据股价图的子类型来选择合适的数据区域
雷达图	雷达图是以从同一点开始的轴上表示的 3 个或更多个定量变量的二维图表的形式显示多变量数据的图形方法

图表元素：

（1）图表区：图表中最大的区域，作为其他图表元素的容器。

（2）绘图区：图表中灰色底纹部分，其中包含数据系列和数据标签。

（3）图表标题：图表顶部的文字，通常用于描述图表的功能或作用。

（4）图例：图表标题下方带有颜色块的文字，用于标识不同数据系列代表的内容。

（5）数据标签：数据系列顶部的数字，以数值的方式表示数据系列代表的内容。

（6）数据系列：绘图区中不同颜色的矩形，表示用于创建图表的数据区域中的行或列。

（7）横坐标轴：绘图区下方的内容，用于显示数据的分类信息。

（8）纵坐标轴：绘图区左侧的内容，用于显示数据的数值。

（9）横坐标轴标题：横坐标轴下方的文字，用于说明横坐标轴的含义。

（10）纵坐标轴标题：纵坐标轴左侧的文字，用于说明纵坐标轴的含义。

（11）网格线：贯穿绘图区的线条，用于作为估算数据系列所示值的标准。

小提示：

除上面的图表元素外，图表中还可以包含数据表。数据表通常显示在绘图区的下方。由于数据表的占用区域比较大，所以为了节省空间，通常情况下不需要在图表中显示数据表。

设置图表选项：当选中图表时，会激活【绘图工具】【文本工具】【图表工具】上下文选项卡。在【图表工具】上下文选项卡中，主要可以快速设置图表的布局、图表的样式，以及更改图表类型和选择数据等，可以通过【添加元素】按钮，由用户自己指定图表中显示的内容。

任务实现

扫一扫 学一学

📖 第 1 步：将销售数据按照商品名称排序

使用 WPS 表格打开工作簿【销售数据表.xlsx】，选择工作表【上半年销售数据表】数据区域中【商品名称】列的任意单元格，单击【数据】选项卡中的【排序】下拉按钮，在下拉菜单中选择【升序】选项。

📖 第 2 步：按照商品名称进行分类汇总

（1）单击数据区域中的任意单元格，单击【数据】选项卡中的【分类汇总】按钮，打开【分类汇总】对话框。

（2）在【分类汇总】对话框的【分类字段】下拉列表中选择【商品名称】选项，在【汇总方式】下拉列表中选择【求和】选项，在【选定汇总项】列表框中选中【销售额（元）】复选框。

（3）单击【确定】按钮得到分类汇总结果，单击分类汇总结果左上角的【汇总级别】按钮，选择 2 级，如图 3.59 所示。

1 2 3		A	B	C	D
	1	销售月	分公司名称	商品名称	销售额（元）
	38			冰箱 汇总	11240896
	75			电视 汇总	11574543
	112			空调 汇总	10936692
	149			热水器 汇总	11467179
	186			洗衣机 汇总	10835085
	223			烟灶 汇总	11301091
	224			总计	67355486

图 3.59　选择汇总级别

（4）复制分类汇总结果到【分类汇总表（上半年商品销量）】工作表中。

单击【开始】选项卡中的【查找】下拉按钮，在下拉菜单中选择【定位】选项，在弹出的【定位】对话框中勾选【可见单元格】单选按钮，单击【定位】按钮，如图 3.60 所示。先单击【开始】选项卡中的【复制】按钮，再单击【分类汇总表（上半年商品销量）】工作表中的 A1 单元格，最后单击【开始】选项卡中的【粘贴】按钮，完成分类汇总结果的复制。删除【销售月】和【分公司名称】两列，并修改商品名称。分类汇总结果如图 3.61 所示。

图 3.60　【定位】对话框

图 3.61　分类汇总结果

📖 **第 3 步：将商品销售数据进行合并计算**

（1）同第 2 步，打开工作表【下半年销售数据表】，完成公司下半年各类商品销售额数据的分类汇总，并将汇总结果存至【分类汇总表（下半年商品销量）】工作表。

（2）新建【合并计算】工作表，并将鼠标指针放至 A1 单元格中。

（3）单击【数据】选项卡中的【合并计算】按钮，在【合并计算】对话框的【函数】下拉列表中选择【求和】选项，单击【引用位置】文本框右侧的【折叠】按钮，选择【分类汇总表（上半年商品销量）】工作表中的 A1:B8 单元格区域，单击【添加】按钮。用同样的方法将【分类汇总表（下半年商品销量）】工作表中的 A1:B8 单元格区域添加到【所有引用位置】列表框中，勾选【标签位置】选区中的【首行】与【最左列】复选框，如图 3.62 所示，单击【确定】按钮。

（4）首先选择 A1 单元格，输入字段名称【商品名称】，并将列标题加粗；然后选择 A1:B8 单元格区域，单击【开始】选项卡中的【所有框线】按钮 田，为合并计算后的表格添加框线。最终效果如图 3.63 所示。

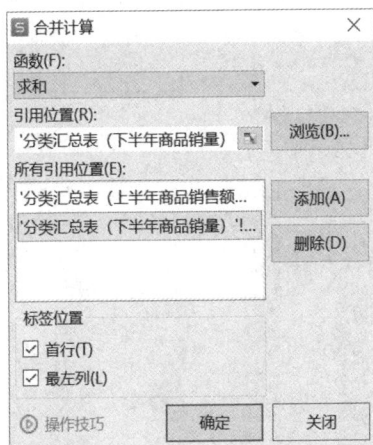

图 3.62　【合并计算】对话框

图 3.63　合并计算的最终效果

📖 **第 4 步：创建销售数据柱形图**

（1）创建柱形图。选择【合并计算】工作表中的商品销售数据区域 A1:B7，单击【插入】

选项卡中的【全部图表】按钮，打开【插入图表】对话框，选择图表类型为柱形图中的簇状柱形图，如图 3.64 所示，单击【插入】按钮。

图 3.64　插入簇状柱形图

（2）选择图表区，单击【图表工具】上下文选项卡中的【快速布局】下拉按钮，在下拉面板中选择【布局 2】样式，如图 3.65 所示。

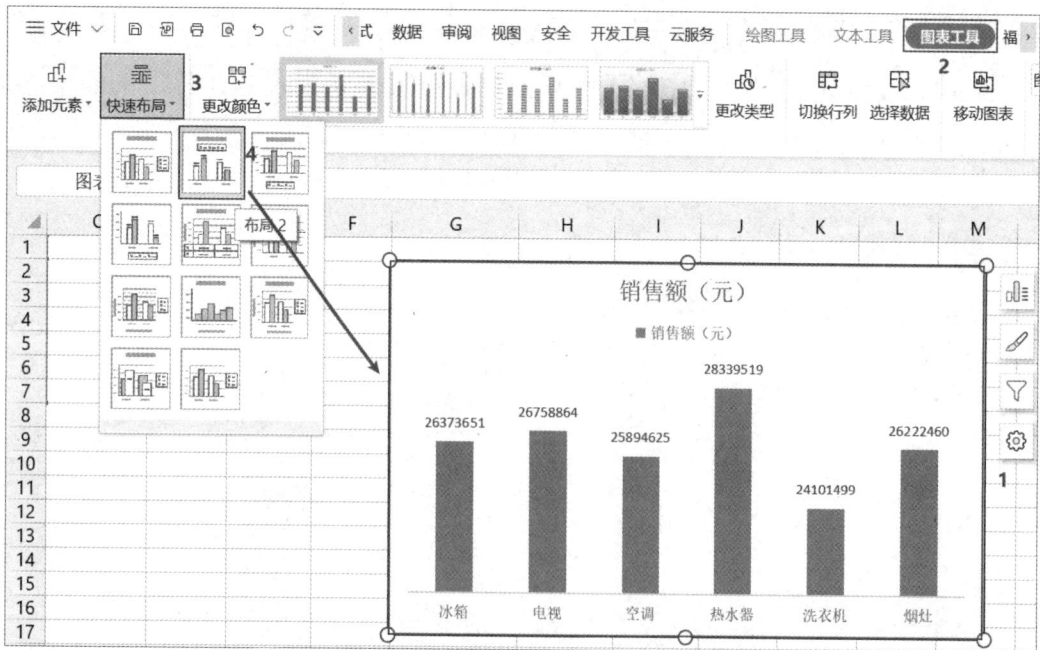

图 3.65　设置图表布局样式

（3）选中图表区，选择标题区域，拖动鼠标选择标题内容，修改标题为【2022 年各类商品销售额占比】，字体设置为【宋体】【12】【加粗】。

（4）新建【分析图表】工作表，选择第 4 步中插入的销售数据柱形图图表区，单击【图表工具】上下文选项卡中的【移动图表】按钮，打开【移动图表】对话框，选择放置图表的位置为【分析图表】工作表，单击【确定】按钮。

📖 **第 5 步：创建销售数据饼图**

（1）创建饼图。选择【合并计算】工作表中全年各类商品销售额数据区域 A1:B7，单击【插入】选项卡中的【全部图表】按钮，在【插入图表】对话框中选择图表类型为饼图中的三维饼图，单击【插入】按钮。

（2）选中图表区，单击【图表工具】上下文选项卡中的【快速布局】下拉按钮，在下拉面板中选择【布局 2】样式。

（3）选中图表区，选择标题区域，拖动鼠标选择标题内容，修改标题为【2022 年各类商品销售额占比】，字体设置为【宋体】【12】【加粗】。

（4）选中图表区，单击【图表工具】上下文选项卡中的【移动图表】按钮，打开【移动图表】对话框，选择放置图表的位置为【分析图表】工作表，单击【确定】按钮，效果如图 3.66 所示。

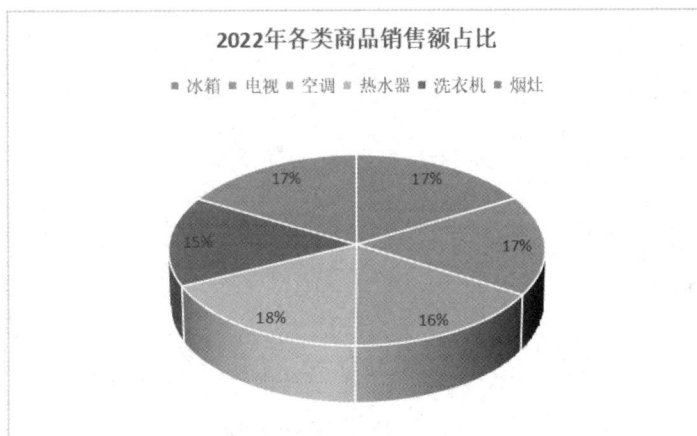

图 3.66　2022 年各类商品销售额饼图效果

📖 **第 6 步：创建销售数据折线图**

（1）打开工作表【2022 年各月销售额数据表】，如图 3.67 所示，选择数据区域 A1:B13，单击【插入】选项卡中的【全部图表】按钮，在【插入图表】对话框中选择图表类型为折线图中带数据标记的折线图，单击【插入】按钮。

	A	B
1		销售额（万元）
2	202201	1109.28
3	202202	1128.95
4	202203	1097.48
5	202204	1270.5
6	202205	1078.08
7	202206	1051.26
8	202207	1591.58
9	202208	1505.5
10	202209	1603.92
11	202210	1593.91
12	202211	1503.93
13	202212	1234.67
14	总计	15769.06

图 3.67　2022 年各月销售额数据表

（2）选中图表区，选择标题区域，拖动鼠标选择标题内容，修改标题为【2022 年各月销售额折线图】，字体设置为【宋体】【12】【加粗】。

（3）选择图表区，单击【图表工具】上下文选项卡中的【移动图表】按钮，打开【移动图表】对话框，选择放置图表的位置为【分析图表】工作表，单击【确定】按钮，效果如图 3.68 所示。

图 3.68　2022 年各月销售额折线图效果

📖 第 7 步：保存并退出

（1）执行【文件】→【保存】命令，保存文件。

（2）执行【文件】→【退出】命令，退出 WPS 表格。

🌸 任务评价

各组展示作品，介绍任务完成过程，提交作品，进行自评、互评与师评，并进行任务反思，完成任务考核评价表（见表 3.7）。

表 3.7　任务考核评价表

评价项目	评价内容	分值	自评	互评	师评	合计
任务 3.3　制作销售数据表						
职业素养（30 分）	爱岗敬业，有责任意识、执行意识和安全意识	5				
	有严谨的工作态度和按流程执行任务的意识	5				
	有良好的计算机使用和操作规范意识	5				
	具有由表及里地观察和分析事物的能力	5				
	具有自主学习能力，在工作中能够灵活利用互联网查找信息并解决实际问题	5				
	团队合作，交流沟通、协作与分享能力强	5				
专业能力（60 分）	理解分类汇总的意义，掌握分类汇总的操作方法	10				
	会根据实际需求应用分类汇总功能对数据进行统计	10				
	理解合并计算的意义，掌握合并计算的操作方法	15				
	了解各类图表的功能和用法	10				
	会选择合适的图表类型对数据进行图形化展示	15				
创新意识（10 分）	具有创新思维与创新行动	10				
合计		100				
总结与反思						

总结归纳：

存在问题：

解决方案：

提升措施：

任务拓展：制作中国创新指数及分领域指数分析组合图

我国持续完善科技创新体系，坚持创新在我国现代化建设全局中的核心地位。联强公司分析国家统计局官网发布的 2005—2021 年中国创新指数情况（见图 3.69），并通过图表（见图 3.70）展示了我国在创新发展水平、创新环境、创新投入、创新产出、创新成效方面的提升，激励了员工坚持创新发展的信心与决心。

	A	B	C	D	E	F
1		2005年	2010年	2015年	2020年	2021年
2	中国创新指数	100	133.6	175.2	245.1	264.6
3	创新环境指数	100	135.7	174.5	266.2	296.2
4	创新投入指数	100	132.3	164.1	209.8	219
5	创新产出指数	100	137.2	208.1	319.8	353.6
6	创新成效指数	100	129.1	154.1	184.5	189.5

图 3.69　2005—2021 年中国创新指数情况（数据来源于国家统计局官网）

图 3.70　2005—2021 年中国创新指数及分领域指数

📖 第 1 步：插入组合图

打开工作簿【中国创新指数情况.xlsx】，选择【中国创新指数情况】工作表中的 A1:F6 单
元格区域，单击【插入】选项卡中的【全部图表】按钮，在弹出的【插入图表】对话框中选择
【组合图】类型，在【创建组合图表】选区中设置中国创新指数的图表类型为簇状柱形图，其
余系列的图表类型均设置为折线图，单击【插入】按钮，如图 3.71 所示。

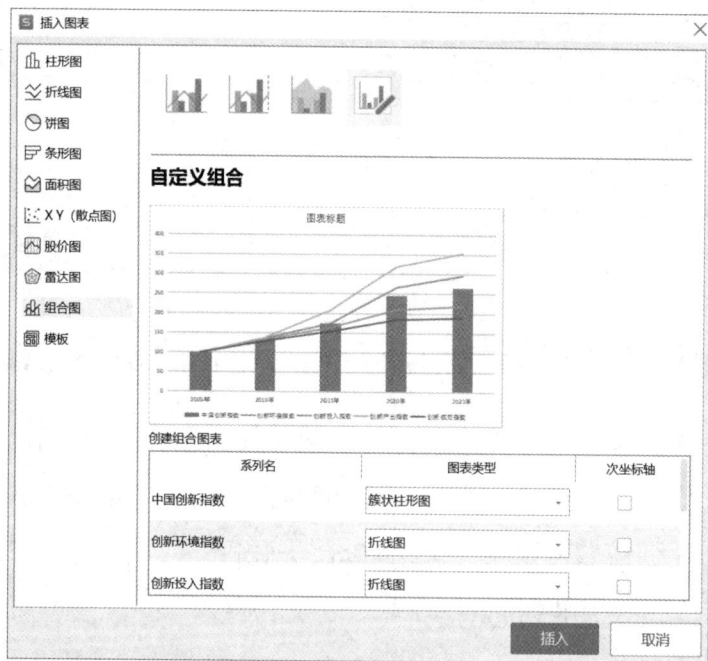

图 3.71　插入组合图

📖 第 2 步：设置图表布局

选择图表区，单击【图表工具】上下文选项卡，选择预设样式中的【样式 3】。

📖 第 3 步：为图表去掉网络线

选择图表区，单击【图表工具】上下文选项卡中的【添加元素】下拉按钮，在下拉菜单中选择【网格线】→【主轴主要水平网格线】选项。

📖 第 4 步：修改图表标题

选择图表区，并选择标题区域，拖动鼠标选择标题内容，修改图表标题为【2005—2021年中国创新指数及分领域指数】，设置字体为【宋体】【14】【黑色】。

📖 第 5 步：修改图表外边框线颜色

选择图表区，单击【绘图工具】上下文选项卡中的【轮廓】下拉按钮，在下拉面板中，颜色选择【矢车菊蓝，着色 1】，线条样式选择【1 磅】。

📖 第 6 步：保存并退出

（1）执行【文件】→【保存】命令，保存文件。
（2）执行【文件】→【退出】命令，退出 WPS 表格。

任务 3.4 制作销售数据动态分析表

🦋 任务描述

联强公司总经理要求销售部提供动态交互性强的数据透视表与数据透视图，以便对 2022年商品销量情况进行统计分析，增强数据的可视化效果。王小康接到任务迅速制订实施计划，任务工单如表 3.8 所示。

表 3.8 制作销售数据动态分析表任务工单

任务名称	制作销售数据动态分析表		组号		工时	
任务描述	根据公司 2022 年销售数据表制作销售数据透视表、销售数据透视图					
任务目的	◇ 掌握 WPS 表格中数据透视表的用法 ◇ 掌握 WPS 表格中数据透视图的用法 ◇ 提高数据保护意识					
任务要求	1. 根据 2022 年销售数据表创建数据透视表，统计各类商品销售额 2. 根据数据透视表制作更加直观的数据透视图 3. 对 2022 年销售数据表进行保护，防止数据被篡改					
任务实施计划	1. 掌握任务涉及的知识点：数据透视表、数据透视图、数据保护 2. 实施计划： （1）根据 2022 年销售数据表制作 2022 年各类商品销售额透视表 （2）制作 2022 年各类商品销售额透视图 （3）保护 2022 年销售数据 （4）保存数据					

相关知识点

扫一扫 学一学

📖 数据透视表

数据透视表是一种交互的、交叉制表的报表，用于对数据进行汇总分析，是集排序、筛选、分类汇总和合并计算于一体的综合性数据分析工具。数据透视表的数据源可以是 WPS 表格，也可以是外部数据表，还可以是经过合并计算的多个数据区域或另一个数据透视表。一个数据透视表通常分为 4 部分：筛选器、行、列和值。

筛选器：位于数据透视表的顶部，主要用于对数据透视表进行整体数据的筛选操作。

行：位于数据透视表的左侧，包括具有水平方向的字段。行标签区中的标题可以有多个层次，主要放置一些可用于进行分组或分类的内容。

列：位于数据透视表中各列的顶端，包括具有列方向的字段。与行标签区类似，列标签区中的标题也可以有多个层次，主要放置一些随时间变化的内容。

值：数值区主要用于显示明细数据，并进行各种不同类型的统计工作。

创建数据透视表：单击数据源区域中的任意单元格，单击【插入】选项卡中的【数据透视表】按钮，打开【创建数据透视表】对话框，如图 3.72 所示。在默认情况下，数据源区域为创建数据透视表的区域，数据透视表会被创建在一个新工作表中，单击【确定】按钮，创建一个空白的数据透视表，窗口的右侧自动显示【数据透视表】窗格，如图 3.73 所示。在【数据透视表】窗格中将字段名称拖动到适当的区域。

图 3.72　【创建数据透视表】
　　　　对话框

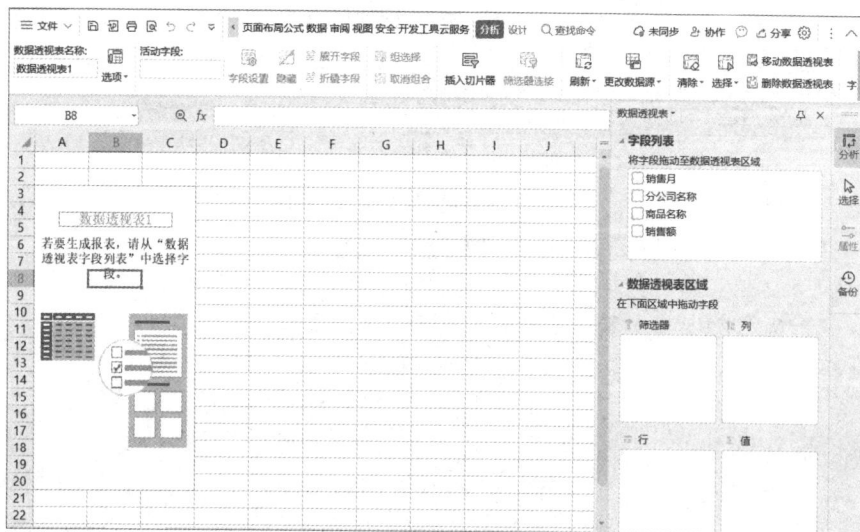

图 3.73　数据透视表窗口

在默认创建的数据透视表中，数据汇总方式为求和，可以根据实际需要改变汇总方式，右击数据透视表中包含数据的任意一个单元格，在右键菜单中选择【值汇总依据】选项，可以选择【平均值】【计数】【最大值】【最小值】等选项。

📖 数据透视图

在进行数据分析的过程中，数据透视表具有很强的动态交互性，但图表是最直观的一种数据分析方式。WPS 表格不仅可以根据普通数据表创建数据透视图，还可以通过数据透视表创建出同样具有很强交互性的数据透视图。

扫一扫 学一学

创建数据透视图：选择已经创建好的数据透视表中的任意单元格，单击【插入】选项卡中的【数据透视图】按钮，在弹出的【插入图表】对话框中选择图形类型，单击【插入】按钮，即可创建数据透视图。如果选择普通数据源，则单击【插入】选项卡中的【数据透视图】按钮，在弹出的【创建数据透视图】对话框中选择数据区域，单击【确定】按钮，在打开的空白数据透视图窗口中将字段列表中的字段相应地拖至【筛选器】【图例】【轴】【值】列表框中，即可创建数据透视图。

📖 数据保护

保护工作表：可以通过密码对工作表进行保护，以防止工作表中的数据被更改。保护工作表实际保护的是工作表中的单元格，对该工作表的操作不受影响。单击【审阅】选项卡中的【保护工作表】按钮，在弹出的【保护工作表】对话框中输入密码，根据需要勾选【允许此工作表的所有用户进行】列表框中的复选框，设置可以允许用户对此工作表进行相关操作，如图 3.74 所示。单击【确定】按钮后再次输入密码，单击【确定】按钮。

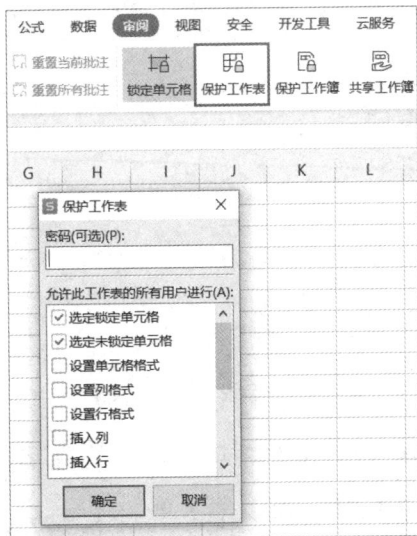

图 3.74　保护工作表操作

小提示：

在保护工作表状态下，默认所有单元格都是被锁定的，被锁定的单元格可以保护数据不被更改。但如果想设置某些单元格在保护工作表状态下仍然可以被编辑修改，则可以选中这些单元格，首先单击【审阅】选项卡中的【锁定单元格】按钮来取消锁定，再进行保护工作表设置即可。

任务实现

扫一扫 学一学

📖 第1步：创建销售数据透视表

（1）使用WPS表格打开工作簿【2022年销售数据表.xlsx】，单击工作表【销售数据表】数据区域中的任意单元格，并单击【插入】选项卡中的【数据透视表】按钮，在打开的【创建数据透视表】对话框中，选择【新工作表】单选按钮，作为数据透视表的存放位置，将新工作表重命名为【2022年销售数据透视表】。

（2）在工作表【2022年销售数据透视表】的【数据透视表】窗格中，将字段列表中的【分公司名称】字段拖至【筛选器】列表框中，将【商品名称】字段拖至【行】列表框中，将【销售额（元）】字段拖至【值】列表框中，效果如图3.75所示。

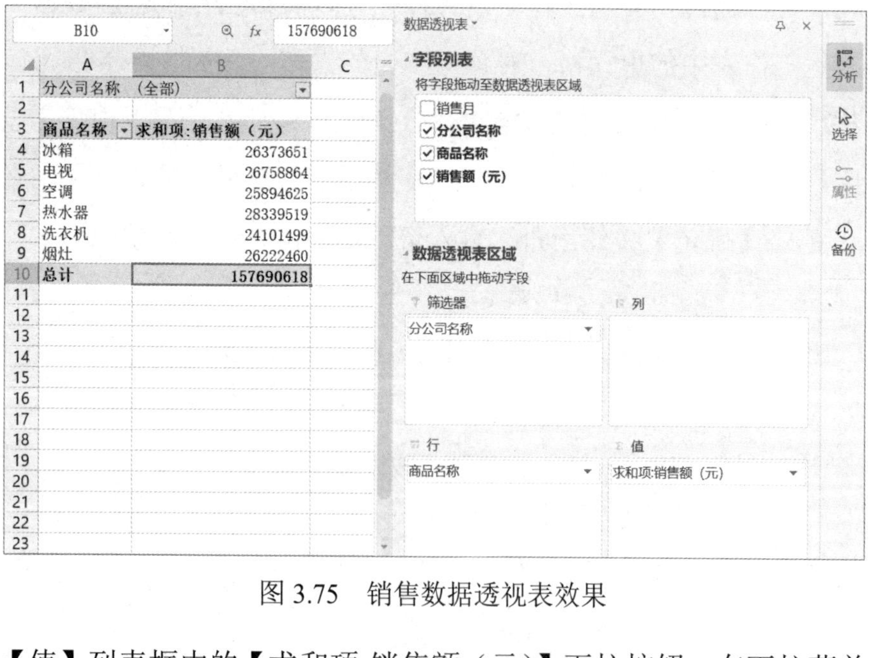

图3.75　销售数据透视表效果

（3）单击【值】列表框中的【求和项:销售额（元）】下拉按钮，在下拉菜单中选择【值字段设置】选项，在弹出的【值字段设置】对话框中将自定义名称修改为【销售总额（元）】，如图3.76所示。单击【值字段设置】对话框中左下角的【数字格式】按钮，将数字格式修改为数值类型，保留0位小数，并选择使用千位分隔符。

图 3.76　【值字段设置】对话框

（4）选择数据透视表中任意一个单元格，单击【设计】上下文选项卡，选择数据透视表外观样式为【数据透视表样式中等深浅 9】，效果如图 3.77 所示。

图 3.77　销售数据透视表样式效果

📖 第 2 步：创建销售数据透视图

（1）单击第 1 步所制作的数据透视表中的任意单元格，单击【插入】选项卡中的【数据透视图】按钮，在弹出的【插入图表】对话框中选择【柱形图】类型，单击【确定】按钮。

（2）拖动数据透视表、数据透视图，重新布局，效果如图 3.78 所示。

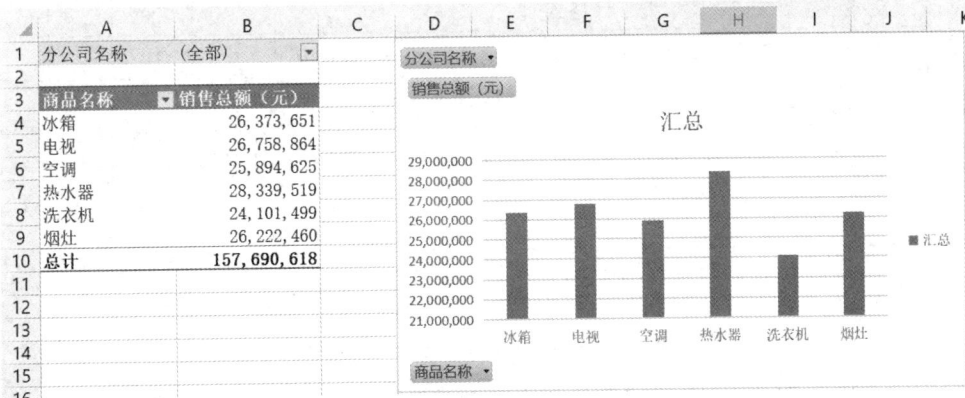

图 3.78　重新布局后的效果

📖 **第 3 步：保护销售数据表**

单击【审阅】选项卡中的【保护工作表】按钮，打开【保护工作表】对话框，在【密码】文本框中输入密码，单击【确定】按钮后再次输入密码，单击【确定】按钮。

📖 **第 4 步：保存并退出**

（1）执行【文件】→【保存】命令，保存文件。

（2）执行【文件】→【退出】命令，退出 WPS 表格。

任务评价

各组展示作品，介绍任务完成过程，提交作品，进行自评、互评与师评，并进行任务反思，完成任务考核评价表（见表 3.9）。

表 3.9　任务考核评价表

任务 3.4　制作销售数据动态分析表						
评价项目	评价内容	分值	自评	互评	师评	合计
职业素养（30 分）	爱岗敬业，有责任意识、执行意识和安全意识	5				
	有严谨的工作态度和按流程执行任务的意识	5				
	有良好的计算机使用和操作规范意识	5				
	具有由表及里地观察和分析事物的能力	5				
	具有自主学习能力，在工作中能够灵活利用互联网查找信息并解决实际问题	5				
	团队合作，交流沟通、协作与分享能力强	5				
专业能力（60 分）	理解数据透视表及其各组成部分（筛选器、行、列和值）的含义	10				
	能够创建数据透视表，并设计格式	20				
	能够创建数据透视图，并设计格式	20				
	会使用保护工作表功能对单元格数据进行保护和取消保护操作	10				
创新意识（10 分）	具有创新思维与创新行动	10				
合计		100				
总结与反思						

总结归纳：

存在问题：

解决方案：

提升措施：

任务拓展：制作员工科技创新成果统计数据透视表与透视图

联强公司持续鼓励员工进行科技创新，坚持科技创新在公司发展过程中的核心地位。图 3.79 是联强公司某部门近 5 年来的科技创新成果数据表。请根据此数据表，分别制作数据透视表和数据透视图，统计近 5 年来联强公司该部门各类专业技术人员人均发表的论文、软件著作权、实用新型专利、发明专利的创新成果的数量。

	A	B	C	D	E	F	G	H
1	姓名	性别	学历	职称	论文	软件著作权	实用新型专利	发明专利
2	郑含因	女	本科	工程师	9	6	2	1
3	李海儿	男	硕士	高级工程师	12	2	3	2
4	陈静	女	硕士	工程师	4	6	5	2
5	王克南	男	大专	工程师	2	12	4	2
6	钟尔慧	男	本科	工程师	6	3	5	1
7	卢植茵	女	本科	工程师	11	9	1	0
8	林寻	男	博士	正高级工程师	15	1	2	5
9	李禄	男	硕士	高级工程师	18	3	6	2
10	吴心	女	大专	助理工程师	7	10	3	0
11	李伯仁	男	大专	工程师	9	8	8	0
12	陈醉	男	本科	工程师	14	4	1	1
13	马甫仁	男	本科	高级工程师	8	2	3	1
14	夏雪	女	大专	工程师	6	1	6	1
15	钟成梦	女	博士	高级工程师	10	0	1	2
16	王晓宁	男	硕士	高级工程师	13	3	7	2
17	魏文鼎	男	博士	正高级工程师	28	9	6	4
18	宋成城	男	大专	助理工程师	14	11	1	0
19	李文如	女	硕士	高级工程师	21	6	5	2
20	伍宁	女	大专	高级工程师	5	2	1	1
21	古琴	女	硕士	工程师	2	6	4	1
22	高展翔	男	本科	高级工程师	14	5	5	5
23	石惊	男	大专	高级工程师	17	3	7	4
24	张越	女	硕士	工程师	3	8	9	1
25	王斯雷	男	本科	工程师	8	1	1	0
26	冯雨	男	本科	工程师	6	4	0	2
27	赵敏生	男	大专	工程师	12	2	2	2
28	李书召	男	大专	助理工程师	3	5	6	1
29	丁秋宜	女	大专	助理工程师	5	2	5	1
30	申旺林	男	本科	高级工程师	18	1	3	2
31	雷鸣	男	大专	工程师	6	10	4	0

图 3.79　科技创新成果数据表

第 1 步：创建人均科技创新成果数据透视表

（1）使用 WPS 表格打开工作簿【科技创新成果数据表.xlsx】，单击工作表【科技创新成果数据表】数据区域中的任意单元格，单击【插入】选项卡中的【数据透视表】按钮，打开【创建数据透视表】对话框，选择【新工作表】单选按钮，作为数据透视表的存放位置，单击【确定】按钮。

（2）更改新工作表的名称为【科技创新成果统计】，在【数据透视表】窗格中，将字段列表中的【职称】字段拖至【行】列表框中，将【论文】【软件著作权】【实用新型专利】【发明专利】各字段拖至【值】列表框中，将【学历】字段拖至【筛选器】列表框中。

（3）单击【值】列表框中的【求和项:论文】下拉按钮，在下拉菜单中选择【值字段设置】选项，打开【值字段设置】对话框，在【值字段汇总方式】列表框中选择【平均值】选项，如图 3.80 所示。单击【值字段设置】对话框中的【数字格式】按钮，在弹出的【单元格格式】对话框中设置数字格式为【数值】类型，小数位数为【1】，如图 3.81 所示。

图 3.80　值字段汇总方式设置

图 3.81　值字段数字格式设置

（4）分别选择数据透视表中的列标签【平均值项:论文】【平均值项:软件著作权】【平均值项:实用新型专利】【平均值项:发明专利】，并更改为【人均论文数量】【人均软件著作权数量】【人均实用新型专利数量】【人均发明专利数量】，效果如图 3.82 所示。

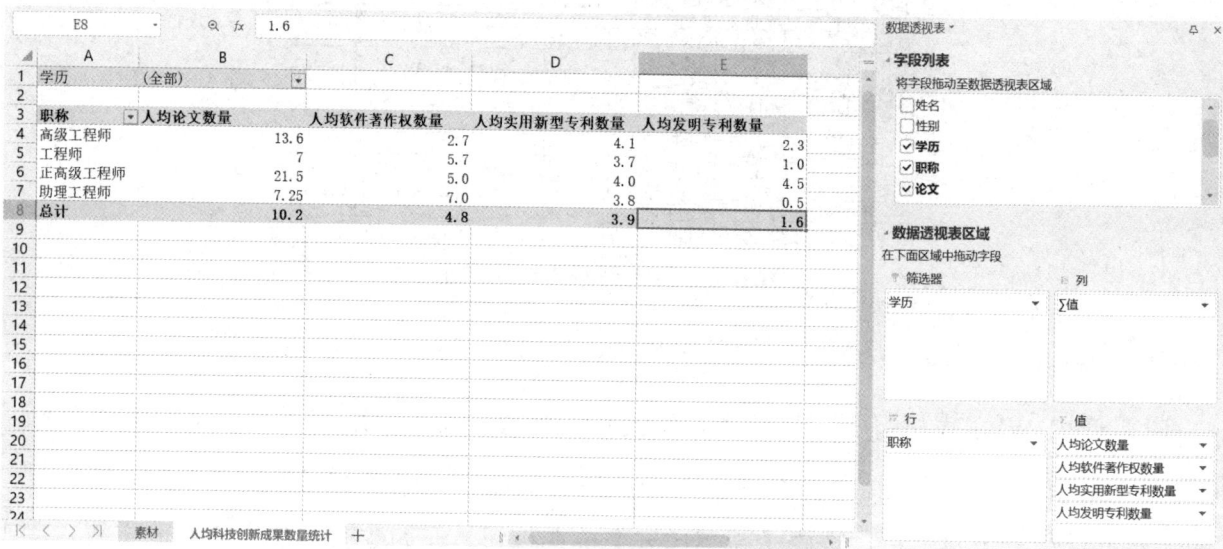

图 3.82　人均科技创新成果数据透视表效果

📖 第 2 步：创建人均科技创新成果数据透视图

（1）单击第 1 步所制作的数据透视表中的任意单元格，单击【插入】选项卡中的【数据透视图】按钮，在【插入图表】对话框中选择【柱形图】类型，单击【确定】按钮。

（2）单击【图表工具】上下文选项卡中的【预设样式】下拉按钮，在下拉面板中选择【样式 3】，快速设置数据透视图样式。

（3）选择数据透视图，右击图表上方任意一个值字段，在右键菜单中选择【隐藏图表上的值字段按钮】选项，效果如图 3.83 所示。

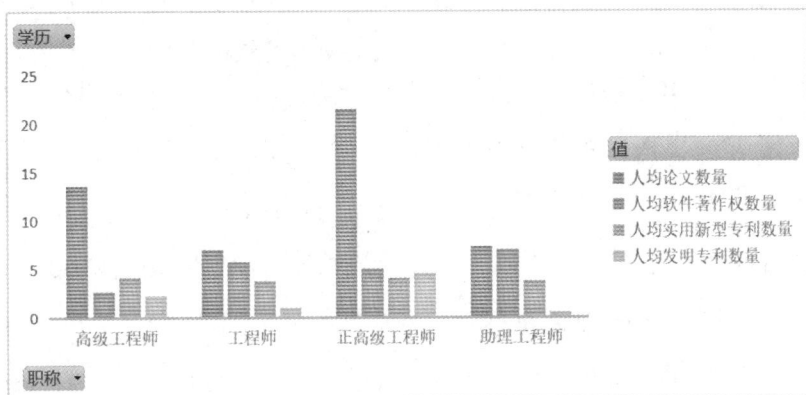

图 3.83　人均科技创新成果数据透视图效果

📖 **第 3 步：保存并退出**

（1）执行【文件】→【保存】命令，保存文件。

（2）执行【文件】→【退出】命令，退出 WPS 表格。

单元习题

一、单项选择题

1．对于 B3 单元格，（　　）是绝对引用。

A．$B3　　　　　B．B$3　　　　　C．$B$3　　　　　D．&B&3

2．在 WPS 表格中，将单元格的数字格式设置为 2 位小数，如果此时输入 3 位小数，则编辑框中显示（　　）。

　A．末位四舍五入，计算时以显示的数字为准

　B．末位四舍五入，计算时以输入数值为准

　C．末位不四舍五入，计算时以显示的数字为准

　D．末位不四舍五入，计算时以输入数值为准

3．在 WPS 表格中，为表格设置边框、合并单元格等操作要使用（　　）选项卡。

A．【开始】　　　　B．【文件】　　　　C．【审阅】　　　　D．【视图】

4．在 WPS 表格中，关于合并单元格，以下说法正确的是（　　）。

A．不能按行合并单元格　　　　　　　B．只能水平合并单元格

C．只能垂直合并单元格　　　　　　　D．能将一个区域合并为一个单元格

5. 在 WPS 表格中，若单元格 A1 中存有数据 5，则函数 SUM(10*A1,AVERAGE(12,0))的值是（   ）。

A．56   B．57   C．56   D．59

6. 在 WPS 表格中，当根据数据制作图表时，不可以对（   ）进行设置。

A．图表标题   B．坐标轴   C．网格线   D．图例

7. 在 WPS 表格中，若在 C7、D7 单元格中已分别输入文本 002 和 005，选中这两个单元格，横向拖动填充柄，则填充的数据是（   ）。

A．006   B．005   C．008   D．009

8. 在 WPS 表格中，求 C4:C8 单元格中的最大值的表达式是（   ）。

A．=MAX(C4:C8)   B．MAX(C4:C8)

C．MAX(C4+C8)   D．=MAX(C4,C8)

9. 在 WPS 表格中进行数据筛选操作后，未显示在表格中的数据（   ）。

A．已被删除，不能再恢复   B．已被删除，但可以恢复

C．被隐藏起来，但未被删除   D．已被放置到另一个表格中

10. 在 WPS 表格中，条件格式功能在（   ）中。

A．【开始】选项卡   B．【插入】选项卡

C．【审阅】选项卡   D．【数据】选项卡

二、多项选择题

1. 在 WPS 表格中，关于数据有效性的"来源"，下列说法正确的是（   ）。

A．不能手动录入信息

B．手动录入的信息之间用英文状态下的逗号隔开

C．手动录入信息时不需要录入"="

D．不能直接引用工作表中的数据

2. 在 WPS 表格中，关于图表操作，下列说法正确的是（   ）。

A．要插入组合图，可以在选中数据区域后，通过选择【插入】选项卡中的【全部图表】→【组合图】选项来完成操作

B．图表可以通过【图表工具】上下文选项卡中的【添加元素】按钮添加数据标签

C．图表可以通过【绘图工具】上下文选项卡中的【添加元素】按钮添加网格线

D．图表中的数据标签可以更改字体和大小

3．在 WPS 表格中，关于分类汇总功能，下列说法正确的是（　　　）。

A．使用分类汇总功能前不需要先排序

B．分类汇总功能在【公式】选项卡中

C．分类汇总的方式包括求和、求平均值、求最大值、求最小值等

D．分类汇总可以对工作表中的数据先按照某一列进行排序，然后按照这一列进行不同方式的汇总

4．在 WPS 表格中，可以缩放要打印的工作表，关于其缩放比例，下列说法正确的是（　　　）。

A．最小缩放为正常尺寸的 10%　　　　　B．最小缩放为正常尺寸的 40%

C．最大缩放为正常尺寸的 400%　　　　　D．100% 为正常尺寸

5．下列关于 WPS 表格的安全说法正确的有（　　　）。

A．保护工作表只对当前表进行保护

B．保护工作簿可以阻止其他用户编辑工作表

C．保护工作簿和保护工作表的操作均通过【审阅】选项卡完成

D．共享工作簿功能允许多人同时编辑一个工作簿

三、操作题

1．使用 WPS 表格，根据某公司各部门 2022 年各月费用支出数据分别完成下列操作。

（1）使用分类汇总功能制作 2022 年各部门的总支出费用表。

（2）使用数据透视表分析并展示 2022 年各部门的各类型费用支出和总支出情况。

2．使用 WPS 表格，以【库存商品管理表】为源数据，分别制作图表，分析每类商品的库存量和库存金额情况，其中，商品库存量用柱形图表示，商品库存金额用折线图表示。

3．使用 WPS 表格，以【2012—2021 年我国农、林、牧、渔业总产值数据表】为源数据（数据来源于国家统计局官网），制作组合图类型图表，分析近年来我国农业总产值、林业总产值、牧业总产值、渔业总产值的变化情况，以及农、林、牧、渔业总产值的变化情况。其中，农业总产值、林业总产值、牧业总产值、渔业总产值的变化情况均用柱形图表示；农、林、牧、渔业总产值的变化情况用折线图表示，并为折线图设置次坐标轴。

单元 **4**

WPS 演示文稿制作-生活篇

任务 4.1 制作大西北骑行计划演示文稿

任务描述

为了更好地感受美丽中国的建设成就，刘小扬计划在休假期间去西北骑行，为此，刘小扬积极联系了骑行俱乐部的 6 名骑友，大家推选骑友清芳为领队，刘小扬为协调员。刘小扬要制订骑行计划演示文稿，并与其他骑友进行沟通、协调。刘小扬认真地制作了任务工单，如表 4.1 所示。

表 4.1　制作大西北骑行计划演示文稿任务工单

任务名称	制作大西北骑行计划演示文稿	组号		工时	
任务描述	为做好本次骑行活动准备工作，运用 WPS 演示制作大西北骑行计划演示文稿				
任务目的	◇ 介绍骑行计划、线路，提醒骑行安全注意事项 ◇ 学会演示文稿中的幻灯片基本操作功能，以及文本、图片和形状的编辑功能				
任务要求	1．文档命名为【大西北骑行计划.pptx】并保存 2．演示文稿包含标题页 3．演示文稿包含骑行路线、骑行计划、安全注意事项等内容页，内容页标题字号不小于 32，内容字号不小于 20，行距为 1.5 倍，适当选用图片装饰幻灯片。幻灯片中需要用到表格、图形、项目符号等元素 4．演示文稿可以正常播放				
任务实施计划	1．明确需要使用的办公软件——WPS 演示 2．掌握任务涉及的知识点：幻灯片基本操作、文本编辑、图片编辑、形状编辑、表格编辑等 3．实施计划： （1）收集素材，撰写骑行计划和注意事项文案 （2）新建演示文稿，重命名并保存文件 （3）编辑修改演示文稿，并保存 （4）播放演示文稿				

相关知识点

📖 演示文稿

演示文稿以文字、图形、图片、音频、视频和动画等方式将需要表达的内容直观、形象地展示给观众，让观众对表达内容印象深刻。WPS 演示工作界面与 WPS Office 其他组件类似，其工作界面由标签栏、功能区、编辑区、导航窗格、任务窗格和状态栏等部分组成。为了便于编辑演示文稿，建议关闭任务窗格，需要的时候再打开。在一般情况下，导航窗格保留，方便直观地定位某页演示文稿。

进入 WPS 演示首页：选择【开始】→【WPS Office 教育版】→【WPS 演示】选项，或者双击桌面上的【WPS 演示】图标，进入 WPS 演示首页。

创建演示文稿：单击 WPS 演示首页左上角的【新建】按钮，或者单击标签栏中的【+】按钮，新建演示文稿并打开 WPS 演示工作界面，如图 4.1 所示。

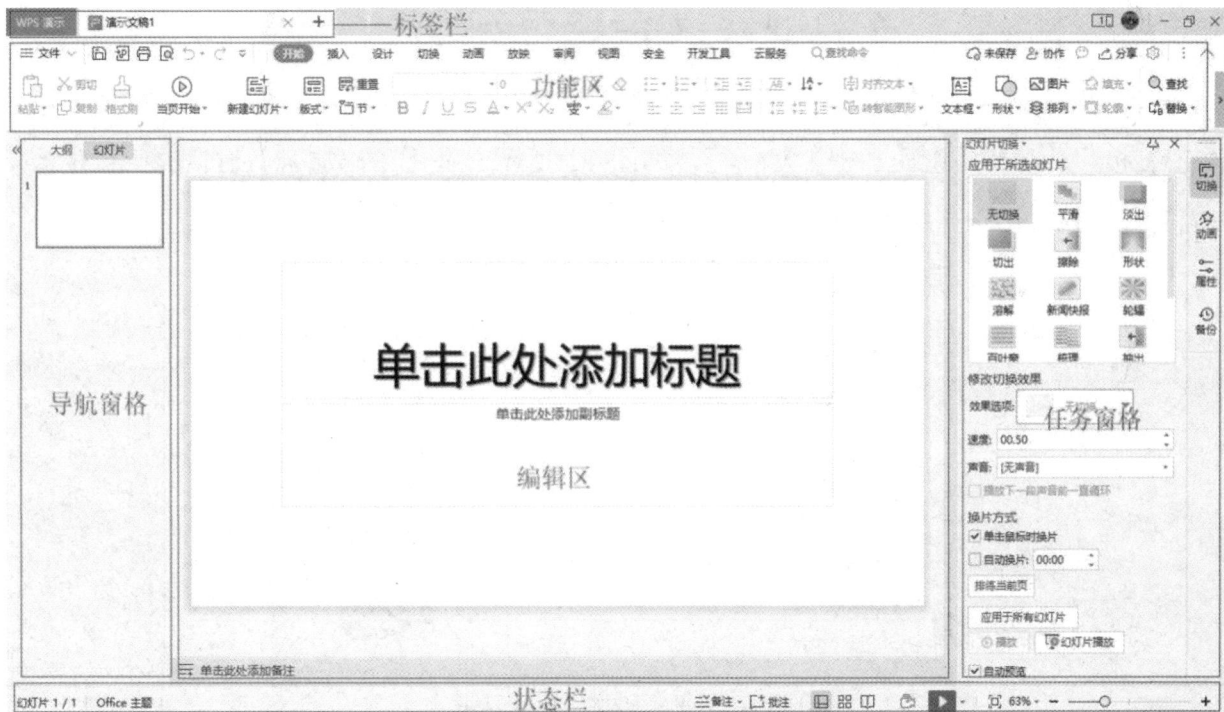

图 4.1　WPS 演示工作界面

演示文稿保存：选择【文件】→【另存为】选项，打开【另存文件】对话框，如图 4.2 所示。在【另存文件】对话框中，单击左侧按钮选择文件保存的位置，如单击【我的文档】按钮；在【文件名】文本框中输入文件名，单击【保存】按钮。WPS 演示文件格式为.dps、.dpt，考虑与其他类型的电子演示文稿保持兼容，WPS 演示支持.pptx、.ppt 等文件格式。WPS 演示默认保存格式为.pptx。当再次保存文档时，可以单击快速访问工具栏中的【保存】按钮。

图 4.2　【另存文件】对话框

　　演示文稿加密：在【另存文件】对话框中还可以设置演示文稿的权限。单击图 4.2 中的
【加密】按钮，打开【密码加密】对话框，如图 4.3 所示。在【密码加密】对话框中设定演示
文稿的打开权限密码和编辑权限密码。

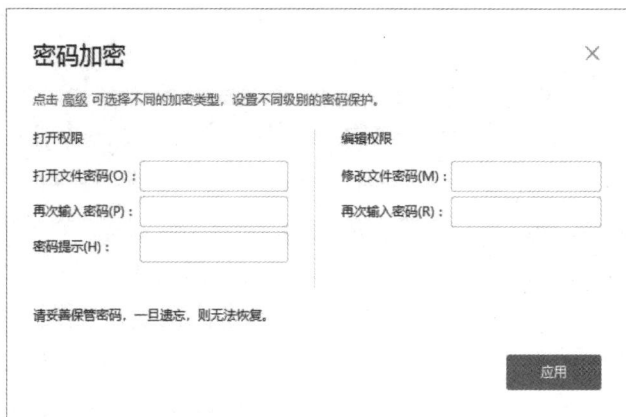

图 4.3　【密码加密】对话框

　　演示文稿打印：一些应用场景需要将演示文稿打印成讲义，选择【文件】→【打印】选
项，或者单击快速访问工具栏中的【打印】按钮，打开【打印】对话框，如图 4.4 所示。在
【打印内容】下拉列表中选择【讲义】选项，一般在【每页幻灯片数】下拉列表中选择【6】
选项，即每页纸质文档打印 6 页演示文稿，这样既能清晰显示演示文稿的内容，又不至于浪
费纸张。

图 4.4 【打印】对话框

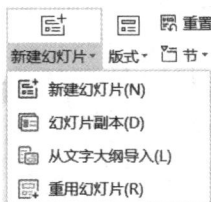

📖 **幻灯片基本操作**

演示文稿由幻灯片组成。

新建幻灯片：单击【开始】选项卡中的【新建幻灯片】下拉按钮，在下拉菜单中选择【新建幻灯片】选项，插入幻灯片，如图 4.5 所示。

幻灯片操作：右击 WPS 演示工作界面导航窗格中的幻灯片，打开幻灯片右键菜单，如图 4.6 所示，可以对幻灯片进行复制、粘贴、删除等操作。

图 4.5 【新建幻灯片】下列菜单

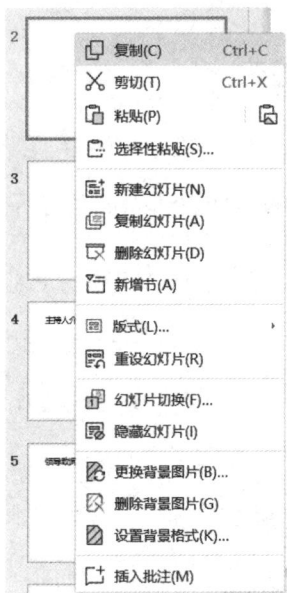

图 4.6 幻灯片右键菜单

组合使用幻灯片右键菜单中的【复制】和【粘贴】选项，可将当前幻灯片复制到指定位置；【复制幻灯片】选项可将幻灯片复制到当前幻灯片的下方；【剪切】+【粘贴】选项可将幻灯片移动到指定位置，也可以选中幻灯片后，按住鼠标左键将幻灯片拖到指定位置；【新建幻灯片】选项的作用是在当前幻灯片下方新建一张空白幻灯片；【删除幻灯片】选项可以将当前幻灯片删除，或者选中幻灯片后按 Delete 键将幻灯片删除。

选择性粘贴操作：选中幻灯片后执行【复制】命令，单击【开始】选项卡中的【粘贴】下拉按钮，在下拉菜单中选择【选择性粘贴】选项，打开【选择性粘贴】对话框，可选择粘贴为图片或演示幻灯片等，如图 4.7 所示。选择文本后执行【复制】命令，可选择粘贴为图片或文本，如图 4.8 所示。

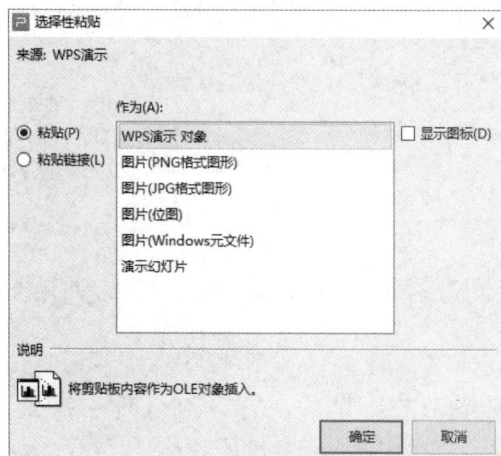

图 4.7　幻灯片的选择性粘贴	图 4.8　文本的选择性粘贴

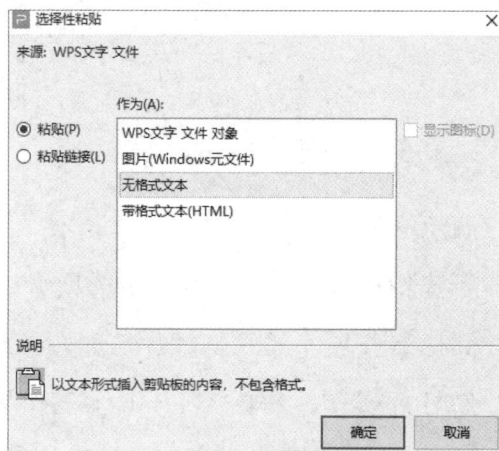

⚠ 小提示：

幻灯片右键菜单中的【复制】【粘贴】等命令是针对选中的幻灯片进行操作的，选项卡下功能区中的【复制】【粘贴】等命令是针对选中的文字、图片等元素进行操作的。

幻灯片模板：已定义的幻灯片格式组合，其中包含幻灯片的样式和页面布局等元素。WPS演示内置了部分幻灯片模板，可以直接应用。选择合适的模板可以创建出精美且风格统一的演示文稿，节省设计和美化幻灯片的时间与精力。单击【设计】选项卡中的【模板】库下拉扩展按钮，在下拉面板中选择合适的幻灯片模板，如图 4.9 所示。

幻灯片版式：演示文稿的排版格式，即在幻灯片上显示所有内容的位置、格式和占位符，用以确定幻灯片的排版与布局。WPS 演示与 WPS 文字有所区别，WPS 演示幻灯片一般分为标题幻灯片和内容幻灯片两种，默认新建的第 1 张幻灯片为标题幻灯片，其他幻灯片为内容幻灯片。

图 4.9　选择合适的幻灯片模板

单击【设计】选项卡中的【版式】库下拉扩展按钮，或者单击【开始】选项卡中的【版式】库下拉扩展按钮，在下拉面板中选择合适的幻灯片版式，如图 4.10 所示。

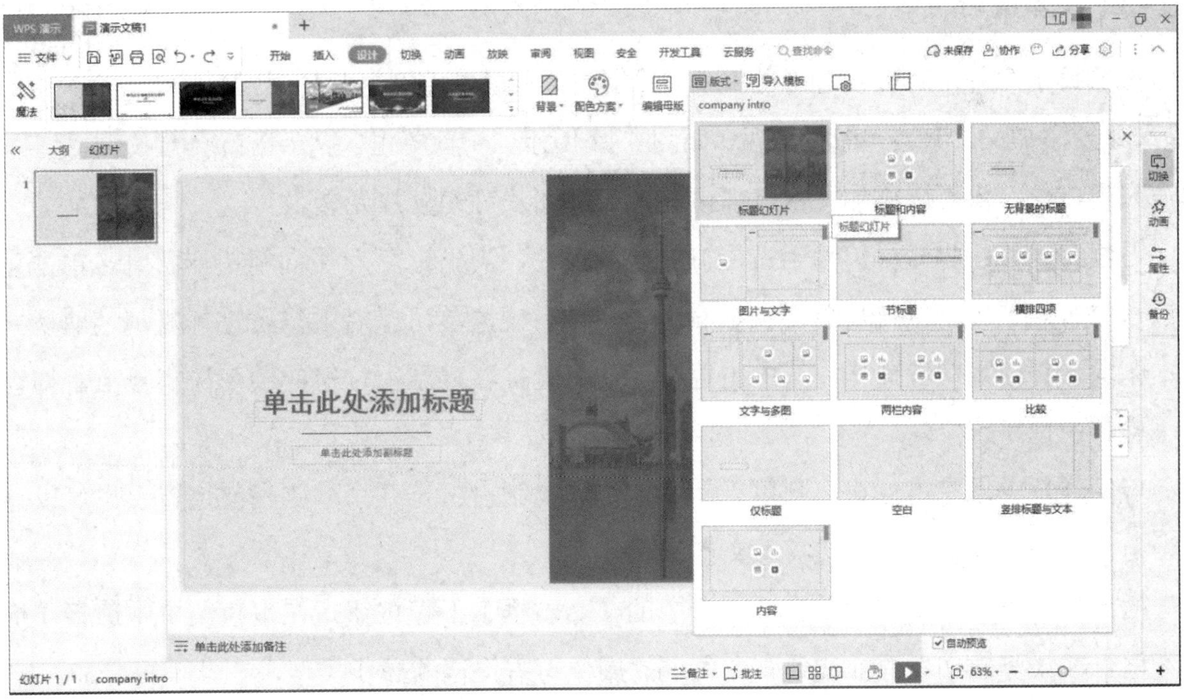

图 4.10　选择合适的幻灯片版式

小提示：

一套幻灯片模板中包含多个幻灯片版式。

页面设置： 单击【设计】选项卡中的【页面设置】按钮；或者单击【设计】选项卡中的【幻灯片大小】下拉按钮，在下拉菜单中选择【自定义大小】选项，打开【页面设置】对话框，如图 4.11 所示。可根据实际需求设置幻灯片大小。

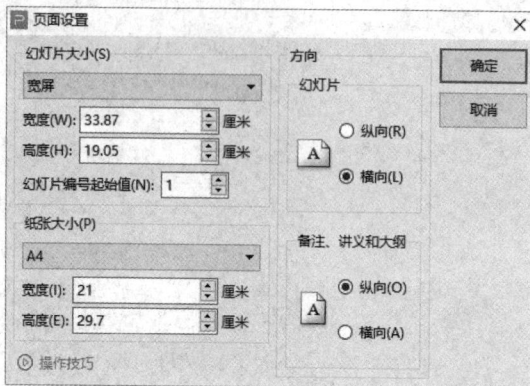

图 4.11　【页面设置】对话框

小提示：

根据播放演示文稿的环境合理设置演示文稿页面。现常用 16∶9 的宽屏演示，早期的演示更多采用标准的 4∶3 模式。幻灯片绝大多数时候是横向的，也有纵向的。

📖 **文本编辑**

占位符是一种带有虚线边缘的框，虚线框内部往往有【单击此处添加标题】【单击此处添加文本】之类的提示语，如图 4.12 所示，一旦单击，提示语就会自动消失。占位符内可以添加文本、表格、图表、图片等幻灯片元素。

扫一扫 学一学

占位符操作： 将光标移动至占位符的虚线框上，当光标变为 4 向箭头形状时，单击可选中该占位符。选中占位符后单击鼠标右键，通过右键菜单可以对占位符进行复制、剪切、粘贴、删除、更改形状等操作。选中占位符后，将光标移动至占位符的圆形控制点上，拖动鼠标可旋转占位符。

若幻灯片上没有占位符，则可以从其他位置复制占位符并粘贴到当前位置，也可以通过在当前位置插入文本框的方式实现文本编辑。

插入文本框： 单击【插入】选项卡中的【文本框】下拉按钮，在下拉菜单中选择【横向文本框】或【竖向文本框】选项。文本框的操作与占位符的操作类似，在此不再赘述。

小提示：

在演示文稿中，只能在占位符或文本框中输入文字。

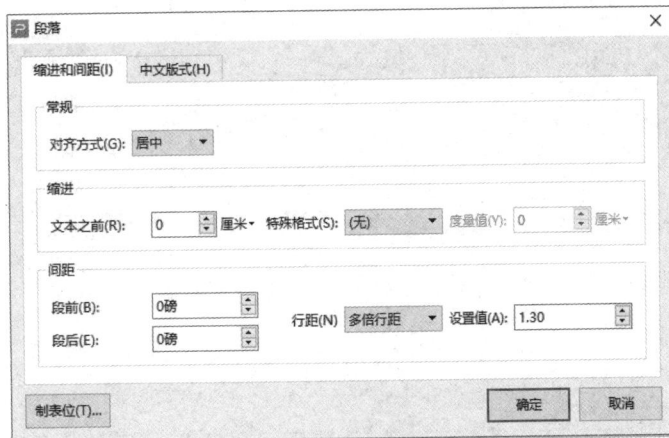

图 4.12　占位符

批量设置字体： 可选择性地将某页数范围的幻灯片中的目标对象设置成目标样式。单击【开始】选项卡中的【演示工具】下拉按钮，在下拉菜单中选择【批量设置字体】选项，打开【批量设置字体】对话框，根据需求设置替换范围、目标和样式，单击【确定】按钮，如图 4.13 所示。

替换字体： WPS 演示的替换字体功能可将演示文稿中的字体快速地一键替换成所需字体。单击【开始】选项卡中的【演示工具】下拉按钮，在下拉菜单中选择【替换字体】选项，打开【替换字体】对话框，选择要替换的字体和替换为的字体，单击【确定】按钮。

设置段落格式： 选中需要设置段落格式的文本，单击【开始】选项卡中的【段落】对话框按钮，在弹出的【段落】对话框中对文本进行段落设置，如图 4.14 所示。也可以直接单击【开始】选项卡中的【增大段落行距】【减少段落行距】【行距】等按钮进行相应的设置。

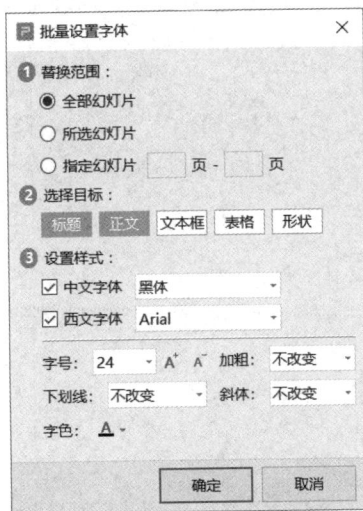

图 4.13　【批量设置字体】对话框

图 4.14　【段落】对话框

⚠ 小提示：

制作幻灯片的目的是将内容清晰、直观地展示给观众，标题字号一般不宜小于 36，内容字号一般不宜小于 18，段落行距适当加宽。

项目符号与编号： 幻灯片中经常使用项目符号以凸显内容条理，WPS 演示中内置了常用的项目符号与编号。单击【开始】选项卡中的【项目符号】下拉按钮，在下拉面板中选择【其他项目符号】选项，打开【项目符号与编号】对话框，如图 4.15 所示。单击【项目符号】或【编号】选项卡，可根据自己的喜好选择合适的项目符号与编号，也可以自定义项目符号。

如果项目符号中嵌套项目符号，则要适当增加次级项目符号的缩进量。单击【开始】选项卡中的【增加缩进量】按钮，可以增加选定段落的缩进量，凸显内容的层次感。图 4.16 是一个项目符号嵌套的例子。

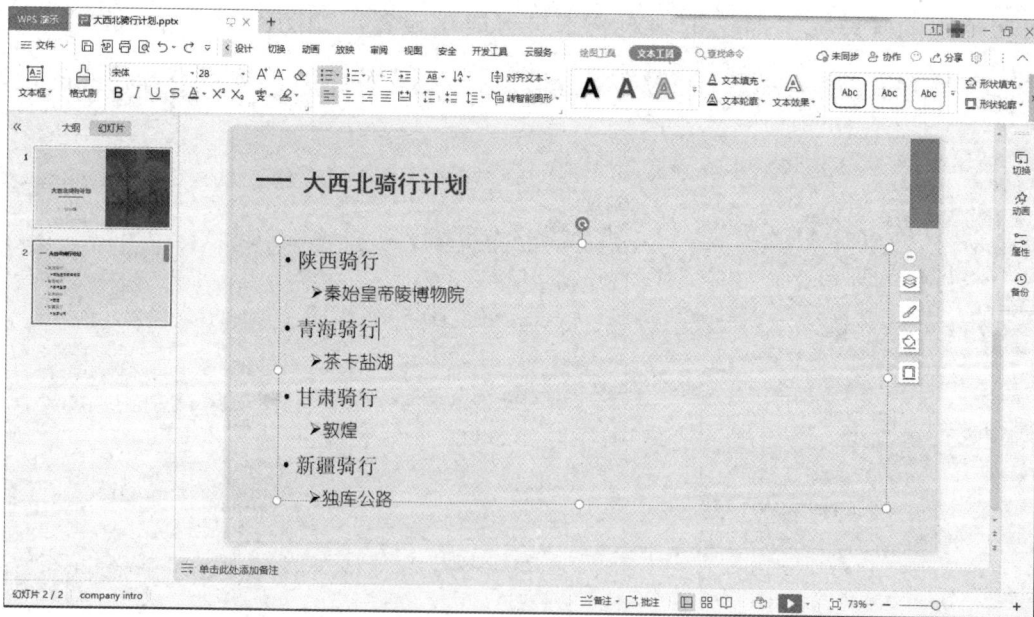

图 4.15 【项目符号与编号】对话框

图 4.16 项目符号嵌套

📖 **图片编辑**

在幻灯片中插入图片、图形、表格、图表、艺术字、音频、视频等多媒体元素可以美化幻灯片并增强演示效果。在占位符中添加这些元素，其大小、位

扫一扫 学一学

置会受占位符大小、位置的制约。对于上述多媒体元素，可以在幻灯片上直接添加，幻灯片布局会更加从容。演示文稿中使用最多的多媒体元素是图片。

插入图片：单击【插入】选项卡中的【图片】下拉按钮，在下拉面板中选择【本地图片】选项，在【插入图片】对话框中选择要插入的本地图片，单击【打开】按钮。

图片裁剪：选中幻灯片中的图片，功能区出现【图片工具】上下文选项卡，如图 4.17 所示。单击【图片工具】上下文选项卡中的【裁剪】下拉按钮，可以看到有按形状裁剪和按比例裁剪两种形式，如图 4.18 所示，可按需求选择裁剪形式。

图 4.17　插入图片

图片效果设置：单击【图片工具】上下文选项卡中的【效果】下拉按钮，在下拉菜单中设置图片的阴影、倒影、发光等效果；也可以选中图片后在任务窗格中单击【属性】按钮，在【效果】选项卡下设置图片效果，如图 4.19 所示。

图片透明度设置：单击【图片工具】上下文选项卡中的【透明度】按钮，根据需求设置图片透明度；或者选中图片后在任务窗格中单击【属性】按钮，通过【图片】选项卡设置图片透明度，如图 4.20 所示。

图片抠像：WPS 演示还提供了简单的抠像功能，可以对背景单一的图片进行抠像操作。在幻灯片中插入一张背景单一的图片，首先单击【图片工具】上下文选项卡中的【设置透明色】按钮，然后单击背景区域，完成抠像操作，如图 4.21 所示。

图 4.18　图片裁剪

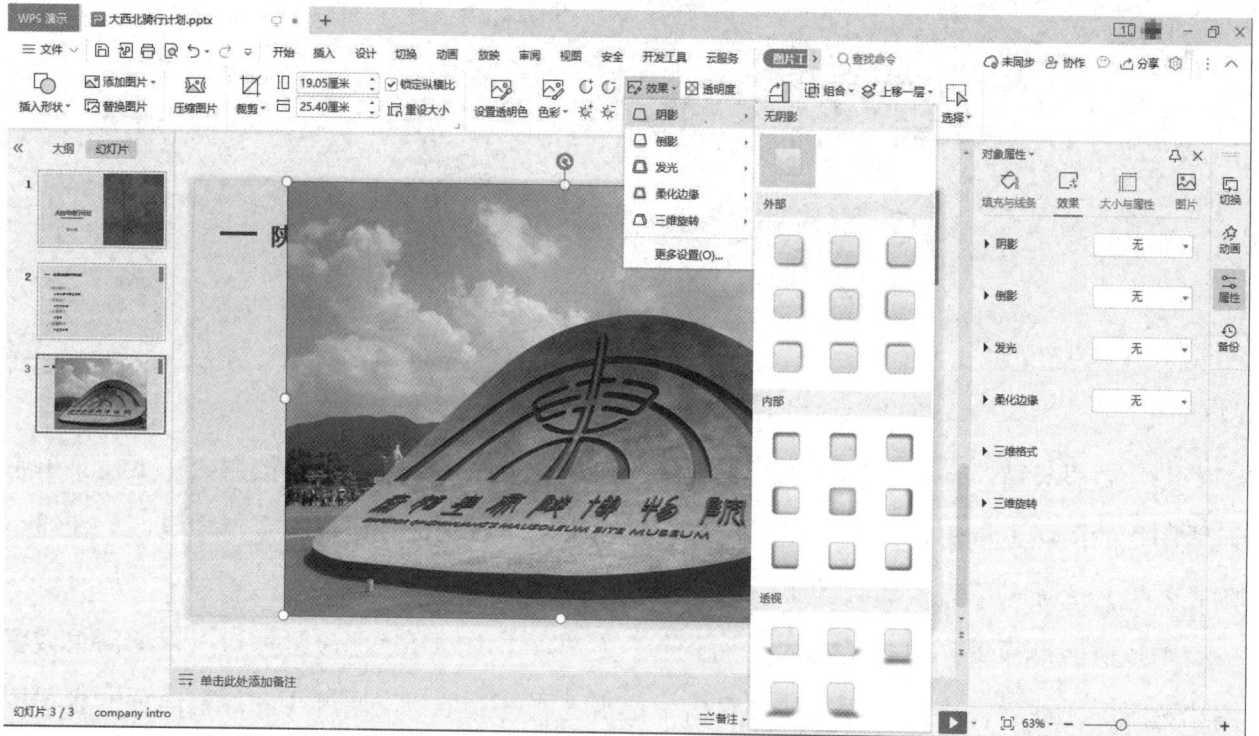

图 4.19　设置图形效果

图 4.20　图片透明度设置

图 4.21　图片抠像

📖 **形状编辑**

WPS 演示、WPS 文字、WPS 表格中都可以插入形状并进行编辑。但 WPS 文字中的形状与文字混排对初学者来讲往往有一定的困扰，在演示文稿中把形

扫一扫 学一学

状编辑好，将形状另存为图片后插入 WPS 文字中是一种比较好的方法。

插入形状：单击【插入】选项卡中的【形状】下拉按钮，打开【形状】下拉面板，如图 4.22 所示。选择合适的形状，将鼠标指针移至幻灯片的编辑区，拖动鼠标或单击插入形状。

形状填充：选中形状，单击【绘图工具】上下文选项卡中的【填充】下拉按钮，在下拉面板中选择某种颜色作为填充色。或者单击【任务窗格】中的【属性】按钮，在【形状选项】选项卡中选择【填充与线条】标签，通过【填充】选区完成形状填充操作。

形状轮廓：选中形状，单击【绘图工具】上下文选项卡中的【轮廓】下拉按钮，通过下拉面板进行操作，如图 4.23 所示；或者单击任务窗格中的【属性】按钮，选择【形状选项】选项卡中的【填充与线条】标签，通过【线条】选区设置形状的轮廓颜色、线型等。

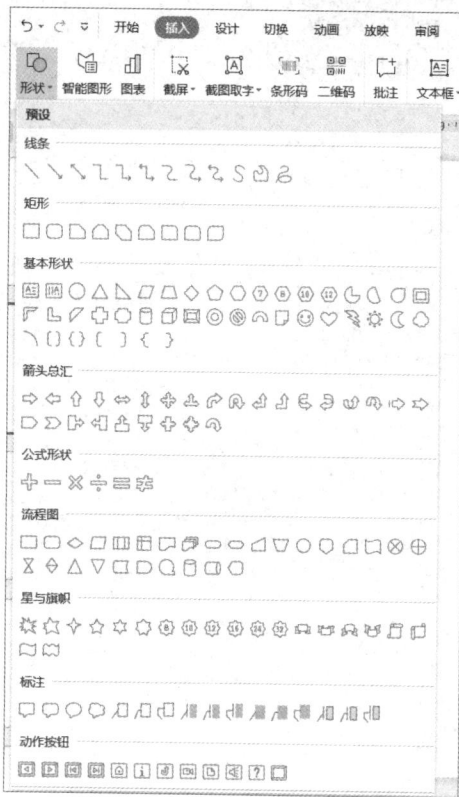

图 4.22 【形状】下拉面板

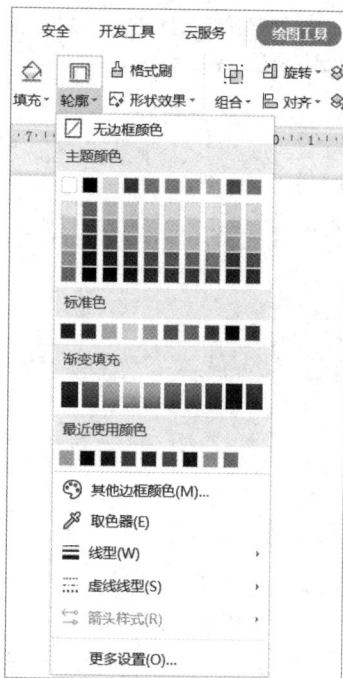

图 4.23 【轮廓】下拉面板

形状对齐：按住 Shift 键，选择需要对齐的形状，单击【绘图工具】上下文选项卡中的【对齐】下拉按钮，在下拉菜单中选择合适的对齐方式，如【垂直居中】，如图 4.24 所示。

形状组合：将多个形状组合为一个形状，方便移动、复制等操作。按住 Shift 键，选择需要组合的形状，单击【绘图工具】上下文选项卡中的【组合】下拉按钮，在下拉菜单中选择【组合】选项，如图 4.25 所示。

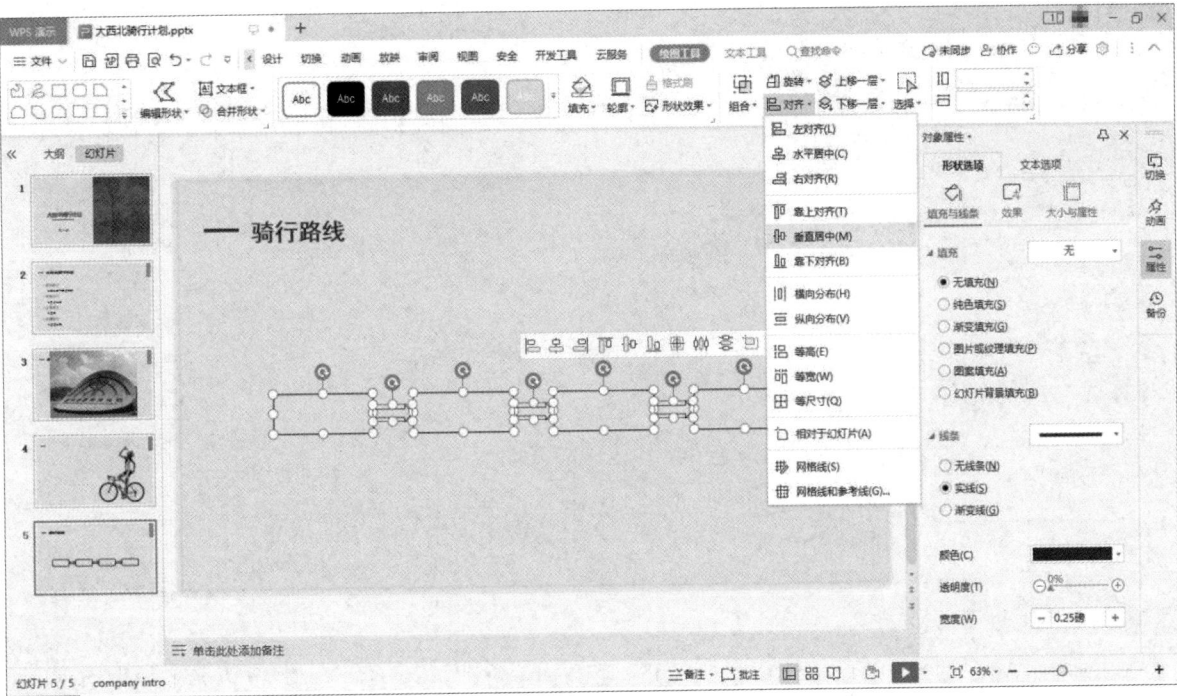

图 4.24　形状对齐

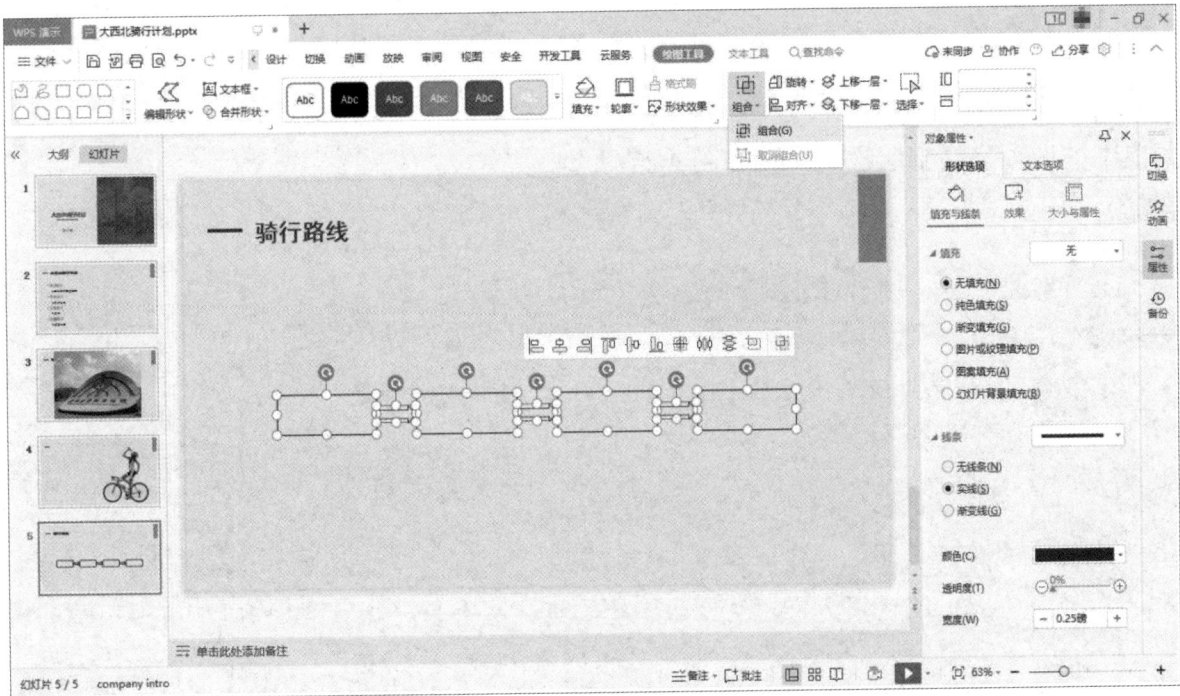

图 4.25　形状组合

在形状中编辑文字：右击需要添加文字的形状，在右键菜单中选择【编辑文字】选项，可在形状中编辑文字，如图 4.26 所示。

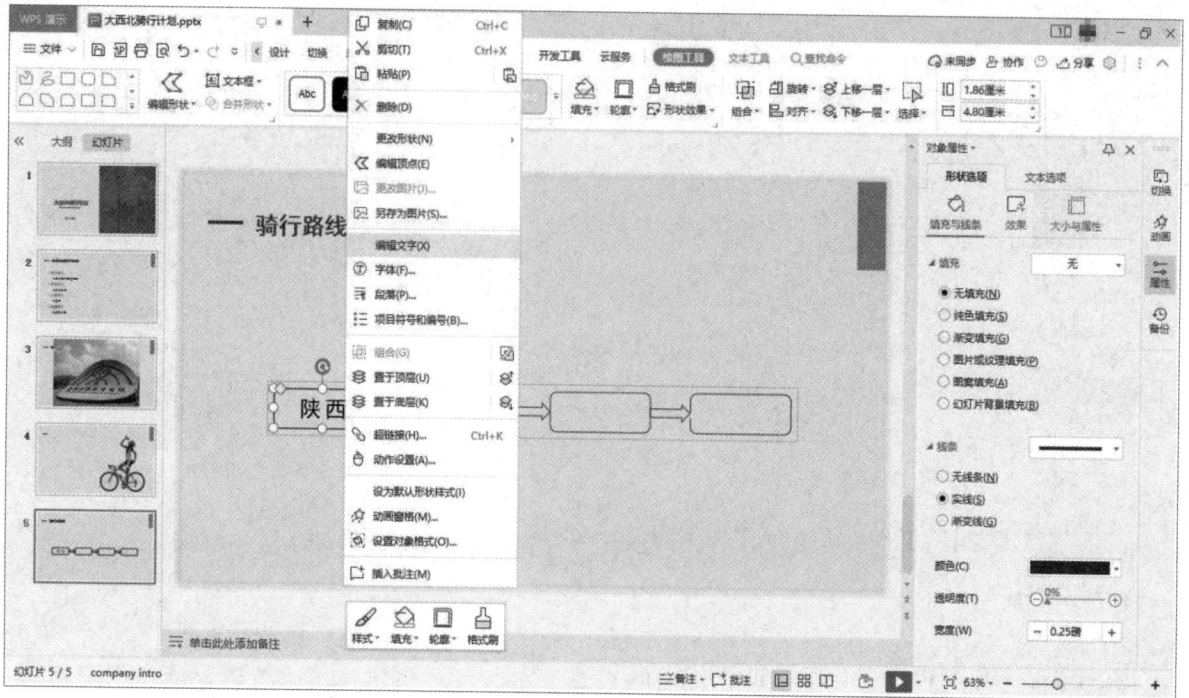

图 4.26　在形状中编辑文字

形状叠放层次：当多个形状叠放时，为避免遮挡，可按照从底层到顶层的顺序设置形状叠放层次。选中形状，通过选择【绘图工具】上下文选项卡的【上移一层】和【下移一层】下拉菜单中的选项来调整层次关系，如图 4.27 所示。

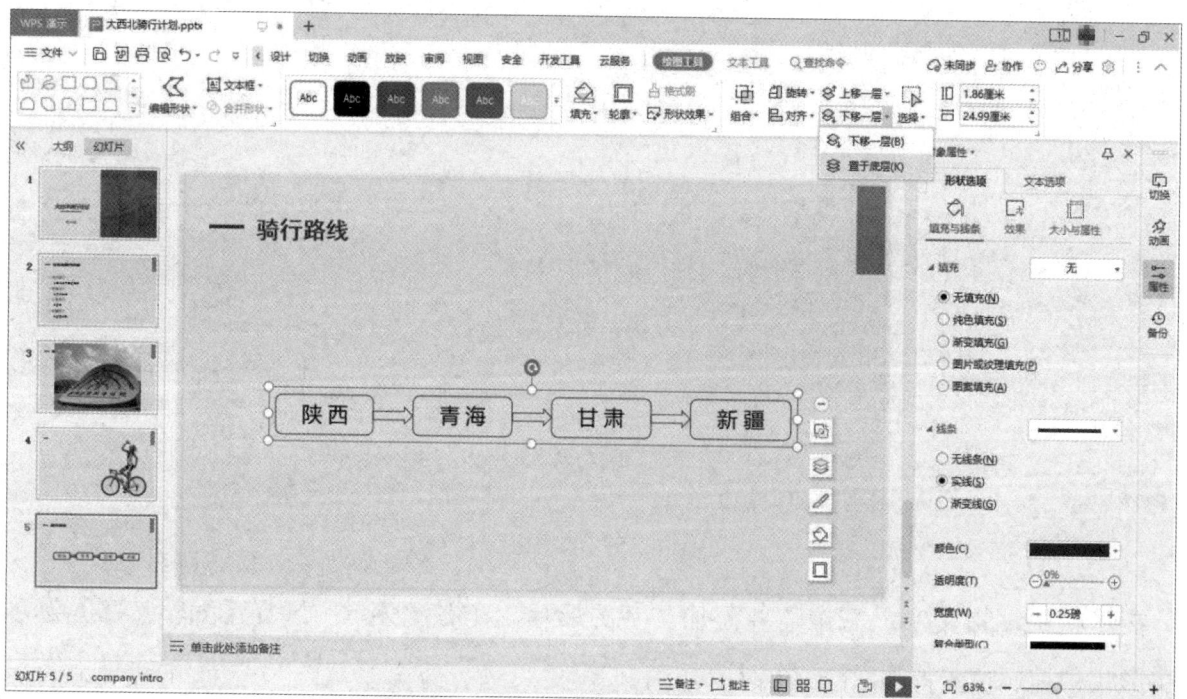

图 4.27　形状叠放层次

小提示：

> 当有特殊需要时，形状填充和轮廓可分别设置为【无填充颜色】【无边框颜色】。叠放层次操作同样适用于图片。

📖 表格编辑

表格也是幻灯片中经常用到的元素，WPS 演示中的表格编辑与 WPS 文字中的表格编辑基本相同，不同之处在于演示文稿中插入的表格已经根据幻灯片的背景颜色默认设置了填充色。单击【插入】选项卡中的【表格】下拉按钮，在下拉面板中选择【插入表格】或【绘制表格】选项，在幻灯片中插入合适的表格，如图 4.28 所示。

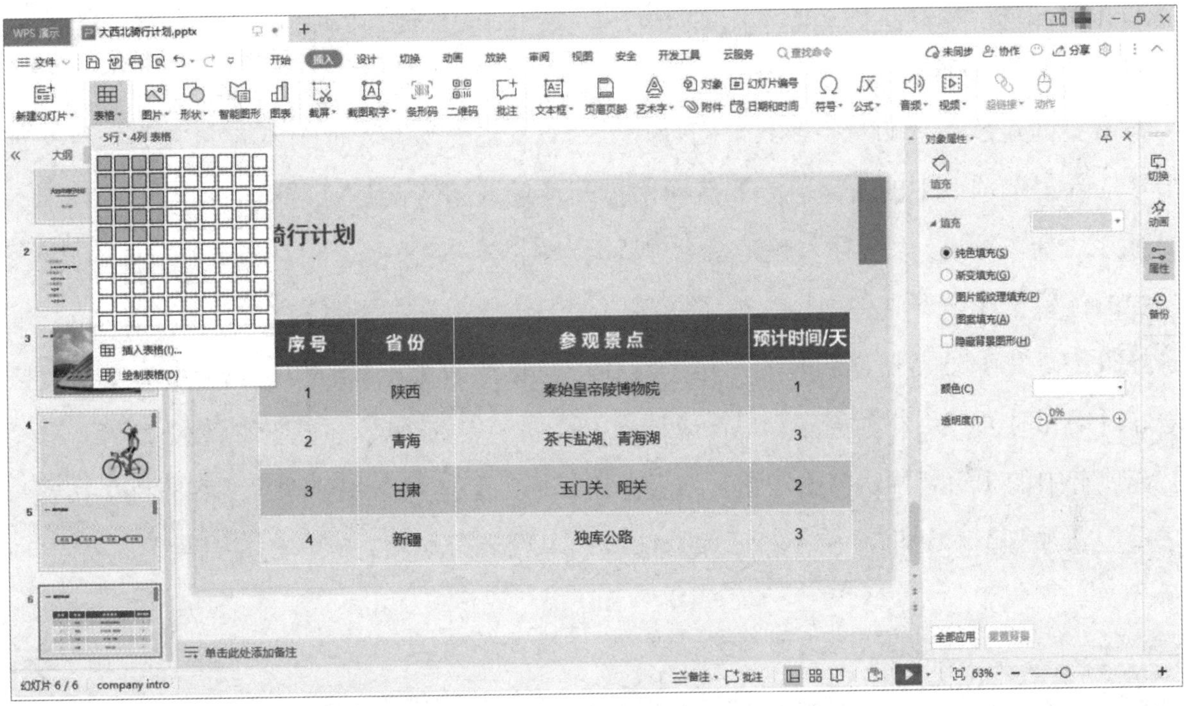

图 4.28　插入表格

📖 其他幻灯片元素编辑

插入条形码与二维码： WPS 演示支持插入条形码与二维码。单击【插入】选项卡中的【条形码】按钮，打开【插入条形码】对话框，在【输入】文本框内输入订单号、会员卡号或序列号的数字，WPS 演示自动生成条形码，单击【插入】按钮，将条形码插入幻灯片中，如图 4.29 所示。

单击【插入】选项卡中的【二维码】按钮，打开【插入二维码】对话框，在【输入内容】文本框内输入文本，或者网址 URL 的数字，WPS 演示自动生成二维码，单击【确定】按钮，将二维码插入幻灯片中，如图 4.30 所示。

图 4.29 插入条形码

图 4.30 插入二维码

插入超链接： 幻灯片内会经常用到超链接，单击超链接跳转到其他幻灯片页，或者跳转到文档、Web 页面等。

右击要创建超链接的文字或其他幻灯片元素，在右键菜单中选择【超链接】选项，或者单击【插入】选项卡中的【超链接】按钮，打开【插入超链接】对话框，如图 4.31 所示。根据幻灯片的制作需求，从【插入超链接】对话框左侧的导航区中选择【原有文件或网页】、【本文档中的位置】、【电子邮件地址】或【链接附件】选项，根据提示操作。

插入幻灯片编号、日期和时间： 在幻灯片中，页眉应用相对较少；在页脚中插入幻灯片编号、日期和时间应用相对较多。单击【插入】选项卡中的【页眉页脚】按钮，或者单击【插入】选项卡中的【幻灯片编号】按钮，或者单击【插入】选项卡中的【日期和时间】按钮，打开【页眉和页脚】对话框，在【幻灯片】选项卡中设定日期和时间、幻灯片编号，如图 4.32 所示。

图 4.31 【插入超链接】对话框

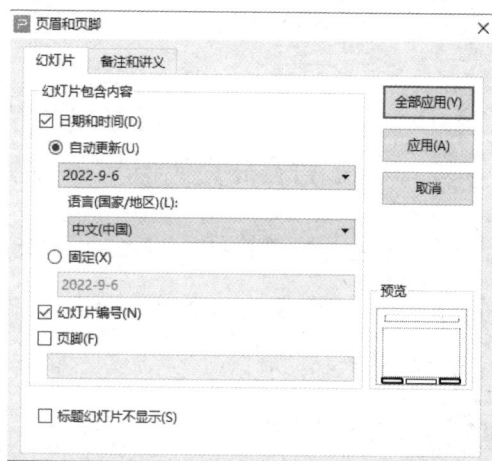

图 4.32 【页眉和页脚】对话框

插入图表： WPS 演示的图表功能与 WPS 表格中的图表功能相同，可以直接在幻灯片中创建图表，也可以在 WPS 表格中创建好图表后复制到 WPS 演示中，在此不再赘述。

任务实现

📖 第 1 步：新建演示文稿

（1）双击桌面上的【WPS 演示】图标，进入 WPS 演示首页，单击主导航中的【新建】按钮，新建演示文稿。

扫一扫 学一学

（2）单击功能区中的【保存】按钮，打开【另存文件】对话框。在【另存文件】对话框中选择合适的保存位置，在【文件名】文本框中输入【大西北骑行计划】，单击【保存】按钮。

📖 第 2 步：制作幻灯片首页

（1）选择幻灯片模板。单击【设计】选项卡中的【模板】库下拉扩展按钮，在下拉面板中选择【企业宣传】模板。

（2）选择幻灯片版式。单击【设计】选项卡中的【版式】库下拉扩展按钮，在下拉面板中选择【标题幻灯片】版式。

（3）编辑标题。单击【单击此处添加标题】占位符，输入【大西北骑行计划】，字体设置为【黑体】【40 号】；单击【单击此处添加副标题】占位符，输入【刘小扬】，字体设置为【黑体】【24 号】。

幻灯片首页制作效果如图 4.33 所示。

图 4.33　幻灯片首页制作效果

📖 第 3 步：制作骑行路线页

（1）编辑标题。在导航窗格中右击幻灯片首页，在右键菜单中选择【新建幻灯片】选项，在新建幻灯片的【单击此处添加标题】占位符中输入【骑行路线】，字体设置为【黑体】【32

号】，选中内容占位符，按 Delete 键将其删除。

（2）编辑形状。单击【插入】选项卡中的【形状】下拉按钮，在下拉面板中单击【圆角矩形】按钮，在幻灯片中添加圆角矩形框。选中圆角矩形框，单击【绘图工具】上下文选项卡中的【填充】下拉按钮，在下拉面板中选择【无填充颜色】选项；单击【轮廓】下拉按钮，在下拉面板中选择线型为 0.25 磅黑色实线，设置形状轮廓线条。

采用同样的方法，在幻灯片中插入右箭头形状，选中插入的形状，用"复制+粘贴"的方法在幻灯片中保留 4 个圆角矩形框、3 个右箭头。其中，圆角矩形框中分别输入【陕西】、【青海】、【甘肃】和【新疆】，设置字体为【宋体】【36 号】。

（3）形状对齐与组合。选中所有的形状，单击【绘图工具】上下文选项卡中的【对齐】下拉按钮，在下拉菜单中选择【垂直居中】选项；单击【组合】下拉按钮，在下拉菜单中选择【组合】选项。

（4）编辑图片。单击【插入】选项卡中的【图片】下拉按钮，在下拉面板中选择【本地图片】选项，在幻灯片中插入背景单一的装饰图片，用鼠标调整图片大小和位置。选中图片，单击【图片工具】上下文选项卡中的【设置透明色】按钮，鼠标指针变为取色器标志，用取色器单击图片背景区域进行抠像操作。

骑行路线页制作完成的效果如图 4.34 所示。

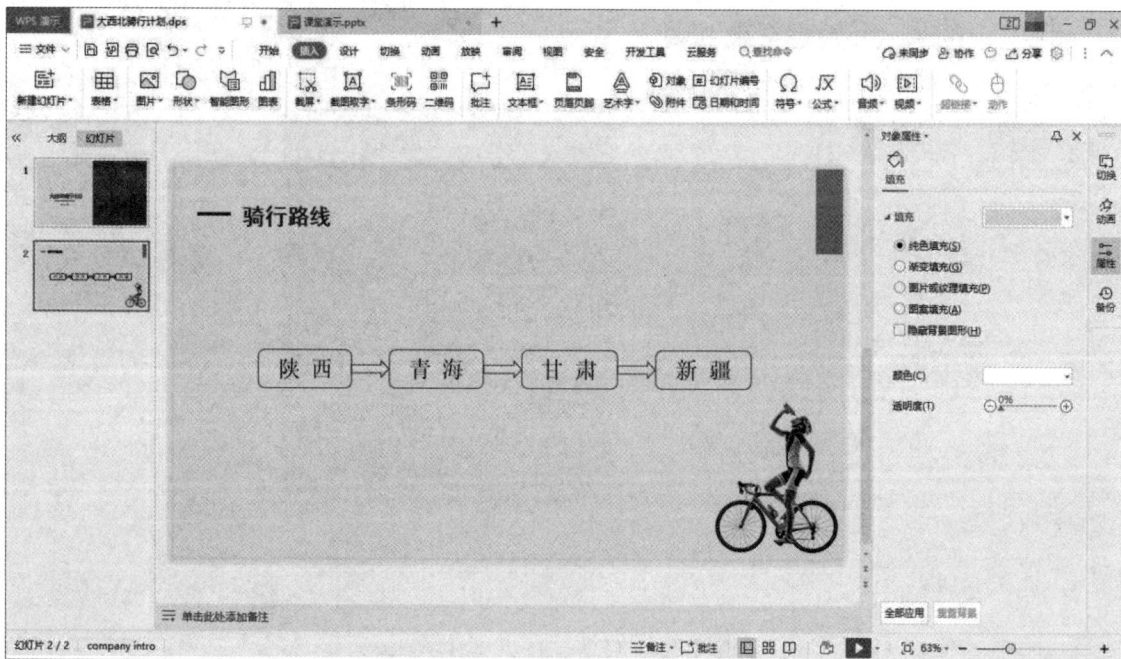

图 4.34　骑行路线页制作完成的效果

📖 第 4 步：制作骑行计划页

（1）编辑标题。在导航窗格中右击骑行路线幻灯片，在右键菜单中选择【复制幻灯片】选项，将复制好的幻灯片标题更改为【骑行计划】，选中幻灯片中的图形，按 Delete 键将其删除。

（2）编辑表格。单击【插入】选项卡中的【表格】下拉按钮，在下拉面板中选择【插入表格】选项，在弹出的【插入表格】对话框中设置行数为 5、列数为 4，用鼠标调整表格的位置、列宽，在单元格中编辑本次骑行所经过的省份、要参加的景点和骑行天数等文本。

（3）编辑图片。选中装饰图片，单击【图片工具】上下文选项卡中的【上移一层】下拉按钮，在下拉菜单中选择【置于顶层】选项。

骑行计划页制作完成的效果如图 4.35 所示。

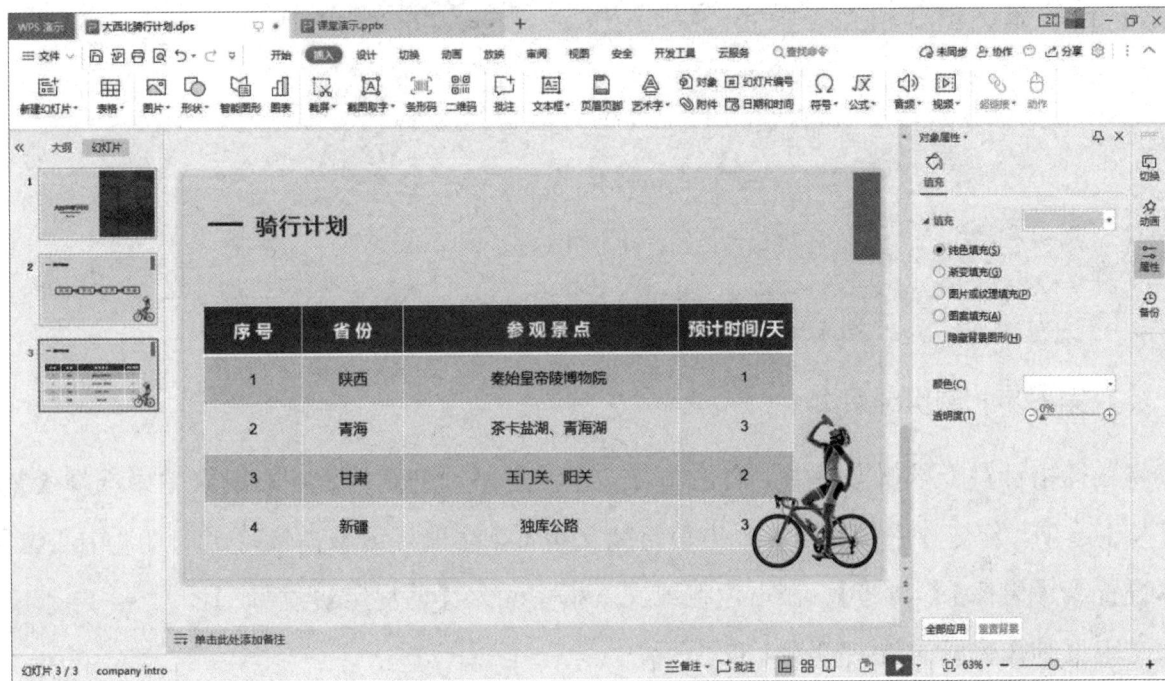

图 4.35　骑行计划页制作完成的效果

📖 第 5 步：制作骑行安全注意事项页

（1）编辑标题。在导航窗格中右击骑行计划幻灯片，在右键菜单中选择【复制幻灯片】选项，将复制好的幻灯片标题更改为【骑行安全注意事项】，选中幻灯片中的表格，按 Delete 键将其删除。

（2）编辑文字。单击【插入】选项卡中的【文本框】下拉按钮，在下拉菜单中选择【横排文本框】选项，在幻灯片中插入文本框，文本框中的字体设置为【宋体】【24 号】，行距设置为【1.5 倍行距】，在文本框中输入骑行安全注意事项。选中一级安全注意事项文字，单击【开始】选项卡中的【项目符号】下拉按钮，在下拉面板中选择合适的项目符号；选中次级安全注意事项文字，单击【开始】选项卡中的【项目符号】下拉按钮，在下拉面板中选择其他项目符号；单击【开始】选项卡中的【增加缩进量】按钮，凸显两级安全注意事项的层次。

骑行安全注意事项页制作完成的效果如图 4.36 所示。

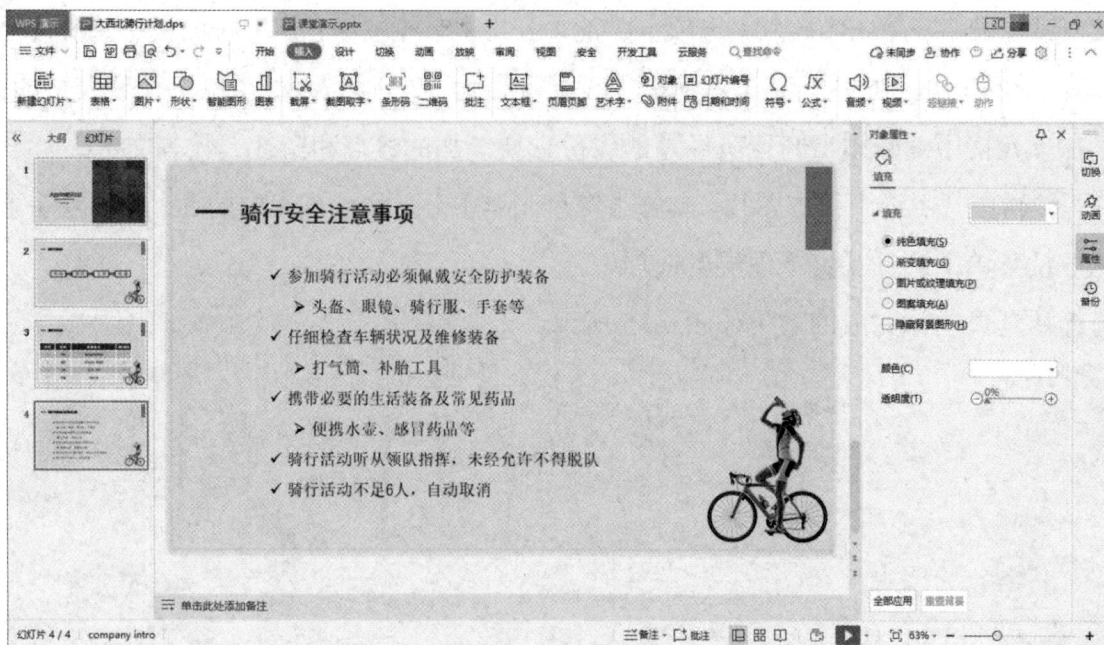

图 4.36　骑行安全注意事项页制作完成的效果

📖 **第 6 步：制作结束页**

将鼠标指针置于导航窗格中，右击骑行安全注意事项幻灯片，在右键菜单中选择【复制幻灯片】选项，幻灯片中只保留一个占位符或文本框，用鼠标调整占位符至幻灯片中心位置，字体设置为【黑体】【44 号】，在占位符或文本框中输入【请提宝贵意见！】。

结束页制作完成的效果如图 4.37 所示。

图 4.37　结束页制作完成的效果

📖 第 7 步：幻灯片的保存与播放

（1）单击快速访问工具栏中的【保存】按钮，保存演示文稿。

（2）单击【放映】选项卡中的【从头开始】按钮，播放演示文稿。

任务评价

各组展示作品，介绍任务完成过程，提交作品，进行自评、互评与师评，并进行任务反思，完成任务考核评价表（见表 4.2）。

表 4.2 任务考核评价表

任务 4.1 制作大西北骑行计划演示文稿						
评价项目	评价内容	分值	自评	互评	师评	合计
职业素养（30 分）	爱岗敬业，有责任意识、执行意识、安全意识	5				
	制订计划能力强，学习态度严谨认真	5				
	团队合作，交流沟通、协作与分享能力强	5				
	主动性强，能够保质保量完成任务	5				
	能够采取多种手段收集信息，并有效解决问题	5				
	遵守行业规范	5				
专业能力（60 分）	能够掌握对演示文稿的基本操作，如创建、保存等	10				
	能够掌握幻灯片的基本操作，如新建幻灯片、幻灯片模板与版式应用等	10				
	能够掌握演示文稿的文本编辑方法，如占位符、文本框、段落格式、项目符号等	10				
	能够对图片进行插入、裁剪、效果设置，能够对形状进行插入、组合、叠放、排列等	10				
	熟练、合理运用以上操作技能制作演示文稿	20				
创新意识（10 分）	具有创新思维与创新行动	10				
合计		100				
总结与反思						

总结归纳：

存在问题：

解决方案：

提升措施：

任务拓展：制作秦始皇帝陵博物院演示文稿

扫一扫 学一学

　　清芳、刘小扬等 7 人骑行进入陕西，参观了秦始皇帝陵博物院，充分感受到中国历史源远流长，旷古悠久。游览后他们收集了大量的图片和文字资料，开始制作秦始皇帝陵博物院演示文稿。

📖 第 1 步：制作幻灯片首页

　　（1）新建演示文稿，将文档命名为【秦始皇帝陵博物院】并保存。操作步骤同任务 4.1 的第 1 步。

　　（2）宫格背景效果制作。在左侧导航窗格中选中幻灯片首页，单击【插入】选项卡中的【图片】下拉按钮，在下拉面板中选择【本地图片】选项，打开【插入图片】对话框，选择合适的背景图片，单击【打开】按钮。

　　选中插入的图片，单击【绘图工具】上下文选项卡中的【裁剪】下拉按钮，在下拉面板中选择【按比例裁剪】→【16：9】选项，如图 4.38 所示。拖动图片，让裁剪后的图片处于最佳效果。单击编辑区图片外其他区域完成裁剪。

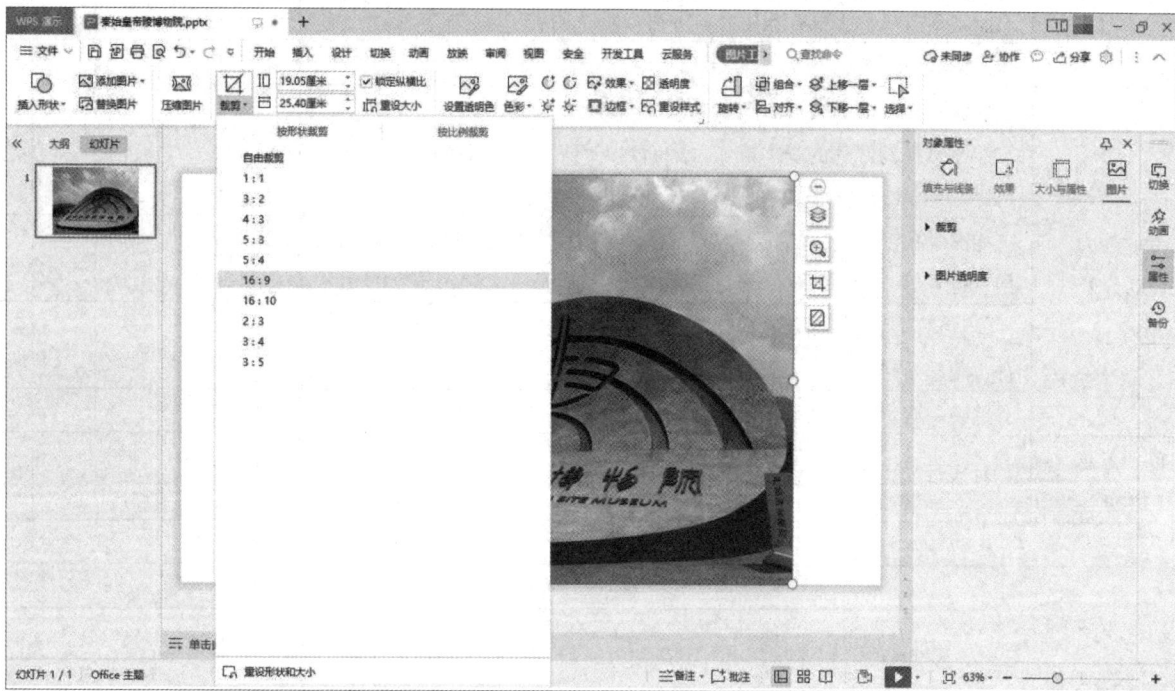

图 4.38　按比例裁剪

　　选中裁剪后的图片，单击【绘图工具】上下文选项卡中的【透明度】按钮，在下拉面板的【自定义透明度】选项下设置透明度为 75%，如图 4.39 所示。选中图片，单击鼠标右键，在右键菜单中选择【设为背景】选项，按 Delete 键将图片删除。

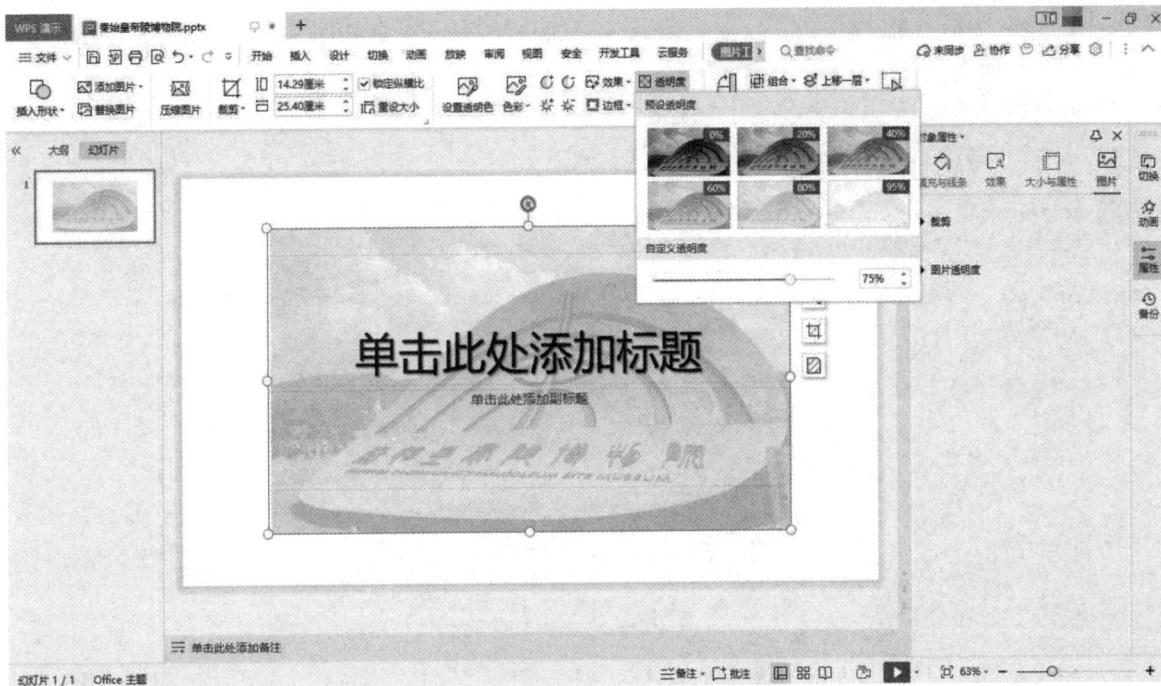

图 4.39　设置背景图片的透明度

　　单击【插入】选项卡中的【表格】下拉按钮，在下拉面板中选择【插入表格】选项，插入 4 行 6 列的表格，拖动表格 4 角的控点，使表格覆盖整个幻灯片，单击任务窗格中的【属性】按钮，在【形状选项】选项卡下，单击【填充】右侧的下拉按钮，在下拉面板中选择【无填充】选项。单击【表格工具】上下文选项卡中的【下移一层】下拉按钮，在下拉菜单中选择【置于底层】选项。表格制作效果如图 4.40 所示。

图 4.40　表格制作效果

（3）编辑标题。幻灯片标题为【秦始皇帝陵博物院】，设置字体为【黑体】【深蓝色】【60号】；副标题为【刘小扬】，设置字体为【黑体】【深蓝色】【24号】。

幻灯片首页制作完成的效果如图 4.41 所示。

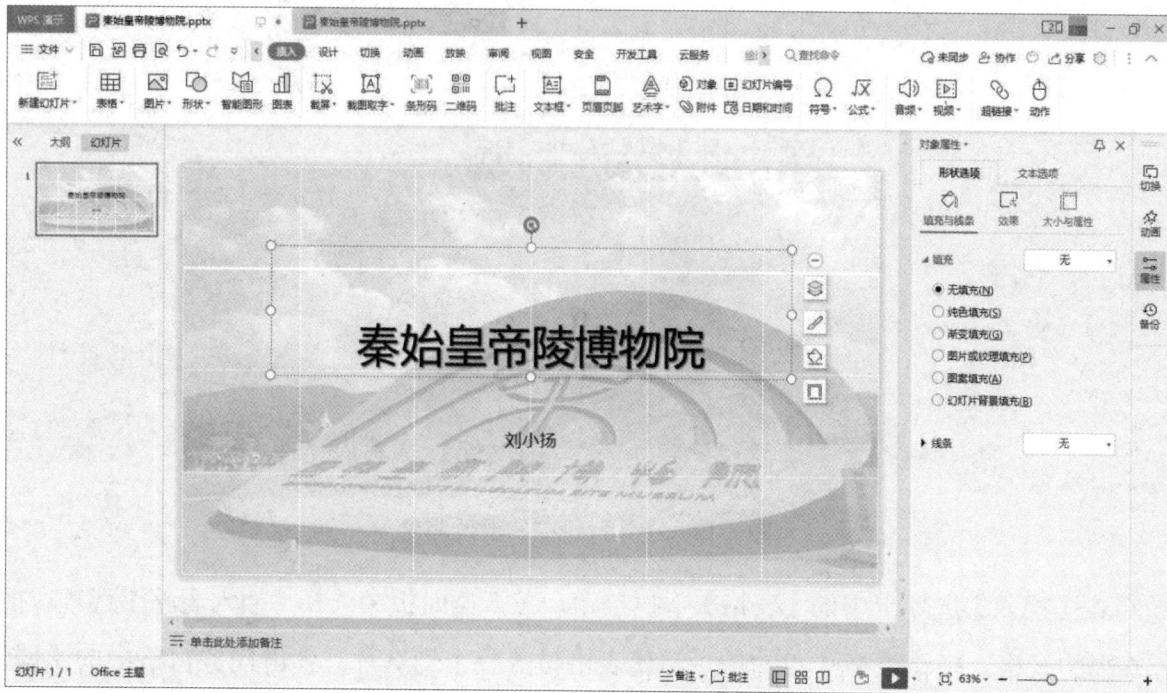

图 4.41　幻灯片首页制作完成的效果

📖 **第 2 步：制作内容幻灯片**

（1）制作秦始皇帝陵博物院概览页。在导航窗格中右击幻灯片首页，在右键菜单中选择【复制幻灯片】选项，单击【设计】选项卡中的【版式】库下拉扩展按钮，在下拉面板中选择【标题和内容】版式，在标题占位符中输入【秦始皇帝陵博物院概览】，字体设置为【黑体】【深蓝色】【36号】；在内容占位符中输入博物院介绍，字体设置为【黑体】【深蓝色】【24号】，行距设置为【1.5 倍行距】。

在幻灯片中插入博物院全景图片，选中图片，单击【绘图工具】上下文选项卡中的【裁剪】下拉按钮，在下拉面板中单击【按形状裁剪】→【圆角矩形】形状。单击任务窗格中的【属性】按钮，在【效果】选项卡中将柔化边缘设置为 9 磅。

秦始皇帝陵博物院概览页效果如图 4.42 所示。

（2）制作跪射俑页。采用同样的方法复制秦始皇帝陵博物院概览幻灯片，将版式更改为【两栏内容】样式，用制作秦始皇帝陵博物院概览页的方法制作跪射俑页。

跪射俑页效果如图 4.43 所示。

图 4.42　秦始皇帝陵博物院概览页效果

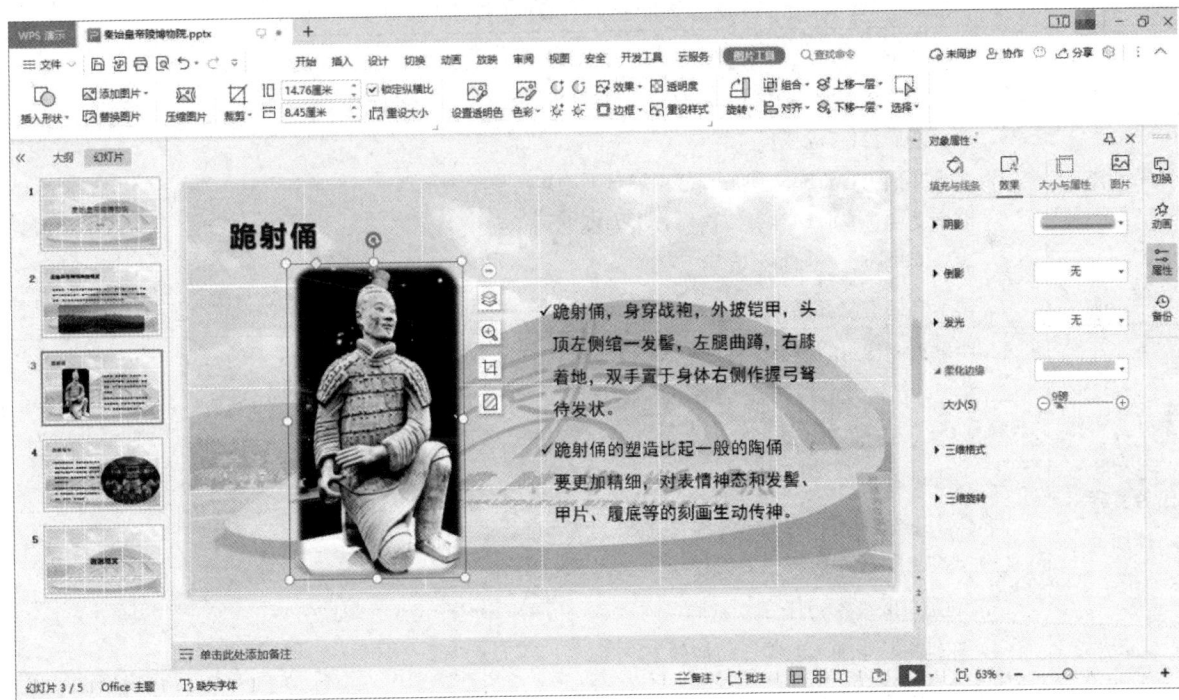

图 4.43　跪射俑页效果

制作其他页面的步骤这里不再赘述。

📖 第 3 步：幻灯片的保存与播放

（1）单击快速访问工具栏中的【保存】按钮，保存演示文稿。

（2）单击【放映】选项卡中的【从头开始】按钮，播放演示文稿。

任务 4.2　制作大美青海演示文稿

任务描述

结束了陕西的骑行，刘小扬等 7 人来到了青海。在制作大西北骑行计划演示文稿时，刘小扬总感觉费时费力，效率不高，幻灯片的演示效果也比较单一、呆板。刘小扬本次制作演示文稿将要应用幻灯片母版，并添加动画演示效果，使演示文稿更加精美、生动。制作大美青海演示文稿任务工单如表 4.3 所示。

表 4.3　制作大美青海演示文稿任务工单

任务名称	制作大美青海演示文稿	组号		工时	
任务描述	运用 WPS 演示制作大美青海演示文稿，展示青海的大好风光				
任务目的	✧ 宣传青海湖和茶卡盐湖风光，抒发对祖国大好河山的热爱 ✧ 学会使用 WPS 演示的母版编辑功能，以及动画和幻灯片切换效果的设置				
任务要求	1. 新建演示文稿，将文档命名为【大美青海】并保存 2. 制作幻灯片母版和版式母版 3. 演示文稿包含标题页 4. 演示文稿包含青海湖和茶卡盐湖展示页，切换效果为平滑 5. 演示文稿包含时间轴页，切换效果为推出 6. 演示文稿包含致谢页 7. 演示文稿播放流畅				
任务实施计划	1. 明确需要使用的办公软件——WPS 演示 2. 掌握任务涉及的知识点：编辑母版和版式母版、WPS 演示动画效果、WPS 演示切换效果、WPS 演示视图 3. 实施计划： （1）新建演示文稿，重命名并保存文件 （2）编辑幻灯片母版和版式母版 （3）利用母版编辑幻灯片 （4）在幻灯片中加入动画和切换效果 （5）保存并播放演示文稿				

相关知识点

幻灯片母版

扫一扫　学一学

幻灯片母版是存储有关设计模板信息的幻灯片，包括字形、占位符大小或位置、背景设计和配色方案等元素。幻灯片母版可供用户设定各种标题文字、背景、属性等，只需更改一项内容就可更改所有幻灯片的设计。母版编辑完成后可以保存为一套幻灯片模板。

打开幻灯片母版视图：单击【设计】选项卡中的【编辑母版】按钮，或者单击【视图】选项卡中的【幻灯片母版】按钮，打开幻灯片母版视图，如图 4.44 所示。在导航窗格中，顶端面积最大的幻灯片为母版，母版之下面积稍小的幻灯片为不同版式的版式母版（子版）。建议将不常用版式的版式母版删除，可选中版式母版后按 Delete 键实现。

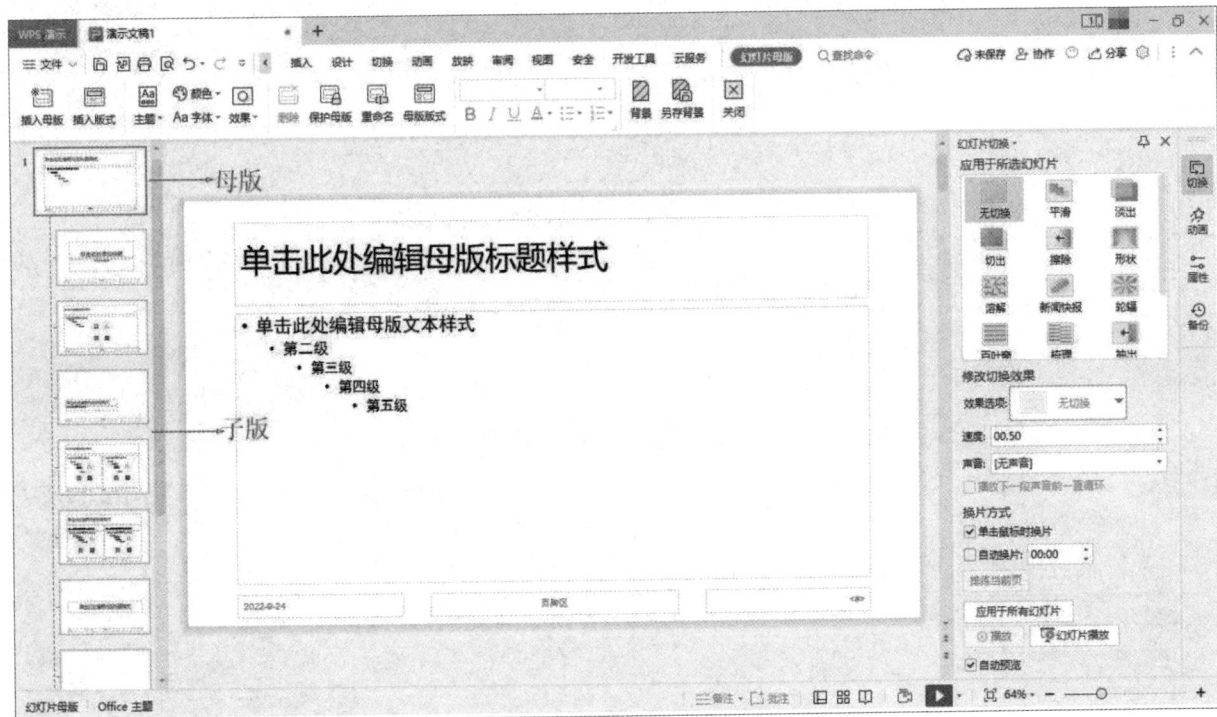

图 4.44　幻灯片母版视图

编辑母版背景图片：选中幻灯片母版视图中顶端的母版，在【插入】选项卡的【图片】下拉菜单中选择【本地图片】选项，插入选中的背景图片。可以按照任务 4.1 中图片的裁剪方法对图片进行适当的裁剪，并设置图片的透明度、效果等，如图 4.45 所示。选中图片，在【图片工具】上下文选项卡中选择【下移一层】→【置于底层】选项。

编辑版式母版背景图片：在幻灯片母版视图左侧的导航窗格中，选中【标题幻灯片】版式母版，单击右侧任务窗格中的【属性】按钮，勾选【隐藏背景图形】复选框，如图 4.46 所示。

在【插入】选项卡中选择【图片】→【本地图片】选项，插入选中的版式母版背景图片，并设置图片透明度。右击图片，在右键菜单中选择【设为背景】选项，按 Delete 键将原始图片删除，如图 4.47 所示。

图 4.45　编辑母版背景图片

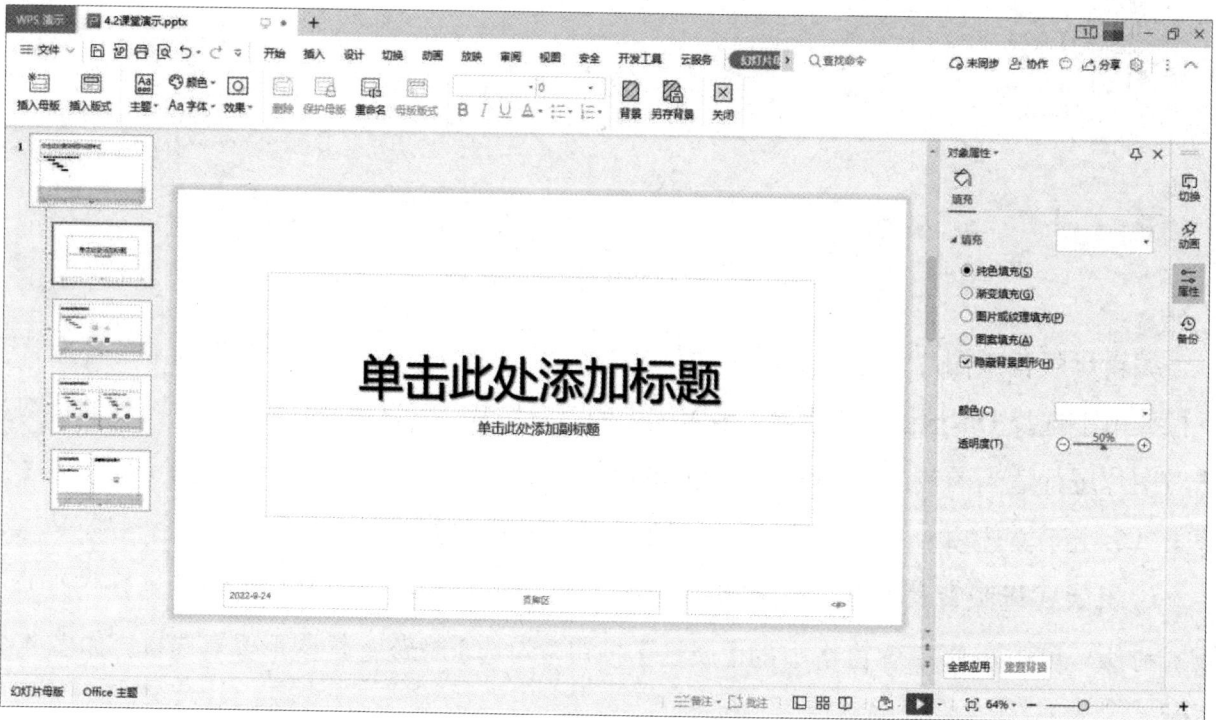

图 4.46　隐藏版式母版背景图片

图 4.47　编辑版式母版背景图片

编辑母版版式与占位符：在幻灯片母版视图左侧的导航窗格中，对于不同的版式母版，可以通过对占位符的拖动、复制、粘贴、删除等操作编辑版式。有的 WPS 演示版本也可以直接插入占位符，甚至可以直接插入文本占位符、图形占位符、图表占位符等，这里不再赘述。

版式母版的版式编辑完成后，右击版式母版，在右键菜单中选择【重命名版式】选项。在使用该母版创建模板时，看到的版式名称就是命名的名称。

编辑母版的主题、颜色、字体、效果：选中幻灯片母版视图中顶端的母版，在【幻灯片母版】上下文选项卡中，分别单击【主题】下拉按钮、【颜色】下拉按钮、【字体】下拉按钮、【效果】下拉按钮，可以设置母版的主题、颜色、字体、效果。

对于初学者，也可以直接在母版上设置幻灯片字体、样式等。例如，设置母版标题字体为【黑体】【40 号】【深蓝色】，内容字体为【宋体】【28 号】【深蓝色】，行距为【1.5 倍行距】，并为内容设置不同级别的项目符号，如图 4.48 所示。

版式母版中的字体、字号、颜色等用同样的方法进行设置。

将母版保存为模板：幻灯片母版编辑完成后，执行【文件】→【另存为】命令，打开【另存文件】对话框。文件类型选择【Microsoft PowerPoint 模板文件(*.potx)】，在【文件名】文本框中输入相应的文件名，单击【保存】按钮，如图 4.49 所示。

图 4.48　编辑母版

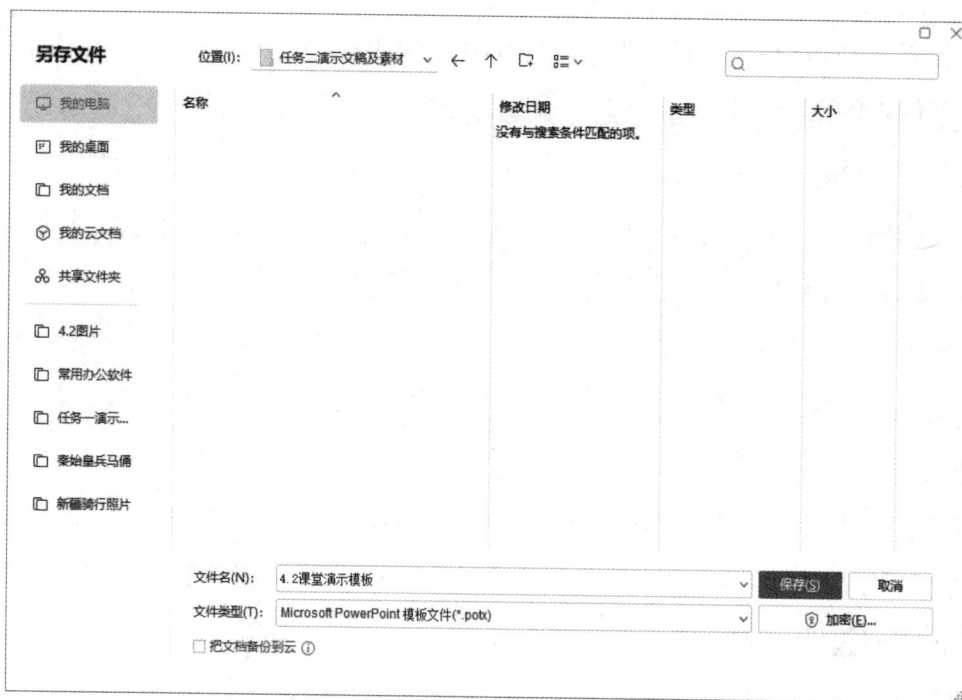

图 4.49　将母版保存为模板

　　导入模板：新建演示文稿，单击【设计】选项卡中的【导入模板】按钮，选择刚才保存的模板文件，单击【打开】按钮。导入模板后，可以看到【版式】库下拉面板中只有刚编辑的版式（版式母版），如图 4.50 所示。

图 4.50　导入模板

使用模板制作演示文稿：任务 4.1 即使用模板制作演示文稿的案例。使用刚导入的模板制作演示文稿，效果如图 4.51 所示。

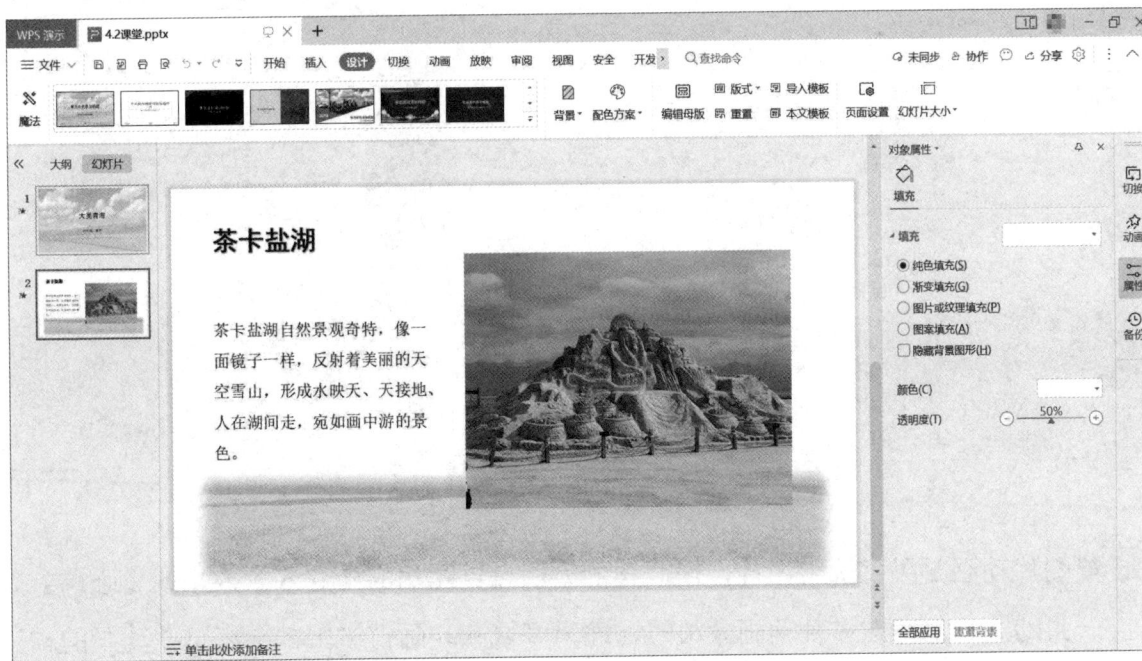

图 4.51　使用模板制作演示文稿的效果

小提示：

版式母版继承母版的设计元素，版式母版也可以单独设计。每个版式母版对应模板中一个具体的版式。

📖 **幻灯片动画**

幻灯片最大的作用是对外展示，幻灯片越生动，就越能吸引观众的注意。幻灯片播放时经常用动画来丰富其展示效果。幻灯片动画可分为幻灯片内的动画设计和幻灯片之间的动画切换效果。WPS 演示内置了丰富的动画效果，分为进入、退出、强调等类型，分别应用于幻灯片元素进入、退出和强调幻灯片元素等场景。此外，还可以设置幻灯片元素动画：【动作路径】【绘制自定义路径】。

设置文字动画效果： 选中幻灯片中需要设置动画效果的文字，单击【动画】选项卡中的【动画】下拉按钮，在下拉面板中单击【百叶窗】按钮，如图 4.52 所示。单击右侧任务窗格中的【动画】按钮，自动打开动画窗格，可以看到【百叶窗】动画开始于【单击时】、方向为【水平】、速度为【快速(1 秒)】。这些动画参数可以根据具体需求做相应更改。针对同一段文字，可以单击【添加效果】按钮，继续添加动画，如可以同时添加【退出】效果动画。

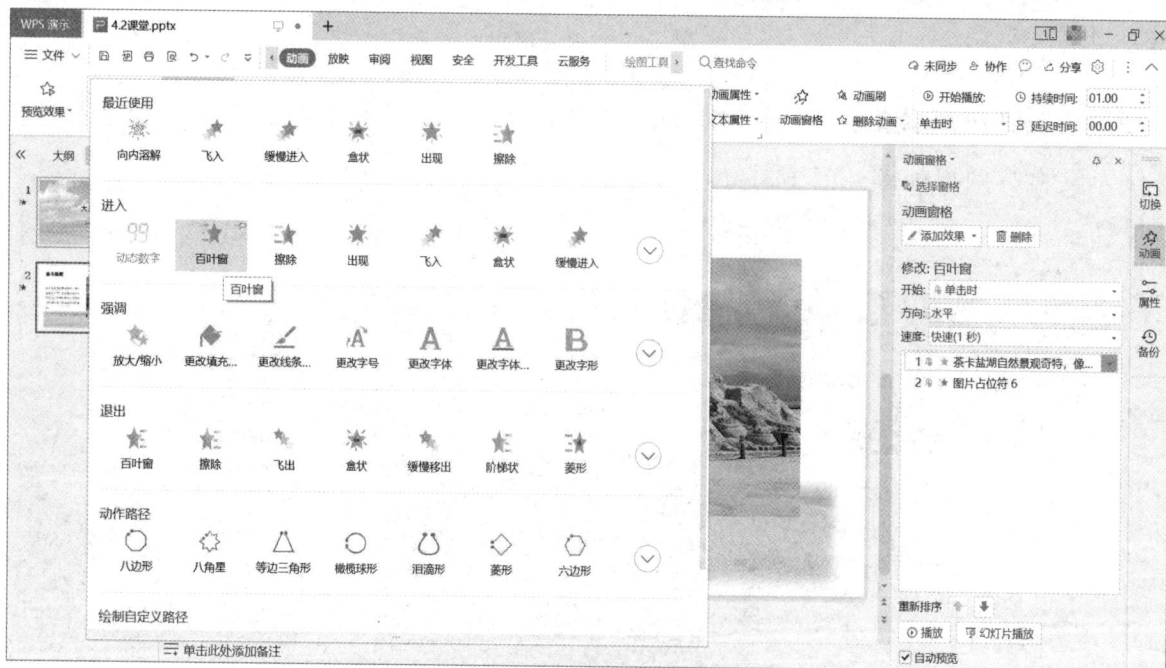

图 4.52　设置文字动画效果

设置图片动画效果： 选中图片，用同样的方法设置图片的【进入】效果或【强调】效果等。当一张幻灯片上存在多种动画效果时，编辑区域和动画窗格中都会有这些动画的顺序编号。选中动画顺序编号，按 Delete 键可删除该动画。也可以在动画窗格中选中某动画条目，拖动该动画条目以调整动画播放顺序，如图 4.53 所示。

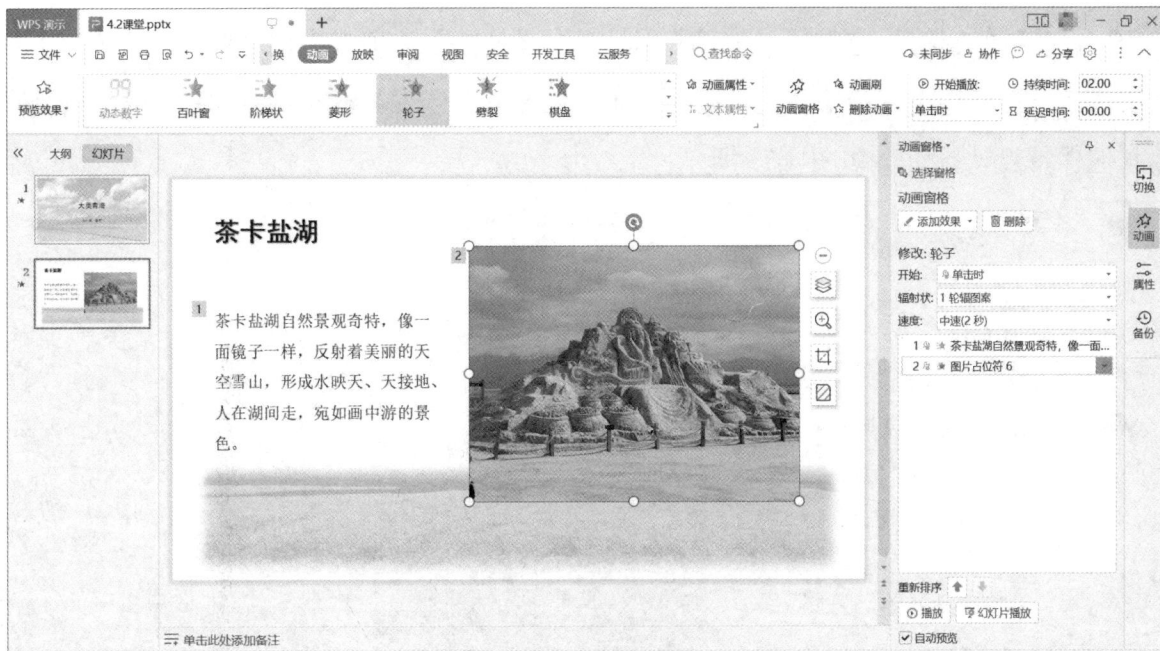

图 4.53　设置多个动画效果

📖 幻灯片切换效果

幻灯片切换效果指的是（由上一张幻灯片）切换到本张幻灯片时呈现的动画效果。

扫一扫 学一学

设置幻灯片切换效果：在导航窗格中选中第一张幻灯片，单击【切换】选项卡中的【切换样式】库下拉扩展按钮，在下拉面板中选择切换效果，如图 4.54 所示。另外，在功能区中还可以设置切换速度和切换时的声音效果，但是除非有必要不建议设置切换声音，以免分散观众注意力。

图 4.54　设置幻灯片切换效果

例如，在导航窗格中选中第二张幻灯片，单击【切换】选项卡中的【切换样式】库下拉扩展按钮，在下拉面板中选择【飞机】切换效果，在【效果选项】下拉菜单中选择【向右飞】选项，其他保持默认设置，如图4.55所示。

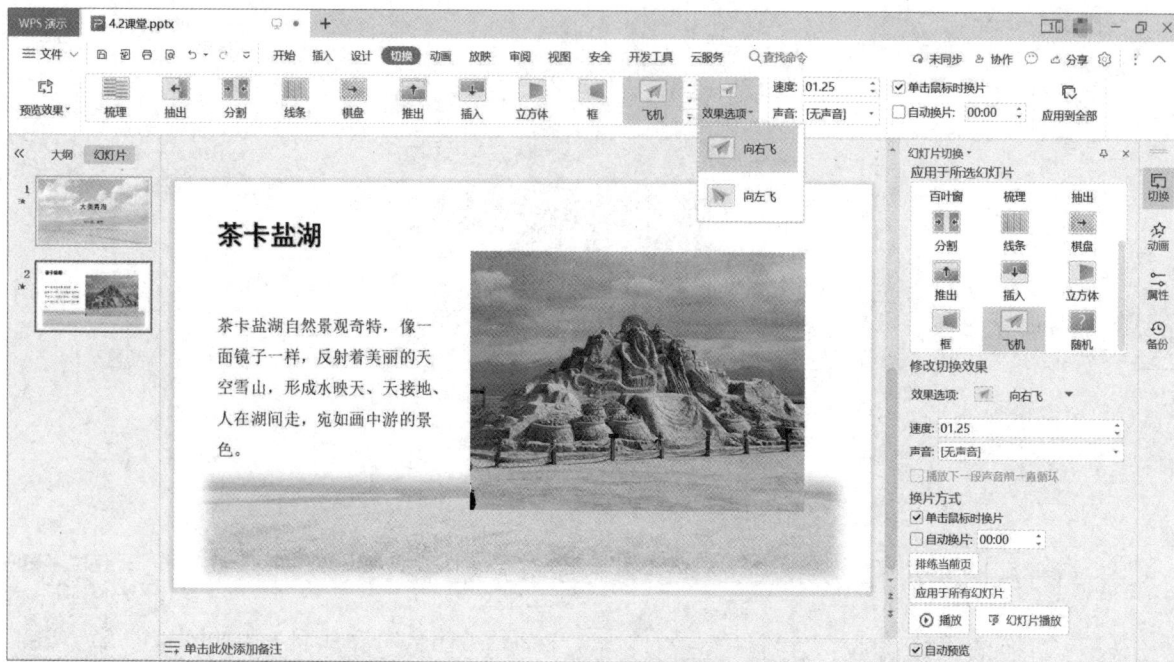

图4.55 【飞机】切换效果

小提示：

合理设置幻灯片动画和切换效果会使演示文稿在播放时生动有趣，但切忌将动画和切换效果设置得僵硬、杂乱无章，导致观众注意力分散。

📖 **演示视图**

WPS演示视图可以分为普通视图、幻灯片浏览视图、备注页视图、阅读视图、幻灯片母版视图等，分别应用于不同的场景。

普通视图：系统默认的视图，由导航窗格、编辑区、任务窗格等部分组成，如图4.1所示。普通视图主要用来编辑具体的每一页幻灯片。

幻灯片浏览视图：以缩略图形式显示幻灯片的视图。幻灯片浏览视图显示演示文稿的所有幻灯片，便于新建、重新排列、移动或删除幻灯片，以及预览切换和动画效果，此模式下不能直接编辑幻灯片的内容。幻灯片浏览视图可以通过单击【视图】选项卡中的【幻灯片浏览】按钮来切换，如图4.56所示。

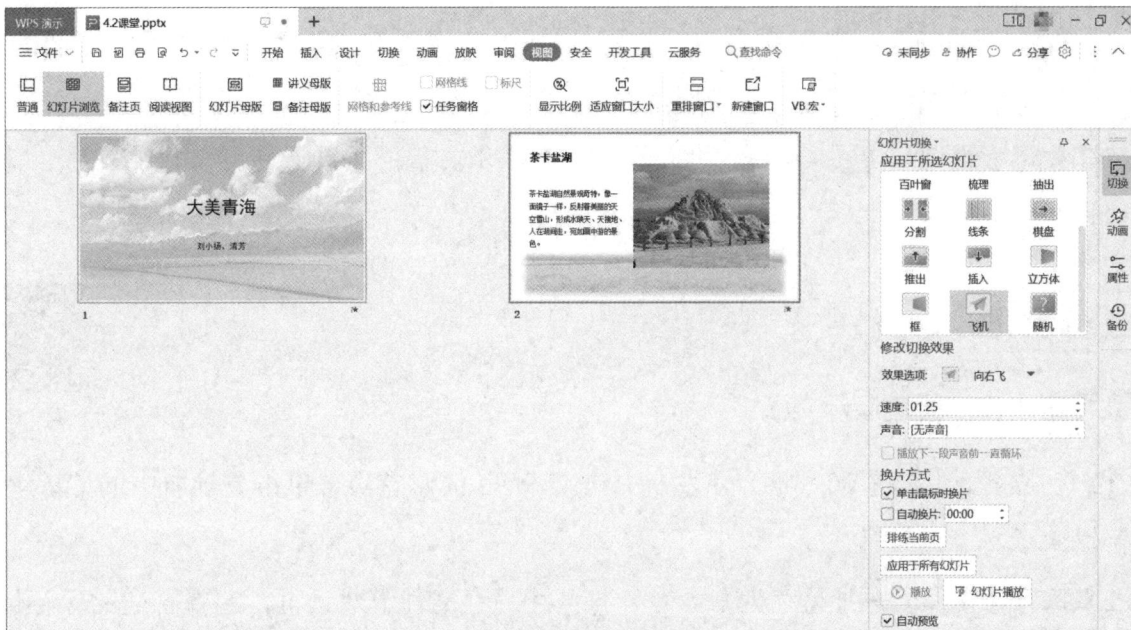

图 4.56　幻灯片浏览视图

备注页视图：用于为演示文稿中的幻灯片添加备注内容或对备注内容进行编辑修改。在备注页视图模式下，无法对幻灯片的内容进行编辑。备注页视图可以通过单击【视图】选项卡中的【备注页】按钮打开，如图 4.57 所示。

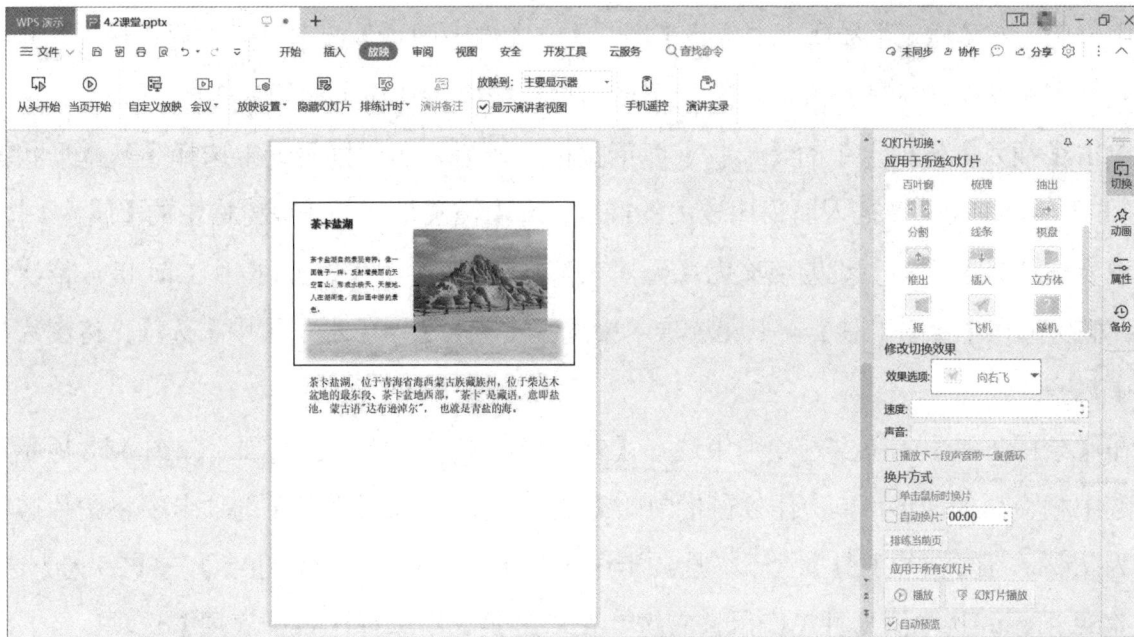

图 4.57　备注页视图

在计算机已经连上投影仪的情况下，勾选【放映】选项卡中的【显示演讲者视图】复选框，单击【当页开始】按钮，可在屏幕右侧显示备注页信息，而观众仅看到幻灯片内容、看不到备注页信息。

阅读视图：可以在 WPS 演示窗口播放幻灯片，轻松查看幻灯片动画和幻灯片之间的切换效果，避免了切换到全屏幻灯片播放时的烦琐。

幻灯片母版视图（见图 4.44）：可以控制整个演示文稿的外观，包括颜色、字体、背景、效果和其他所有内容。

任务实现

扫一扫 学一学

📖 第 1 步：新建演示文稿

（1）双击桌面上的【WPS 演示】图标，进入 WPS 演示首页，单击主导航中的【新建】按钮，新建演示文稿。

（2）执行【文件】→【另存为】命令，打开【另存文件】对话框，选择合适的保存位置，在【文件名】文本框中输入【大美青海】，文件类型选择【Microsoft PowerPoint 文件(*.pptx)】，单击【保存】按钮。

📖 第 2 步：编辑幻灯片母版

（1）单击【设计】选项卡中的【编辑母版】按钮，打开幻灯片母版视图，在左侧导航窗格中选中母版，在【插入】选项卡中选择【图片】→【本地图片】选项，插入背景图片，并将图片调整到铺满整个幻灯片母版。调整状态栏幻灯片缩放级别显示比例为 30%。

单击【插入】选项卡中的【形状】库下拉扩展按钮，在下拉面板中选择【基本形状】→【椭圆】选项，在编辑区插入面积比较大的椭圆。选中椭圆，单击任务窗格中的【属性】按钮，在【填充与线条】标签下设置填充为【无填充】，线条为【无线条】，按住 Ctrl 键，依次选中图片、椭圆，在【绘图工具】上下文选项卡中选择【对齐】→【水平居中】选项，将图片与椭圆居中对齐。

在【绘图工具】上下文选项卡中选择【合并形状】→【相交】选项，如图 4.58 所示。

选中相交后的图形，单击任务窗格中的【属性】按钮，在【图片】选项卡中将图片透明度设置为 75%。在【图片工具】上下文选项卡中选择【效果】→【柔化边缘】→【25 磅】选项，如图 4.59 所示。选中图形并单击鼠标右键，在右键菜单中选择【置于底层】选项。

⚠️ 小提示：

在使用【合并形状】下拉菜单中的相交等功能时，注意选择图形时的顺序。

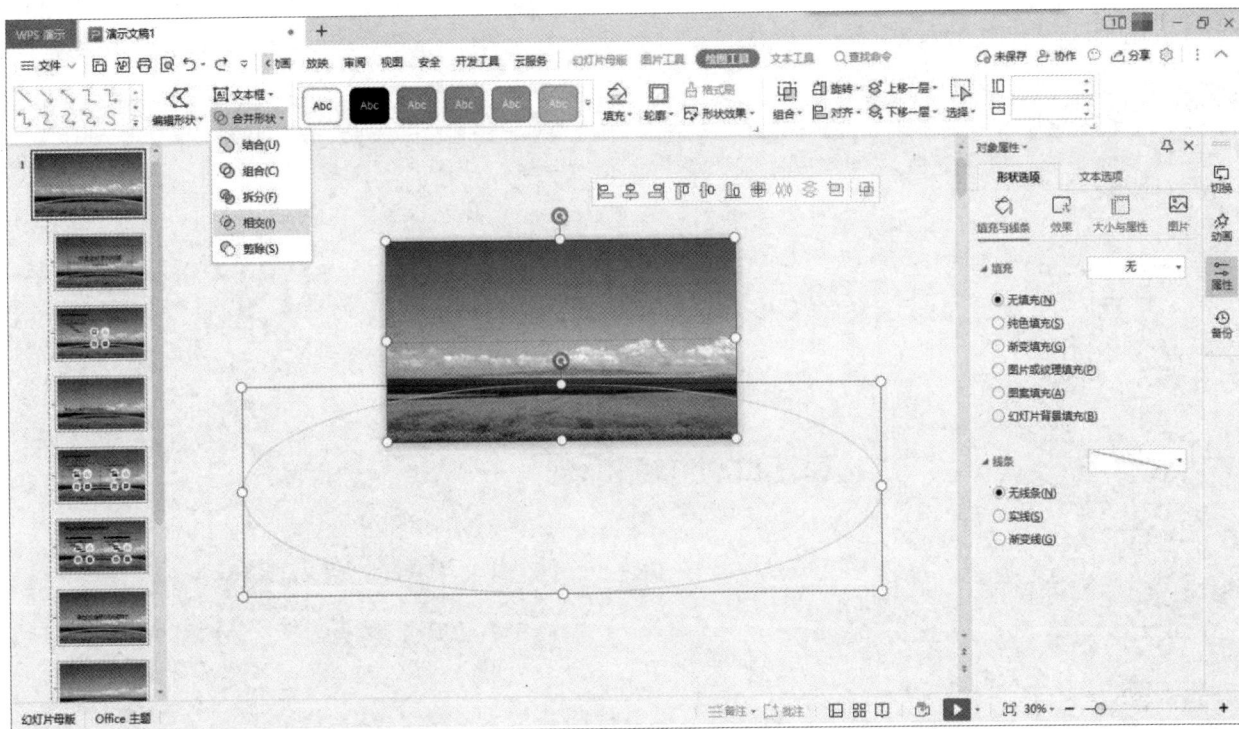

图 4.58　形状相交

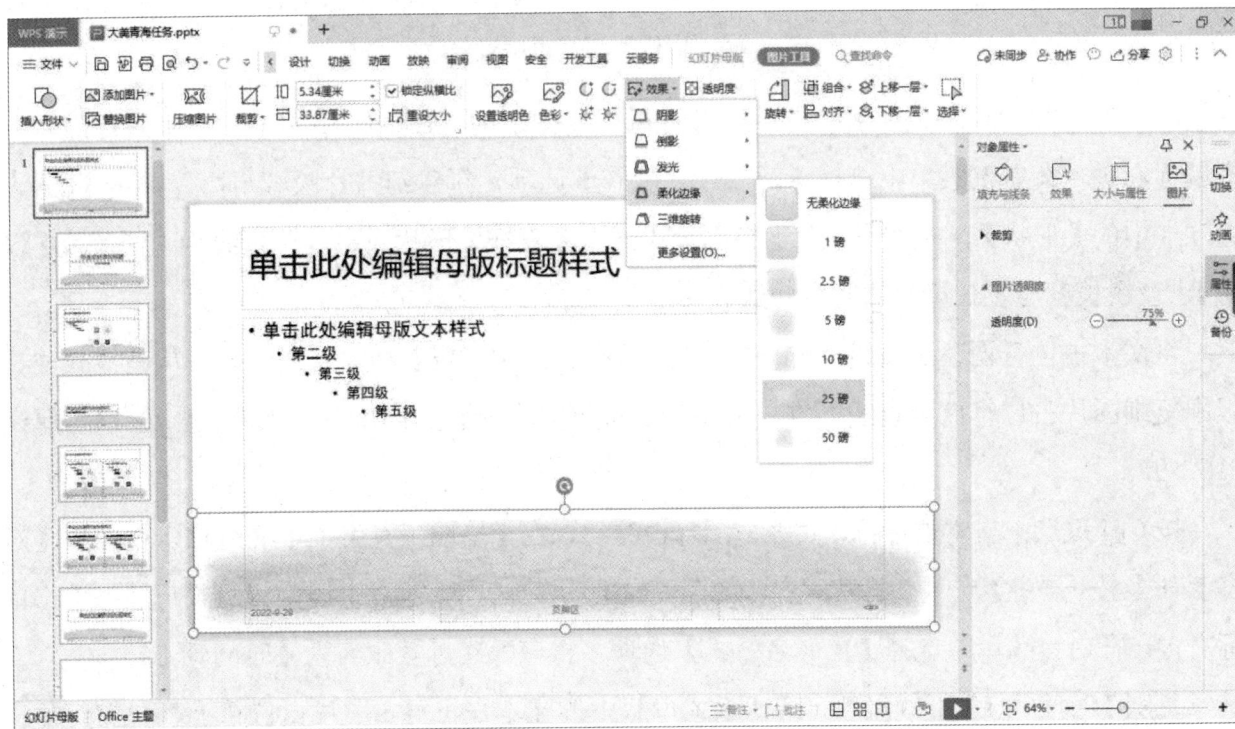

图 4.59　图形效果

（2）编辑标题页版式母版。在幻灯片母版视图中，在左侧导航窗格中选中第一个版式母版【标题幻灯片】，在【插入】选项卡中选择【图片】→【本地图片】选项，选择要插入的骑行 LOGO 图片。单击【图形工具】上下文选项卡中的【设置透明色】按钮，用取色器单击图片背景区域，完成抠像操作。调整 LOGO 图片大小，用鼠标将其拖动至版式母版的右下角，如图 4.60 所示。

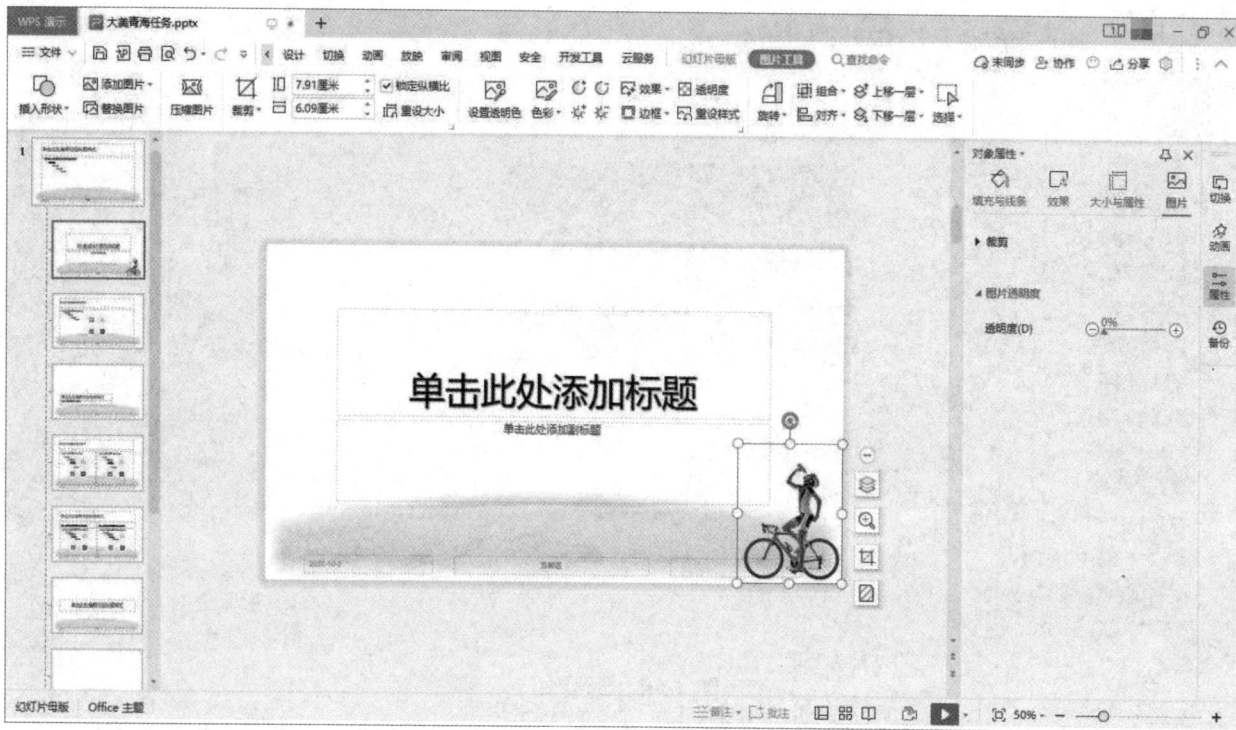

图 4.60　标题页版式母版设计

（3）编辑时间轴版式母版。选中幻灯片母版视图下的导航窗格中的第一个版式母版，单击鼠标右键，在右键菜单中选择【新幻灯片版式】选项，新建幻灯片版式母版，单击【插入】选项卡中的【形状】下拉按钮，在下拉面板中选择【直线】形状，并设置直线为【淡蓝色】【6磅】，直线长度与版式母版的宽度一致。

将文本占位符调整至直线上方，文本格式设置为【居中】【宋体】【32 号】，从其他版式母版中复制图片占位符放至直线下方，将图片占位符大小调整为高度 7.6 厘米、宽度 13.5 厘米（16∶9）。

按 Ctrl 键选中文本占位符、实线、图片占位符，在【绘图工具】上下文选项卡中选择【对齐】→【水平居中】选项，将其对齐，如图 4.61 所示。在导航窗格中选中该版式母版，单击鼠标右键，在右键菜单中选择【重命名版式】选项，将该版式母版命名为【时间轴 1】。

复制【时间轴 1】版式母版，将新版式母版中的文本占位符、图片占位符调换位置，并将新版式母版重命名为【时间轴 2】。

（4）编辑图片展示版式母版。选中幻灯片母版视图下导航窗格中的【时间轴 2】版式母版，单击鼠标右键，在右键菜单中选择【新幻灯片版式】选项，新建图片展示版式母版，将文本占位符拖动至下方，设置文本格式为【居中】【宋体】【32 号】，删除其他未编辑的版式母版，如图 4.62 所示。将版式母版重命名为【图片展示】。

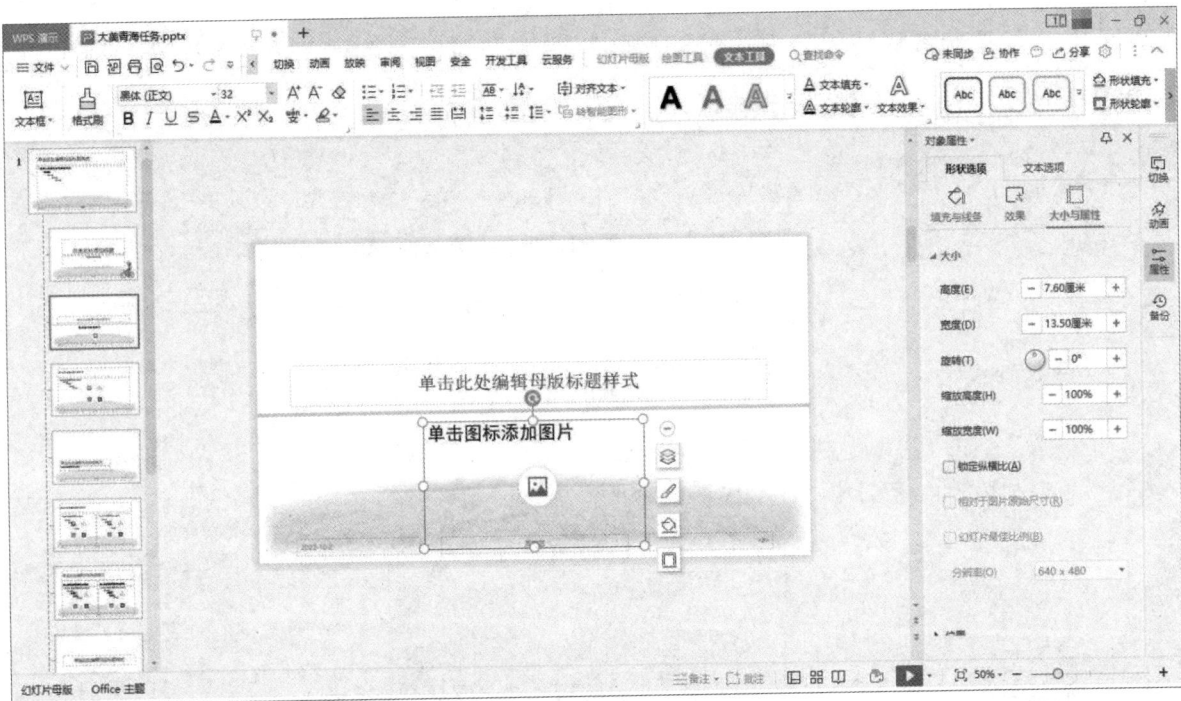

图 4.61　时间轴版式母版设计

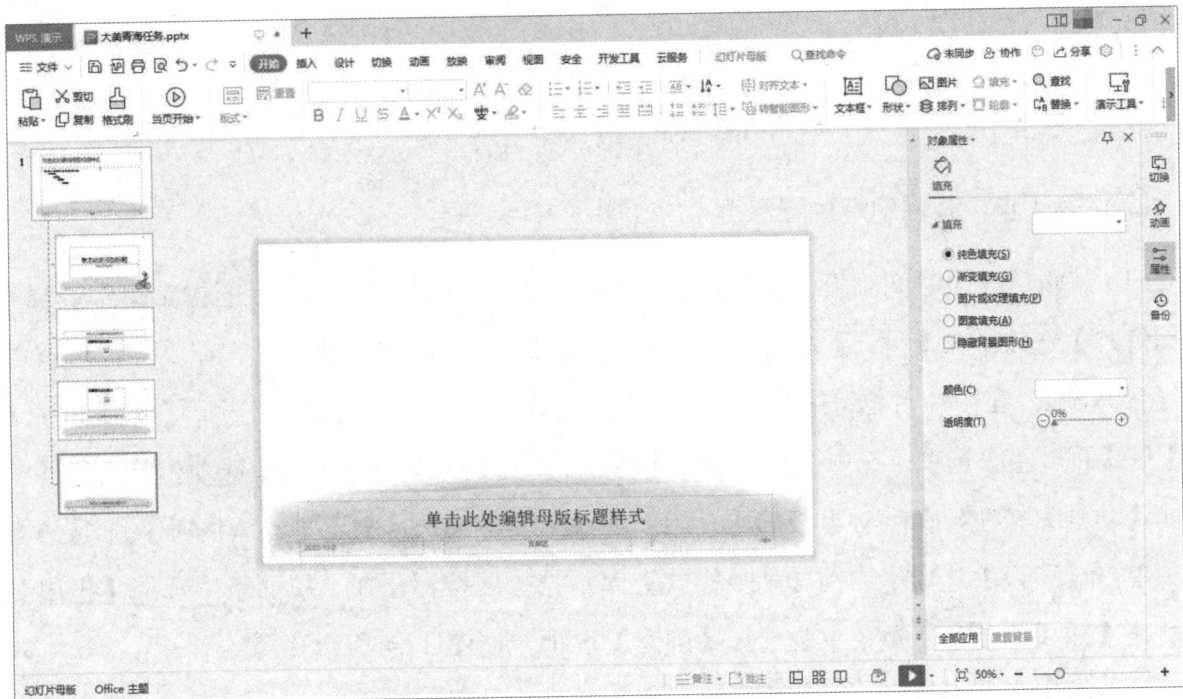

图 4.62　图片展示版式母版设计

（5）保存母版并退出。先单击【保存】按钮，然后单击【幻灯片母版】选项卡中的【关闭】按钮。

📖 第 3 步：编辑幻灯片首页

在幻灯片标题页中输入标题【大美青海】，在副标题处输入【刘小扬、清芳】。单击【切换】选项卡中的【切换样式】库下拉扩展按钮，在下拉面板中选择【轮辐】切换效果，在【效果选项】下拉菜单中选择【8根】选项，如图4.63所示。

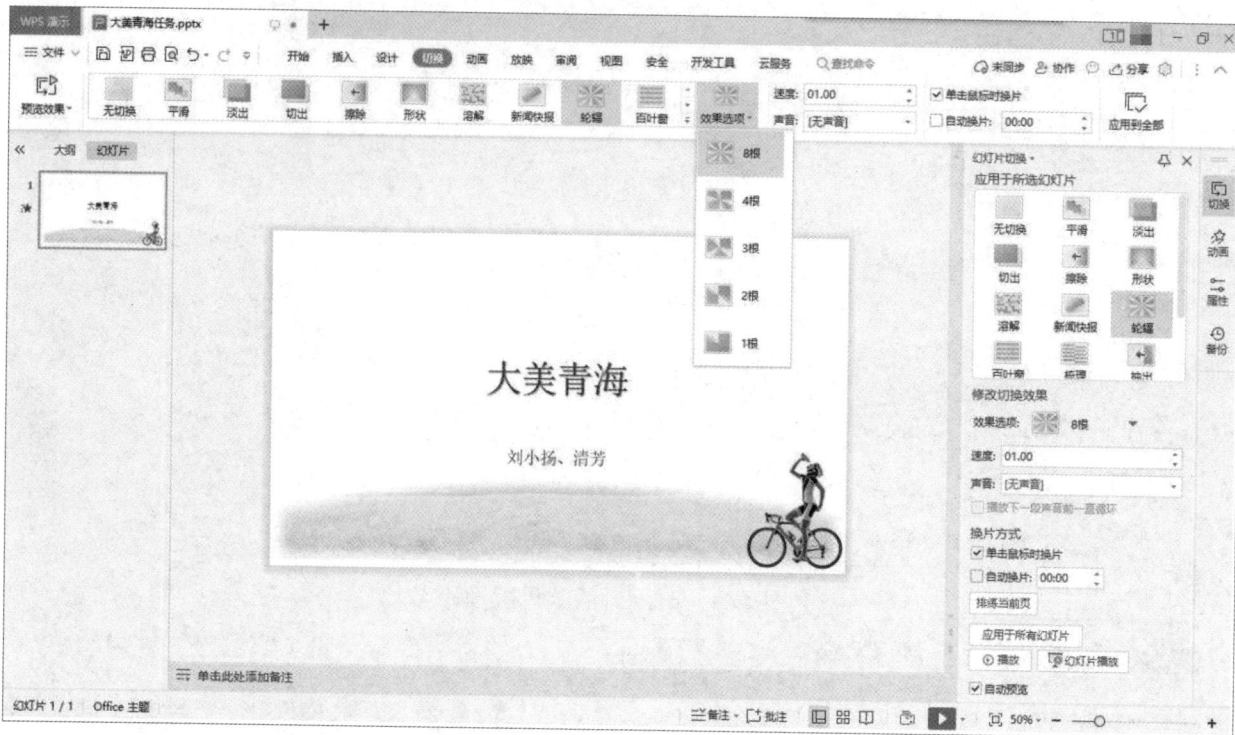

图4.63　编辑幻灯片首页

📖 **第4步：编辑幻灯片展示页**

（1）编辑第一张时间轴页。右击导航窗格中被选中的幻灯片首页，在右键菜单中选择【新建幻灯片】选项，在【设计】选项卡中选择【版式】→【时间轴1】选项，在文本占位符中输入【青海湖】，在图片占位符中插入青海湖图片。选中文字【青海湖】，选择【动画】→【进入】→【百叶窗】选项。选中图片，选择【动画】→【进入】→【飞入】选项。单击任务窗格中的【动画】按钮，在动画窗格的【开始】下拉列表中选择【与上一动画同时】选项。

单击【切换】选项卡中的【切换样式】库下拉扩展按钮，在下拉面板中选择【推出】样式，在【效果选项】下拉菜单中选择【向左】选项，如图4.64所示。

（2）编辑青海湖展示页。右击导航窗格中被选中的时间轴页，在右键菜单中选择【新建幻灯片】选项，单击【设计】选项卡中的【版式】下拉按钮，在下拉面板中选择【图片展示】版式。在文本占位符中输入【青海湖】，在【插入】选项卡中选择【图片】→【本地图片】选项，插入3张青海湖图片，时间轴中的图片置于中间往上醒目位置、置于顶层。单击【切换】选项卡中的【切换样式】库下拉扩展按钮，在下拉面板中选择【平滑】切换效果，如图4.65所示。

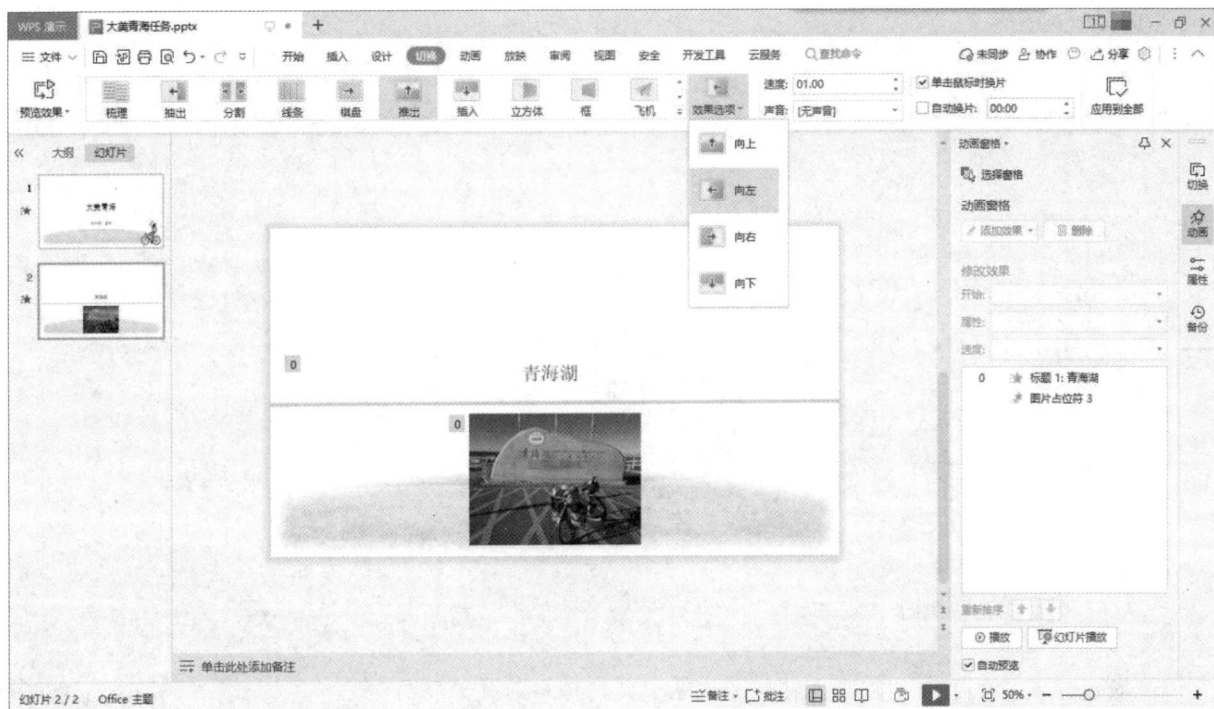

图 4.64　时间轴页切换设计

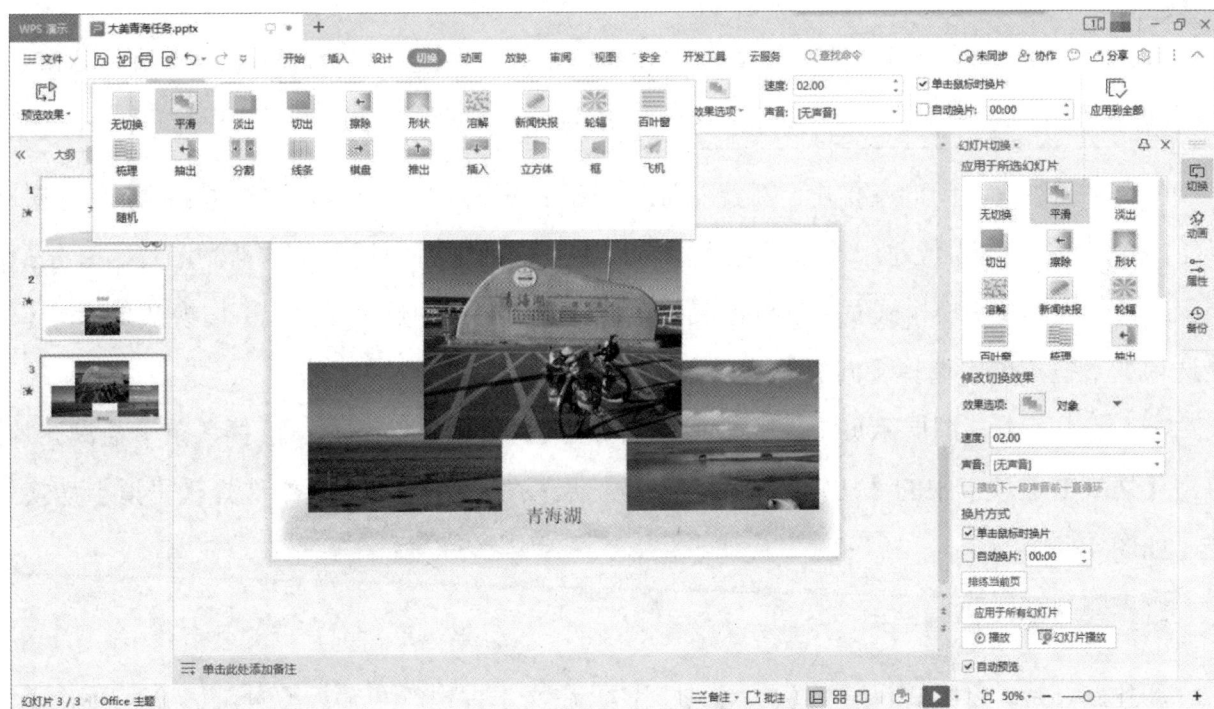

图 4.65　时间轴页到图片展示页平滑切换

（3）展示页到时间轴页平滑切换。复制时间轴幻灯片，将新复制的幻灯片在导航窗格中拖动到最后，选中幻灯片，单击任务窗格中的【动画】按钮，在动画窗格中将本页幻灯片动画选中后按 Delete 键删除。单击【切换】选项卡中的【切换样式】库下拉扩展按钮，在下拉面板中选择【平滑】切换效果，如图 4.66 所示。

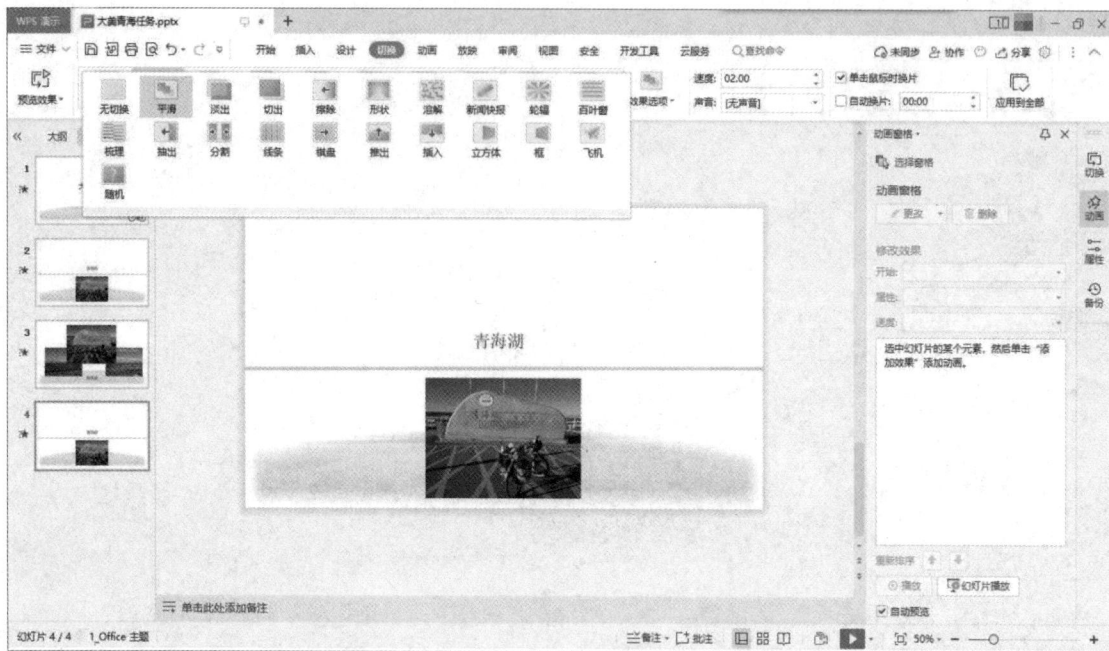

图 4.66　图片展示页到时间轴页平滑切换

小提示：

在使用【平滑】切换效果时，本幻灯片的一张图片和上一张幻灯片的一张图片是同一图片时效果最佳。

（4）时间轴页之间向左推出。新建幻灯片，单击【设计】选项卡，选择【版式】→【时间轴2】选项，在文本占位符中输入【茶卡盐湖】，在图片占位符中插入茶卡盐湖图片。单击【切换】选项卡中的【切换样式】库下拉扩展按钮，在下拉面板中选择【推出】切换效果，在【效果选项】下拉菜单中选择【向左】选项，如图 4.67 所示。

（5）编辑茶卡盐湖展示页。新建幻灯片，将版式调整为【图片展示】，插入茶卡盐湖图片，单击【切换】选项卡中的【切换样式】库下拉扩展按钮，在下拉面板中选择【平滑】切换效果，如图 4.68 所示。

📖 **第5步：编辑结束页**

新建幻灯片，将版式调整为【标题幻灯片】，在文本占位符中输入【谢谢观赏】。单击【切换】选项卡中的【切换样式】库下拉扩展按钮，在下拉面板中选择【飞机】切换效果，在【效果选项】下拉菜单中选择【向右飞】选项，如图 4.69 所示。

📖 **第6步：幻灯片保存与播放**

（1）单击快速访问工具栏中的【保存】按钮，保存演示文稿。

（2）单击【放映】选项卡中的【从头开始】按钮，播放演示文稿。

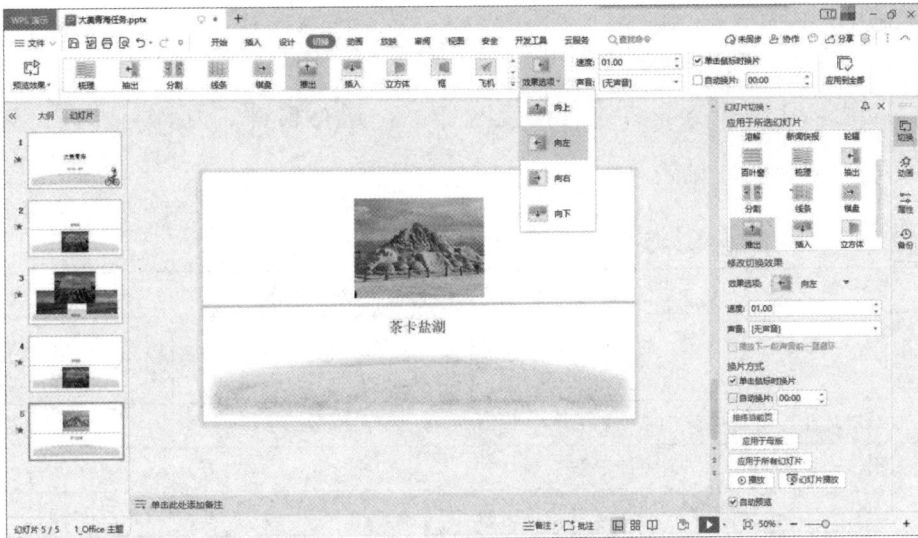

图 4.67　时间轴页之间向左推出

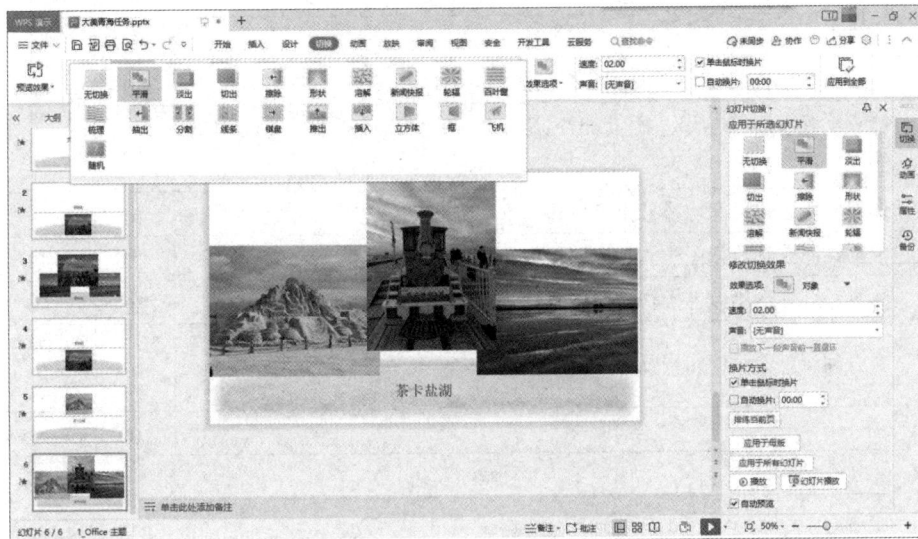

图 4.68　茶卡盐湖展示页设计

图 4.69　结束页设计

任务评价

各组展示作品，介绍任务完成过程，提交作品，进行自评、互评与师评，并进行任务反思，完成任务考核评价表（见表 4.4）。

表 4.4　任务考核评价表

任务 4.2　制作"大美青海"演示文稿						
评价项目	评价内容	分值	自评	互评	师评	合计
职业素养（30 分）	爱岗敬业，有责任意识、执行意识、安全意识	5				
	制订计划能力强，学习态度严谨认真	5				
	团队合作，交流沟通、协作与分享能力强	5				
	主动性强，能够保质保量完成任务	5				
	能够采取多种手段收集信息，并有效解决问题	5				
	遵守行业道德规范与行业行为规范	5				
专业能力（60 分）	能够掌握编辑并应用幻灯片母版等操作	10				
	能够掌握添加自定义动画、修改已添加动画，如路径动画、进入/退出动画等操作	10				
	能够掌握设置页面切换效果等操作	10				
	能够掌握幻灯片视图模式和应用场景等操作	10				
	熟练、合理运用以上操作技能制作演示文稿	20				
创新意识（10 分）	具有创新思维与创新行动	10				
合计		100				
总结与反思						
总结归纳：						
存在问题：						
解决方案：						
提升措施：						

任务拓展：制作大漠无垠演示文稿

清芳、刘小扬等 7 人骑行进入甘肃敦煌，被大漠、戈壁等景观深深震撼。刘小扬决定使用图片【上下浮动】【聚光灯】动画效果制作大漠无垠演示文稿。

扫一扫 学一学

📖 第 1 步：制作幻灯片首页

使用任务 4.2 的幻灯片模板文件创建幻灯片首页，在文本占位符中分别输入【大漠无垠】【刘小扬、清芳】，幻灯片切换效果设置为【溶解】。

📖 **第 2 步：制作图片上下浮动展示页**

（1）选择版式。新建幻灯片，单击【设计】选项卡中的【版式】下拉按钮，在下拉面板中选择【图片展示】版式。

（2）插入并裁剪图片。在【插入】选项卡中选择【图片】→【本地图片】选项，插入第 1 张图片。单击【图片工具】上下文选项卡中的【裁剪】下拉按钮，在下拉面板中选择【椭圆】形状，将图片裁剪成圆形。采用同样的方法插入第 2～4 张图片，并裁剪成圆形。将 4 张图片调整到合适的大小，并排列好。在文本占位符中输入【大漠无垠】，结果如图 4.70 所示。

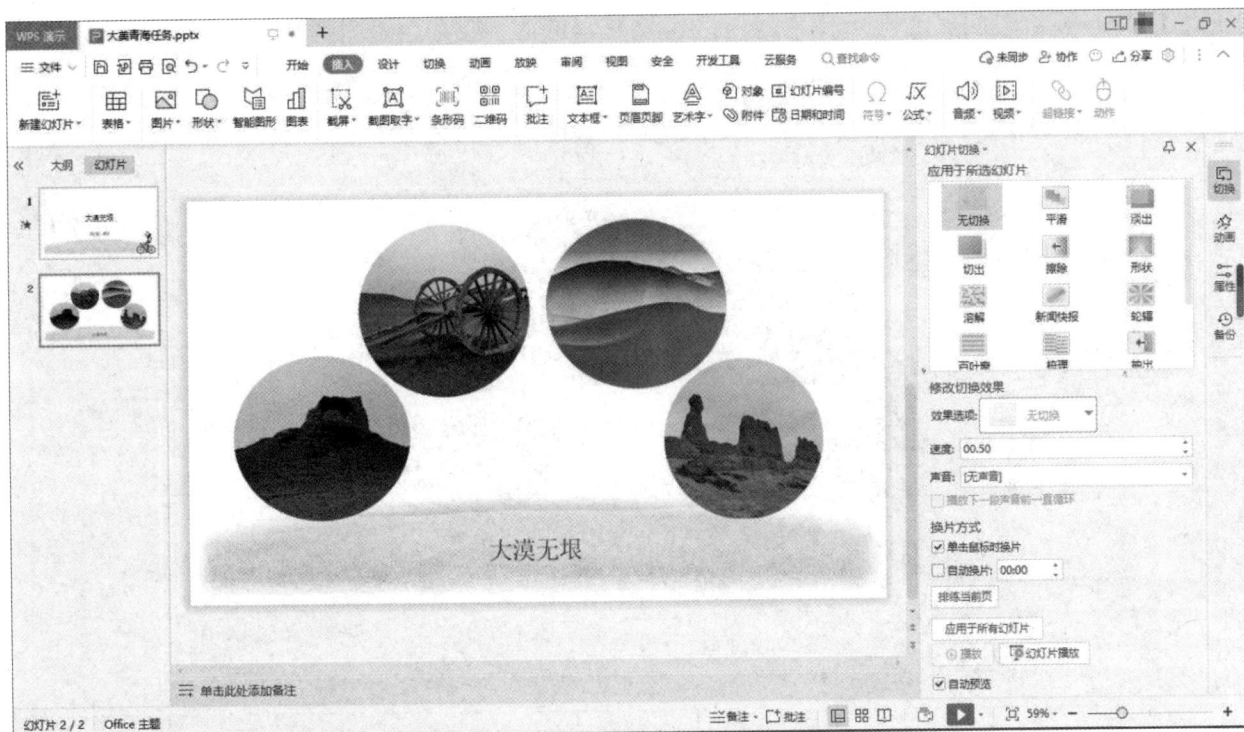

图 4.70　插入并裁剪图片后的结果

（3）制作图片上下浮动效果。选中第 1 张图片，单击【动画】选项卡中的【动画】库下拉扩展按钮，在下拉面板中选择【绘制自定义路径】区域中的【直线】按钮，由圆心往下画短短的直线。打开动画窗格，显示图形直线运动轨迹。双击直线运动轨迹，打开【自定义路径】对话框，在【效果】选项卡中，勾选【设置】选区中的【自动翻转】复选框，如图 4.71 所示。在【计时】选项卡中选择【重复】→【直到幻灯片末尾】选项，如图 4.72 所示。

对第 2～4 张图片进行同样的操作。选中 4 张图片，单击任务窗格中的【动画】按钮，在动画窗格的【开始】下拉列表中选择【与上一动画同时】选项，如图 4.73 所示。

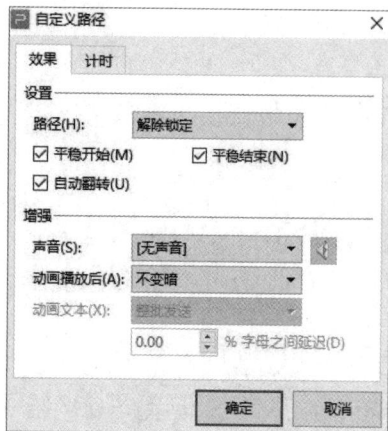

图 4.71　自动翻转

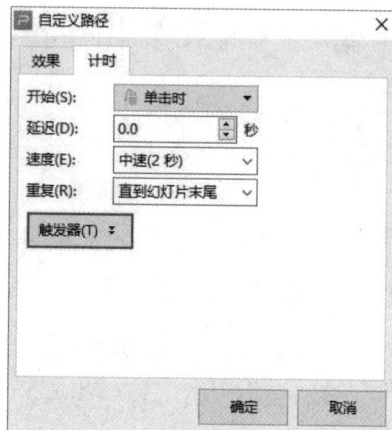

图 4.72　重复直到幻灯片末尾

图 4.73　制作图片上下浮动效果

📖 第3步：制作图片聚光灯展示页

（1）选择版式。新建幻灯片，单击【设计】选项卡中的【版式】下拉按钮，在下拉面板中选择【图片展示】版式。

（2）插入图片和形状。在【插入】选项卡中选择【图片】→【本地图片】选项，选择要插入的图片，将图片铺满幻灯片，调整状态栏幻灯片缩放级别显示比例为 30%。

单击【插入】选项卡中的【形状】下拉按钮，在下拉面板中选择【矩形】基本形状，插入比幻灯片大 3～4 倍的矩形。选中矩形，单击任务窗格中的【属性】按钮，在【形状选项】选项卡的【填充与线条】标签下将填充设置为【黑色】、透明度为【25%】，将线条设置为【无线条】，如图 4.74 所示。

单击【插入】选项卡中的【形状】下拉按钮，在下拉面板中选择【椭圆】基本形状，按住
Shift 键，插入圆形（聚光灯初始位置），将填充设置为【无填充】，将线条设置为【无线条】。

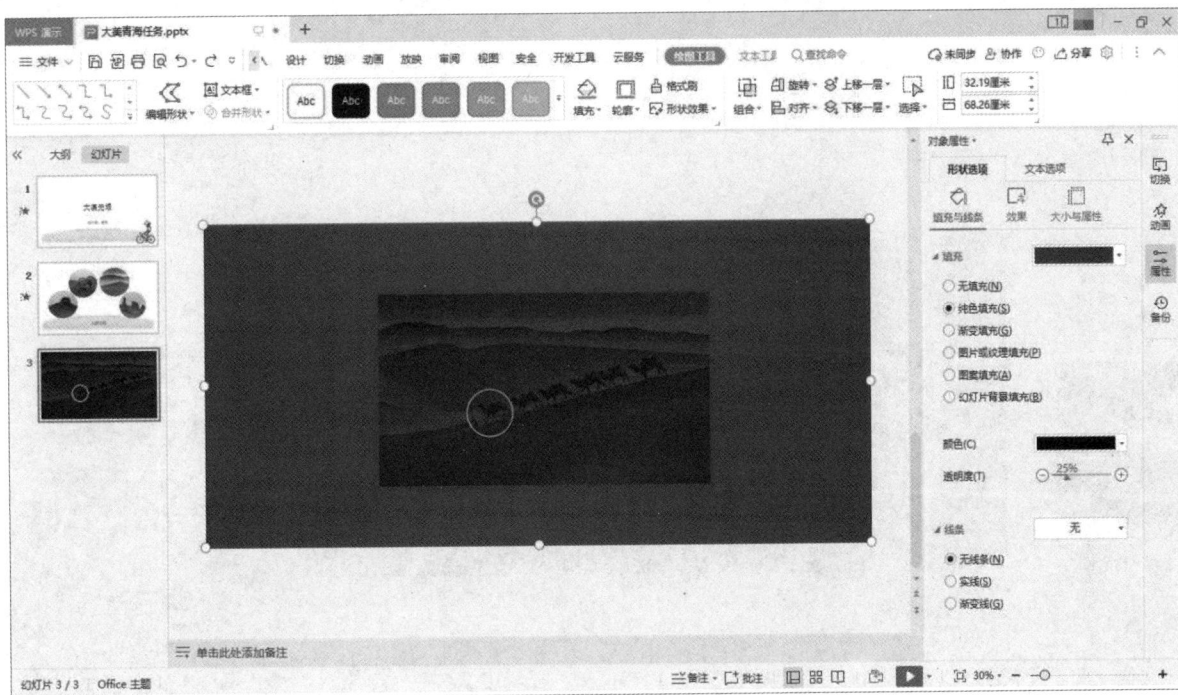

图 4.74　插入图片和形状

（3）合并形状。按住 Ctrl 键，依次选中矩形、圆形，在【绘图工具】上下文选项卡中选
择【合并形状】→【剪除】选项，如图 4.75 所示。

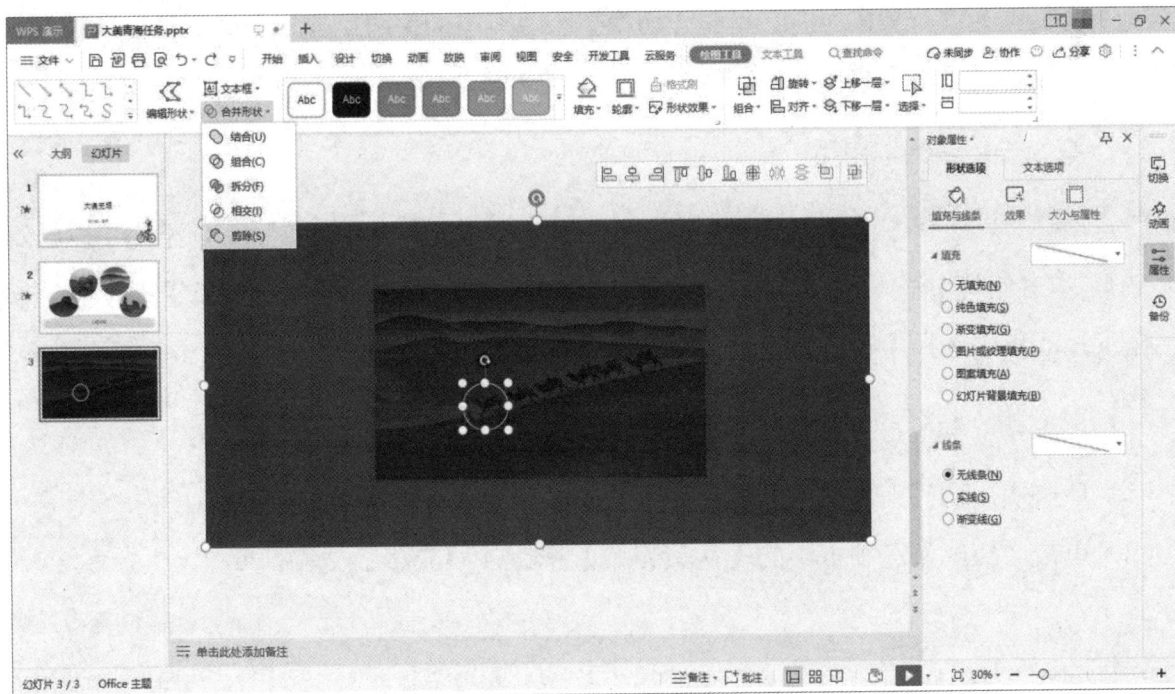

图 4.75　图片剪除

复制刚才的幻灯片，将聚光灯拖至需要聚光的其他位置（聚光灯结束位置），如图4.76所示。

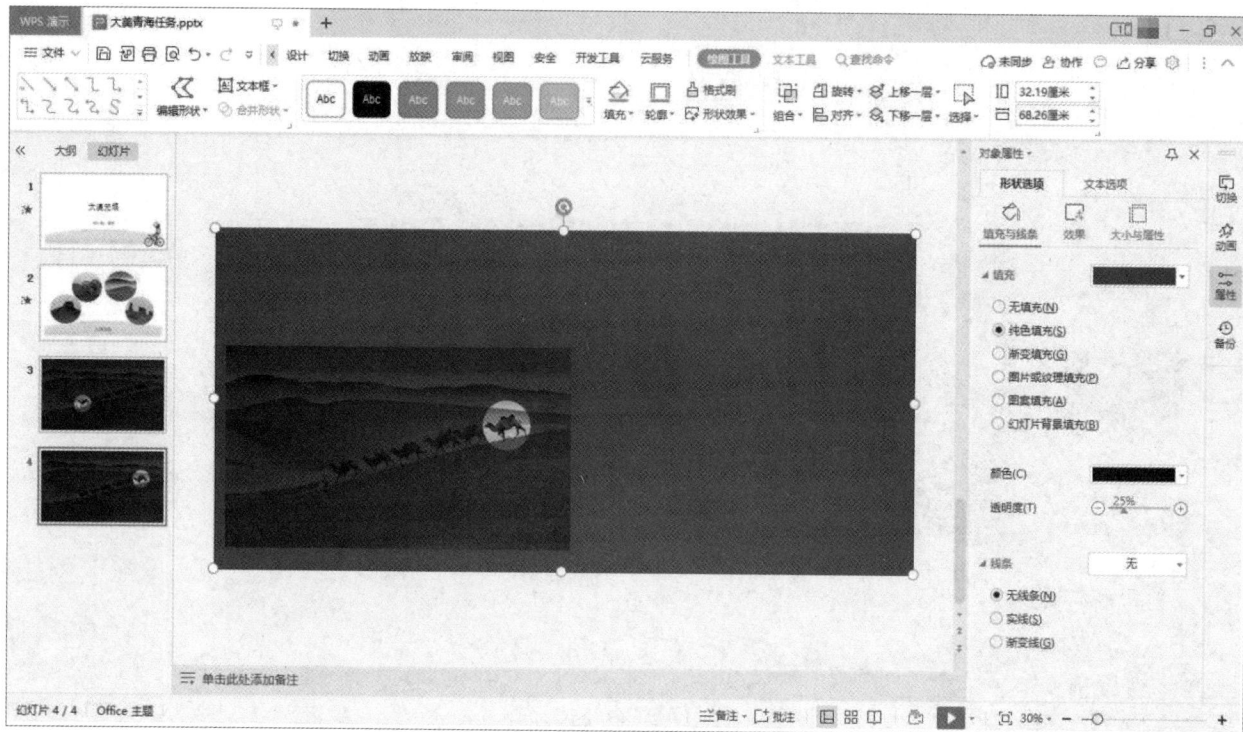

图4.76　设置聚光灯结束位置

📖 第4步：设置【平滑】切换效果

选中两页聚光灯效果幻灯片，单击【切换】选项卡中的【切换样式】库下拉扩展按钮，在下拉面板中选择【平滑】切换效果，切换速度设置为5～10秒。

📖 第5步：编辑结束页

新建幻灯片，选择【设计】→【版式】→【标题幻灯片】选项，将版式调整为【标题幻灯片】，在文本占位符中输入【谢谢观赏】。单击【切换】选项卡中的【切换样式】库下拉扩展按钮，在下拉面板中选择【飞机】切换效果，在【效果选项】下拉菜单中选择【向右飞】选项。

📖 第6步：幻灯片的保存与播放

（1）单击快速访问工具栏中的【保存】按钮，保存演示文稿。

（2）单击【放映】选项卡中的【从头开始】按钮，播放演示文稿。

任务 4.3　制作新疆是个好地方演示文稿

任务描述

骑行进入新疆，清芳、刘小扬等 7 人深深感叹新疆地域之大、风景之美。新疆践行"绿水青山就是金山银山"的绿色发展理念，人与自然和谐共生，刘小扬等人的自豪感不禁油然而生。刘小扬决定使用智能化技术制作新疆是个好地方演示文稿，任务工单如表 4.5 所示。

表 4.5　制作新疆是个好地方演示文稿任务工单

任务名称	制作新疆是个好地方演示文稿	组号		工时	
任务描述	展示新疆骑行的成果和新疆的大好风光，增进骑友之间的沟通交流，运用 WPS 演示制作新疆是个好地方演示文稿				
任务目的	✧ 介绍新疆的森林草原、冰山高原与湖泊河流景观，抒发对祖国大好河山的热爱 ✧ 学会智能排版、智能图形的应用；学会演示文稿中音频、视频的编辑方法				
任务要求	1. 新建演示文稿，将文档命名为【新疆是个好地方】并保存 2. 应用智能图形功能 3. 应用智能动画功能，如多图轮播 4. 通过链接实现幻灯片之间的跳转 5. 演示文稿播放流畅				
任务实施计划	1. 明确需要使用的办公软件——WPS 演示 2. 掌握任务涉及的知识点：智能排版、智能图形、音频编辑、视频编辑、幻灯片播放与打包 3. 实施计划： （1）新建演示文稿，重命名并保存文件 （2）插入并编辑智能图形 （3）应用 WPS 智能动画功能 （4）插入链接 （5）播放演示文稿				

相关知识点

📖 智能化编辑

扫一扫 学一学

WPS 演示提供了一些智能化编辑工具，充分利用这些智能化编辑工具可以使编辑演示文稿达到事半功倍的效果。

浮动工具栏：在 WPS 演示中，选中被编辑的对象（如占位符、文本、图片等），不仅会出现相应的上下文选项卡，还会出现对应的浮动工具栏。浮动工具栏提供了多项快捷功能，可实现快速排版、美化、对齐等，提高编辑效率。

例如，选中幻灯片内的文本等对象后，旁边出现浮动工具栏，可实现文本等对象的快速编辑，如图 4.77 所示。

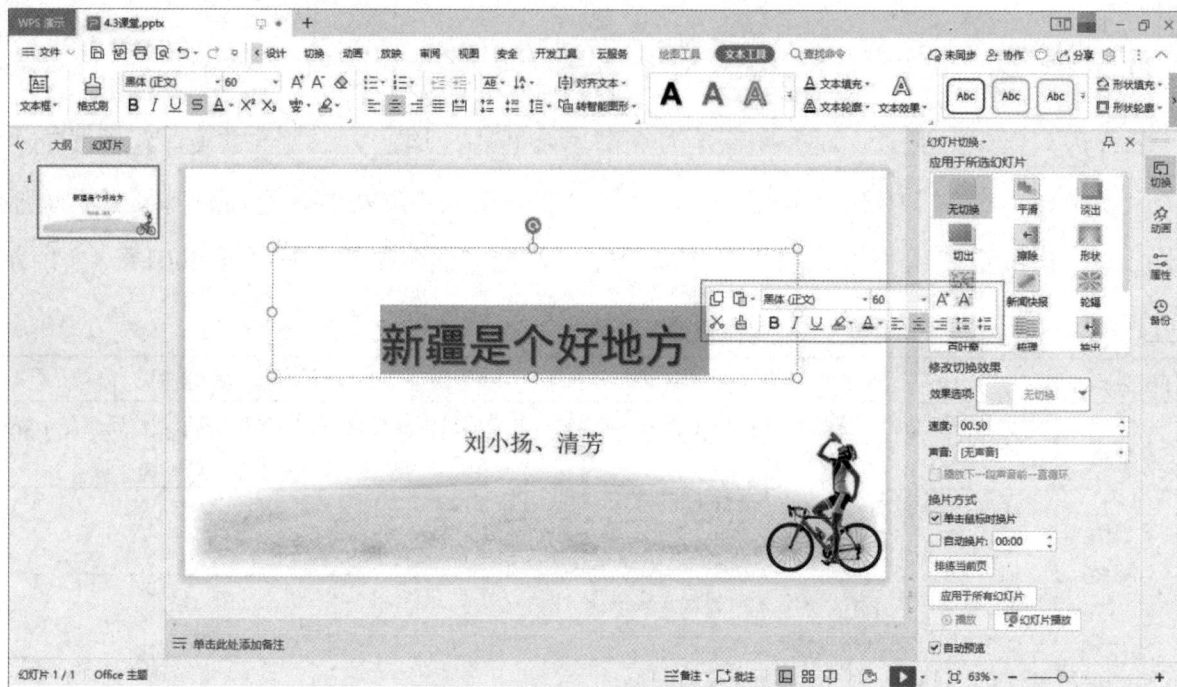

图 4.77　文本浮动工具栏

再如，选中图形后，图形浮动工具栏会出现在所选对象周围，如图 4.78 所示。

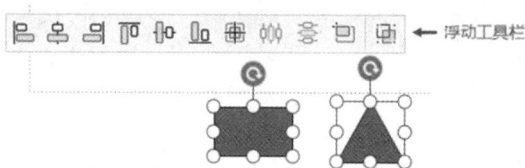

图 4.78　图形浮动工具栏

智能对齐：用鼠标拖动某一编辑对象（如图片），当被编辑对象移动到幻灯片中的线、边角或其他被编辑对象的中线位置时，编辑区会出现快速对齐参考线，可实现快速对齐，如图 4.79 所示。

智能图形：在任务 4.1 中用到了多个图形排列组合来表达骑行计划流程。这种编辑方法非常烦琐，WPS 演示中的智能图形可以一键实现此功能。

单击【插入】选项卡中的【智能图形】按钮，打开【选择智能图形】对话框。在【选择智能图形】对话框中，选择【流程】列表框中的【基本流程】图示，即可插入基本流程图，如图 4.80 所示。插入图形后可以直接编辑文本。

图 4.79 快速对齐

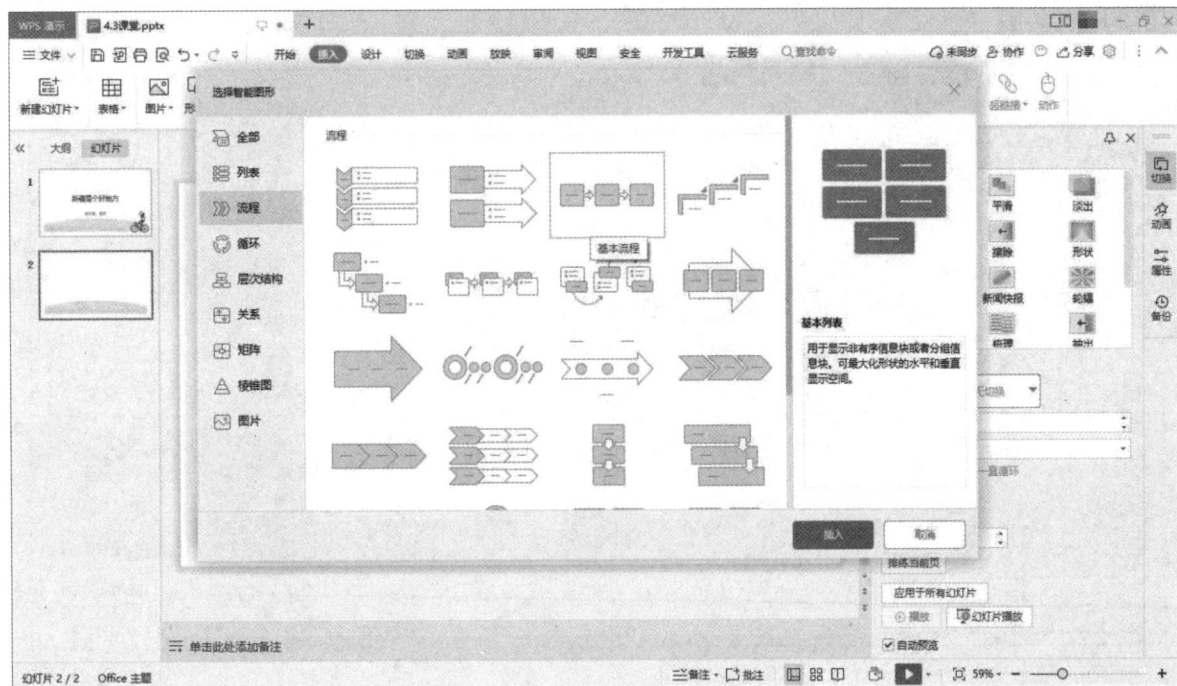

图 4.80 插入基本流程图

文本转图示：选中幻灯片中要转成图示的文本，单击【文本工具】上下文选项卡中的【转智能图形】下拉按钮，在下拉面板中选择理想的智能图形，如图 4.81 所示。

智能魔法（模板）：WPS 演示提供了智能模板功能，单击【设计】选项卡中的【魔法】按钮，编辑区显示第 1 个随机模板。如果对模板不满意，则可再次单击【魔法】按钮，直到得到满意的模板，如图 4.82 所示。

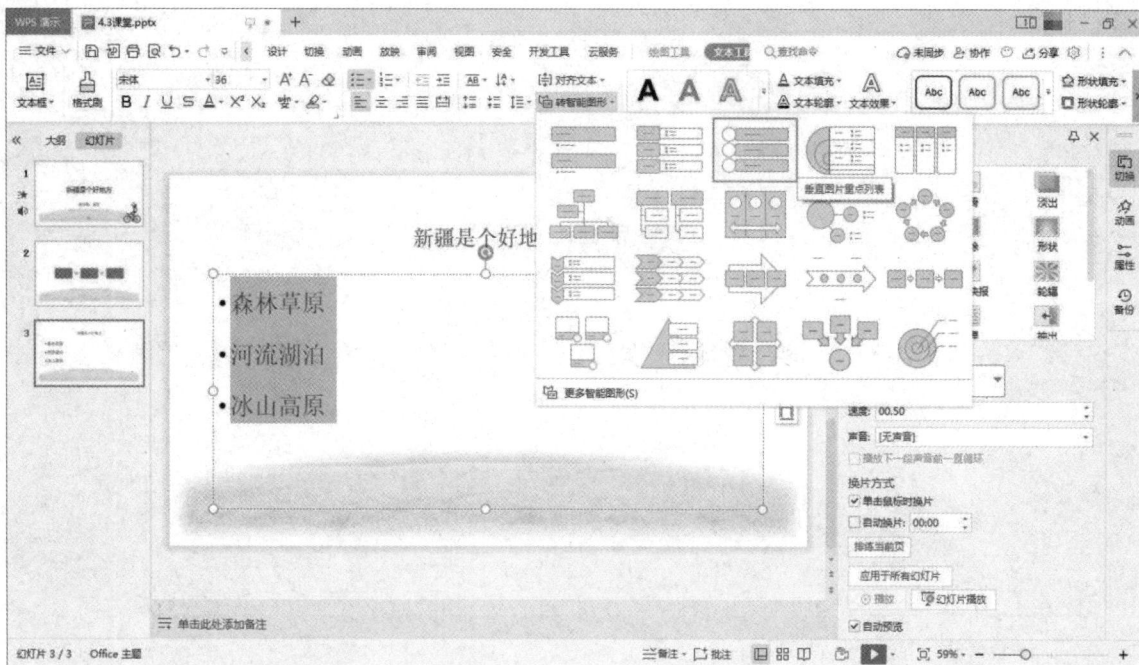

图 4.81　文本转图示

图 4.82　智能魔法

施展"魔法"后，单击右侧任务窗格中的【特性】按钮，出现【智能特性】窗格，其中有可以免费体验的【稻壳精选功能】模块。单击【换一换】链接，直至得到最满意的效果。

📖 幻灯片插入音频、视频

音频、视频也是幻灯片中经常运用的编辑元素。在演示文稿中插入音频、视频通常有两种方式，一种是嵌入，另外一种是链接。

扫一扫　学一学

在幻灯片中插入音频：在【插入】选项卡中选择【音频】→【嵌入音频】选项，选择计算机中的音频文件，将音频插入幻灯片，拖动编辑区的音频喇叭图标至合适位置。在【音频工具】上下文选项卡中，利用功能区按钮可以设置音量、播放触发条件、播放页面范围、是否循环播放、是否隐藏音频图标等，还可以简单裁剪音频和是否设为背景音乐，如图 4.83 所示。

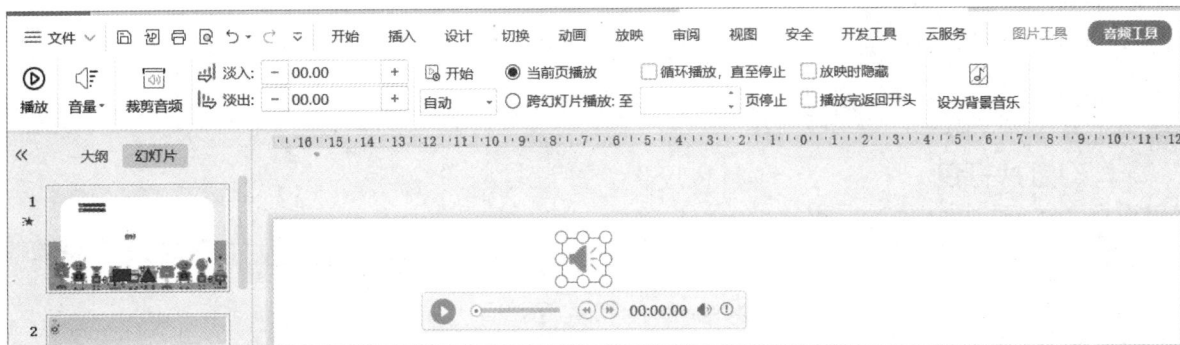

图 4.83　在幻灯片中插入音频

在幻灯片中插入视频：在【插入】选项卡中选择【视频】→【嵌入视频】选项，选择计算机中的视频文件，将视频插入幻灯片，拖动视频至合适位置。在【视频工具】上下文选项卡中，利用功能区按钮可以设置视频音量、播放触发条件、是否全屏播放、未播放时是否隐藏等，也可以简单裁剪视频，如图 4.84 所示。

图 4.84　在幻灯片中插入视频

小提示：

嵌入和链接音频、视频的区别有两点。其一，选择嵌入音频、视频时，演示文稿中内置了音频、视频文件，可以将演示文稿存放于任何位置，不会影响音频、视频的播放。对于链接方式，演示文稿中只包含了音频、视频文件的链接路径，一旦链接路径发生变化，音频、视频就无法播放了。其二，计算机系统在载入嵌入音频、视频的幻灯片时，音频、视频要占用系统内存；而链接方式的幻灯片只有在播放音频、视频时才占用系统内存。当音频、视频文件较大时，建议选择链接方式。

📖 幻灯片打包

如果演示文稿中有链接文件，则当移动演示文稿时，演示文稿无法正常显示这些链接元素，这时需要使用幻灯片打包功能来解决这个问题。

在【插入】选项卡中选择【视频】→【链接到视频】选项，选择计算机中的视频文件，将视频插入幻灯片。执行【文件】→【文件打包】→【打包成文件夹】命令，选择合适的保存位置，命名文件名，单击【确定】按钮，如图 4.85 所示。

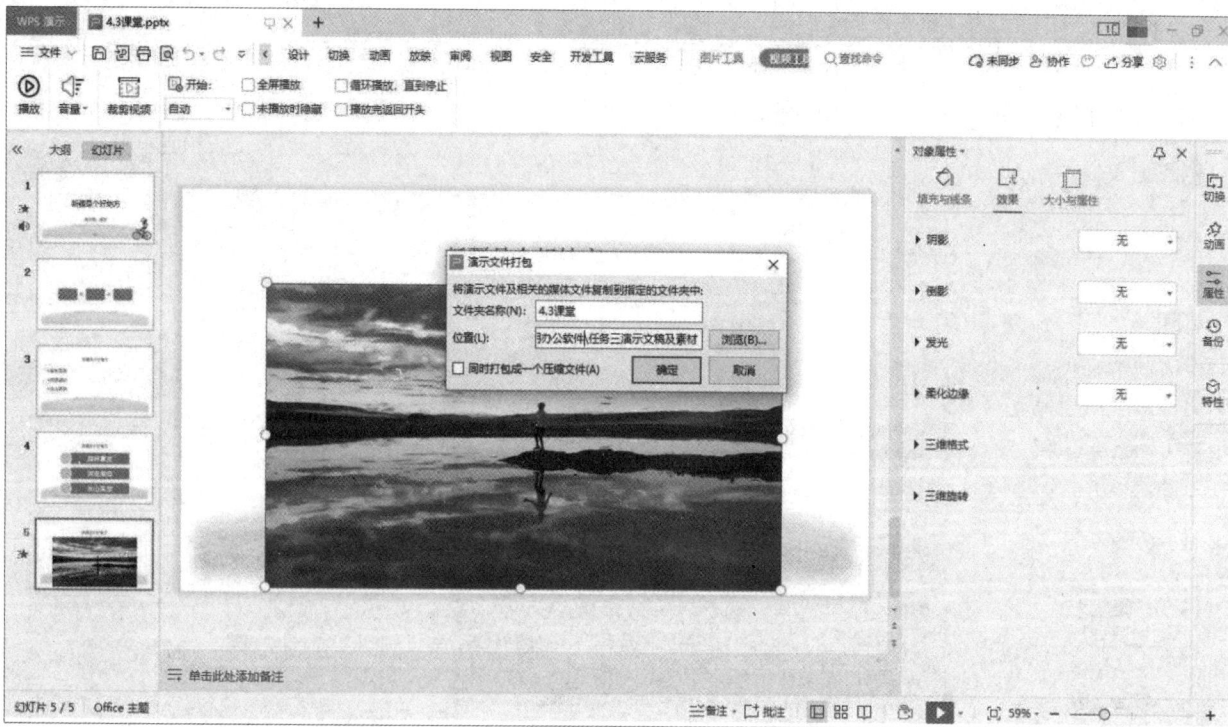

图 4.85　幻灯片打包

📖 幻灯片播放

幻灯片可以通过以下方式进行播放。

单击【放映】选项卡中的【从头开始】或【当页开始】按钮，播放幻灯片。

单击状态栏中的【放映】按钮，或者在状态栏的【放映】下拉菜单中选择【从头开始】或【当页开始】选项，播放幻灯片。

单击导航窗格中的某张幻灯片缩略图左下角的【当页开始】按钮，播放幻灯片。

手机遥控播放：在手机中安装 WPS Office 并登录，单击【放映】选项卡中的【手机遥控】按钮，用手机扫描【手机遥控】对话框中的二维码，如图 4.86 所示，实现手机遥控播放幻灯片。

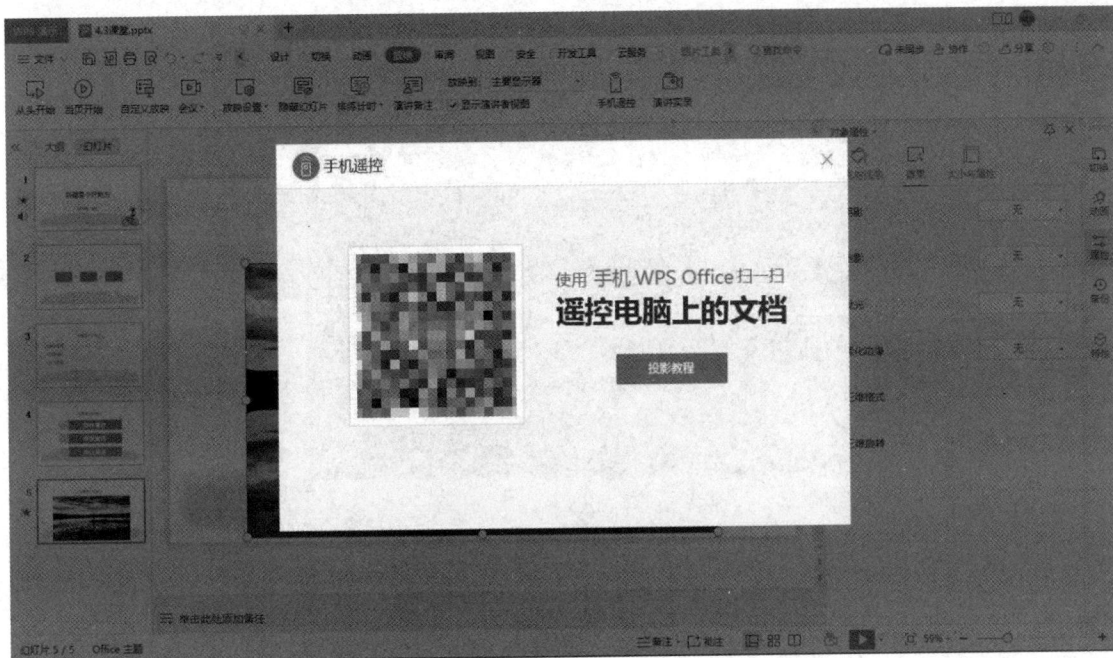

图 4.86　手机遥控播放幻灯片

导出为视频：单击【放映】选项卡中的【演讲实录】按钮，录制幻灯片播放和旁白讲解视频。也可以执行【文件】→【另存为】命令，保存文件类型为.webm。WPS 演示目前支持.webm格式视频，但需要按提示安装 WebM 插件。

任务实现

扫一扫　学一学

第 1 步：新建演示文稿

双击桌面上的【WPS 演示】图标，进入 WPS 演示首页，单击主导航中的【新建】按钮，新建演示文稿。执行【文件】→【另存为】命令，打开【另存文件】对话框。在【另存文件】对话框中选择合适的保存位置，在【文件名】文本框中输入【新疆是个好地方】，文件类型选择【Microsoft PowerPoint 文件(*.pptx)】，单击【保存】按钮。

第 2 步：编辑幻灯片首页

单击【设计】选项卡中的【魔法】按钮，稍等片刻显示随机出现的模板。如果不满意，就再次单击【魔法】按钮，直至满意。编辑幻灯片首页标题与副标题，结果如图 4.87 所示。

单击【切换】选项卡中的【切换样式】库下拉扩展按钮，在下拉面板中选择【新闻快报】切换效果，如图 4.87 所示。

图 4.87　幻灯片首页

第 3 步：编辑幻灯片目录页

新建幻灯片，在幻灯片的标题占位符中输入【新疆是个好地方】，设置字体为【黑体】【40号】【深蓝色】。选中内容占位符，按 Delete 键将其删除。单击【插入】选项卡中的【智能图形】按钮，打开【选择智能图形】对话框。在【选择智能图形】对话框中，选择【图片】选项卡中的【圆形图片标注】图示，插入智能图形，拖动智能图形 4 边调整其大小。

在智能图形的 4 个圆形中插入相应的图片，在文本框中分别输入【森林草原】【高原冰山】【湖泊河流】，如图 4.88 所示。

第 4 步：编辑幻灯片内容页

新建幻灯片，单击任务窗格中的【特性】按钮，打开【智能特性】窗格，选择【多图轮播】功能，单击示例中的图片，选择要插入的图片，将原有图片改为自己的图片，如图 4.89 所示。在幻灯片的标题占位符中输入【森林草原】，设置字体为【黑体】【40 号】【深蓝色】。

图 4.88　编辑幻灯片目录页

图 4.89　编辑幻灯片内容页

采用同样方法制作高原冰山、湖泊河流展示页。

第 5 步：添加超链接

智能图形中的文本尚不支持创建超链接，可借助添加透明化的图形来创建超链接。

选中幻灯片目录页，单击【插入】选项卡中的【形状】下拉按钮，在下拉面板中选择【矩形】基本形状，插入的矩形覆盖【森林草原】文本，将矩形设置为【无填充】【无线条】。选中矩形，单击鼠标右键，在右键菜单中选择【动作设置】选项，打开【动作设置】对话框，单击【鼠标单击】选项卡，选中【超链接到】单选按钮，在其下拉列表中选择【幻灯片3】选项，如图4.90所示。

采用同样的方法可以设置目录页【高原冰山】【湖泊河流】文字的超链接，也可以在内容展示页设置返回目录页的超链接。

图4.90　添加超链接

📖 第6步：编辑结束页

新建幻灯片，选择合适的版式制作结束页，如在文本占位符中输入【谢谢观赏】。

📖 第7步：设计切换效果

为演示文稿中的每页幻灯片设置合适的切换效果。

📖 第8步：幻灯片的保存与播放

（1）单击快速访问工具栏中的【保存】按钮，保存演示文稿。

（2）单击【放映】选项卡中的【从头开始】按钮，播放演示文稿。

任务评价

各组展示作品，介绍任务完成过程，提交作品，进行自评、互评与师评，并进行任务反思，完成任务考核评价表（见表4.6）。

表4.6　任务考核评价表

任务4.3　制作新疆是个好地方演示文稿						
评价项目	评价内容	分值	自评	互评	师评	合计
职业素养（30分）	爱岗敬业，有责任意识、执行意识、安全意识	5				
	制订计划能力强，学习态度严谨认真	5				
	团队合作，交流沟通、协作与分享能力强	5				
	主动性强，能够保质保量完成任务	5				
	能够采取多种手段收集信息，并有效解决问题	5				
	遵守行业道德规范与行业行为规范	5				
专业能力（60分）	能够掌握演示文稿智能化编辑等操作	10				
	能够掌握插入音频、视频的方法，并会设置音频、视频播放方式等操作	10				
	能够掌握幻灯片打包操作	10				
	能够掌握幻灯片播放方式操作	10				
	熟练、合理运用以上操作技能制作、播放演示文稿	20				
创新意识（10分）	具有创新思维与创新行动	10				
合计		100				
总结与反思						
总结归纳： 存在问题： 解决方案： 提升措施：						

任务拓展：制作精彩视频回顾演示文稿

扫一扫 学一学

清芳、刘小扬等7人在骑行过程中拍摄了大量视频，刘小扬决定专门制作精彩视频回顾演示文稿，同时配上背景音乐《花儿为什么这样红》。

📖 第1步：制作幻灯片首页

借用任务 4.2 的幻灯片模板文件创建幻灯片首页。在文本占位符中分别输入【精彩视频回顾】【刘小扬、清芳】，将幻灯片切换效果设置为【溶解】。

📖 第2步：制作幻灯片目录页

新建幻灯片，在文本占位符中输入【精彩视频回顾】，通过插入艺术字的形式设置幻灯片目录页，如图 4.91 所示。

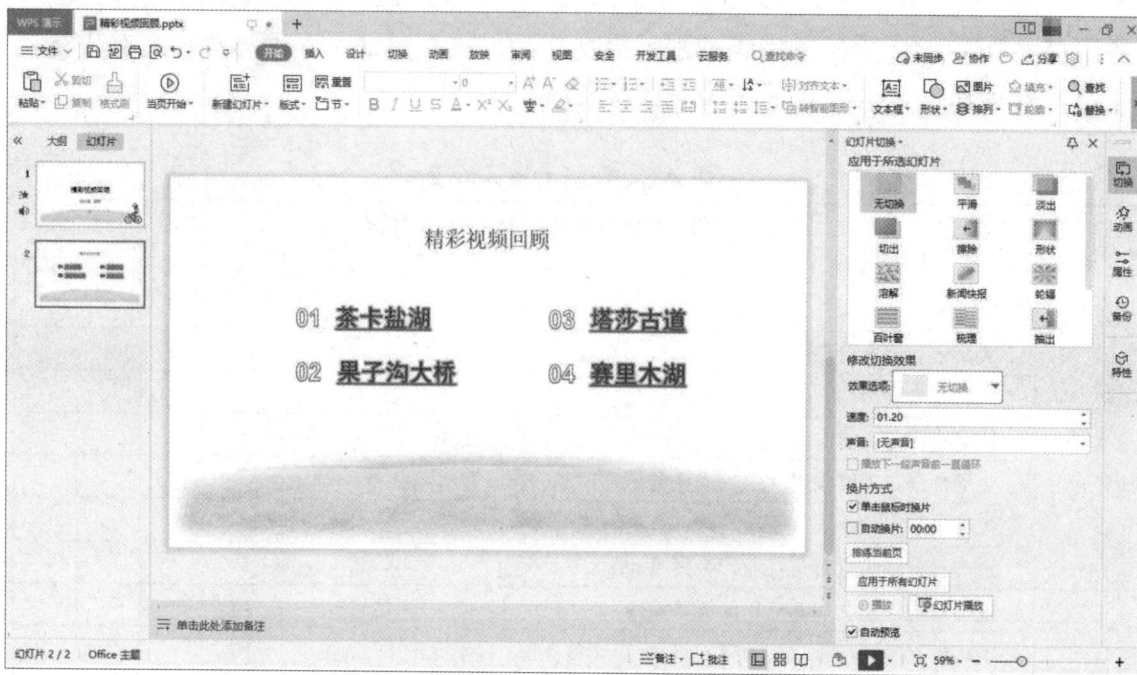

图 4.91　制作幻灯片目录页

📖 第 3 步：制作幻灯片展示页

新建幻灯片，在标题占位符中输入【01 茶卡盐湖】，在【插入】选项卡中选择【视频】→【链接到视频】选项，选择本地视频文件，将视频音量设置为【静音】，开始设置为【自动】，如图 4.92 所示。

图 4.92　制作幻灯片展示页

采用同样的方法制作其他展示页，视频音量均设置为【静音】。

📖 第 4 步：制作幻灯片结束页

新建幻灯片，选择合适的版式制作结束页，如在文本占位符中输入【谢谢观赏】。

📖 第 5 步：添加超链接

选中导航窗格中的幻灯片目录页，在编辑区选中【茶卡盐湖】文本，单击鼠标右键，在右键菜单中选择【超链接】选项，打开【编辑超链接】对话框。在【编辑超链接】对话框中，选择【本文档中的位置】→【幻灯片标题】→【3.01 茶卡盐湖】选项，单击【确定】按钮，如图 4.93 所示。

依次创建其他链接。

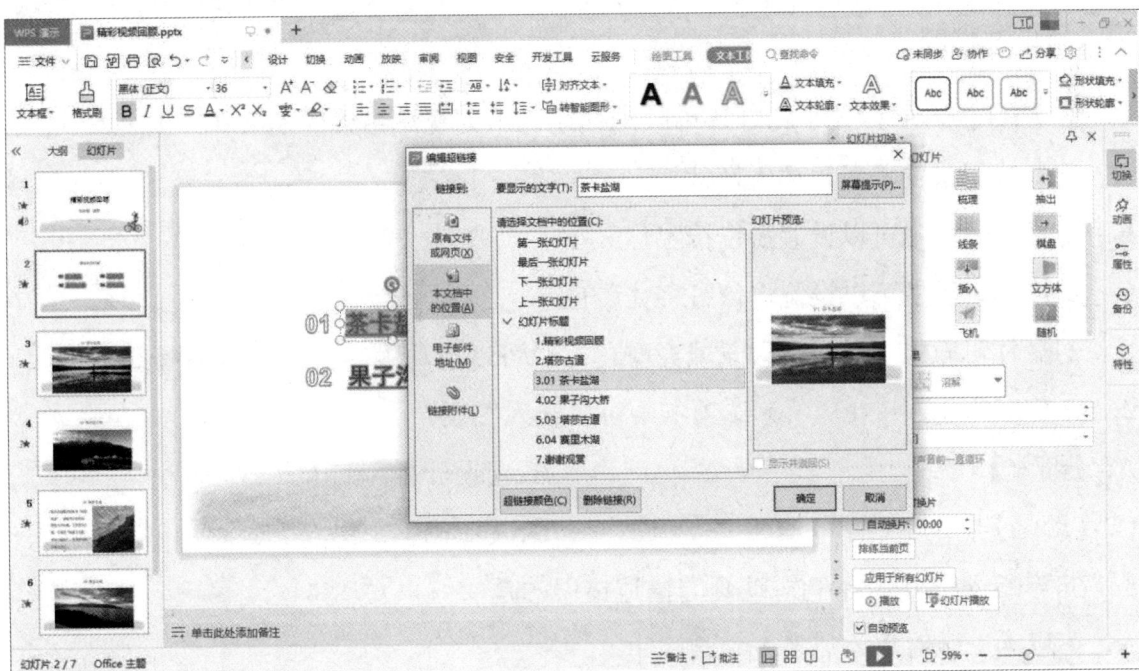

图 4.93　添加超链接

📖 第 6 步：插入背景音乐

选中幻灯片首页，在【插入】选项卡中选择【音频】→【嵌入音频】选项，选择音频文件【花儿为什么这样红】，将其设置为背景音乐。

📖 第 7 步：设计切换效果

为演示文稿中的每页幻灯片设置合适的切换效果。

📖 第8步：幻灯片打包

执行【文件】→【文件打包】→【打包成文件夹】命令，选择保存位置为桌面，将文件命名为【精彩视频回顾】，单击【确定】按钮。

📖 第9步：幻灯片播放

在打包保存的桌面找到演示文稿【精彩视频回顾】，双击打开，单击【放映】选项卡中的【从头开始】按钮播放演示文稿。

单元习题

一、单项选择题

1. 在 WPS 演示中，关于幻灯片母版的描述，下列说法错误的是（　　）。

A. 幻灯片母版中不可以插入图片

B. 幻灯片母版中可以设置占位符字体大小

C. 幻灯片母版中可以设置占位符字体颜色

D. 幻灯片母版中可以设置背景填充颜色，也可以自动为其他版式填充背景颜色

2. 在 WPS 演示中，（　　）选项卡中可以插入图表。

A.【插入】   B.【设计】

C.【动画】   D.【审阅】

3. 在 WPS 演示中，下列对动画的描述错误的是（　　）。

A. 可以为一个对象添加多个动画

B. 可以为一个对象添加一个自定义路径动画

C. 可以对多个动画调整播放顺序

D. 不可以改变动画播放时间

4. 下列关于幻灯片中视频设置的描述错误的是（　　）。

A. 视频不可以设置为全屏播放   B. 可以裁剪视频

C. 可以设置视频封面   D. 可以设置循环播放

5. 在 WPS 演示中，关于幻灯片母版的描述正确的是（　　）。

A. 幻灯片母版与版式是一个概念

B. 一个演示文稿中只能存在一个母版

C．可以给母版设置背景

D．不可以为母版设置标题字体格式

6．在 WPS 演示中，对象的强调动画不包括（　　　）。

A．更改填充颜色　　　　　　　　B．更改线条颜色

C．放大/缩小　　　　　　　　　　D．百叶窗

7．在 WPS 演示中，不属于演示文稿动画效果的是（　　　）。

A．进入　　　　　　　　　　　　B．退出

C．强调　　　　　　　　　　　　D．切换

8．在 WPS 演示中，单击一个图片对象，在（　　　）选项卡中设置图片的阴影效果。

A．【插入】　　　　　　　　　　B．【切换】

C．【图片工具】　　　　　　　　D．【动画】

9．在 WPS 演示中，有关图片边框的设置描述错误的是（　　　）。

A．图片边框演示可以自定义　　　B．图片边框颜色可以用取色器获取

C．图片边框可以设置线型　　　　D．图片边框线型不可以设置为双线

10．在 WPS 演示中，有关路径动画说法正确的是（　　　）。

A．路径动画不可以锁定路径　　　B．路径动画可以反转路径方向

C．路径动画不可以设置播放速度　D．路径动画不可以编辑路径顶点

11．当演示文稿中有外部链接的音/视频时，可以使用（　　　）功能避免多媒体文件丢失。

A．幻灯片切换　　　　　　　　　B．文件打包

C．复制　　　　　　　　　　　　D．幻灯片播放

二、多项选择题

1．WPS 演示提供了（　　　）等多种视图。

A．普通视图　　　B．备注页视图　　　C．幻灯片浏览视图　D．阅读视图

2．关于 WPS 演示中对象的组合描述正确的有（　　　）。

A．按住 Shift 键，同时选中多个对象，在【文本工具】上下文选项卡中单击【组合】按钮

B．按住 Shift 键，同时选中多个对象，在【绘图工具】上下文选项卡中单击【组合】按钮

C．选中多个对象后，单击鼠标右键，在右键菜单中选择【组合】选项

D．选中多个对象后，单击浮动工具栏中的【组合】按钮

3．在 WPS 演示中，有关幻灯片播放方式的说法正确的有（　　　）。

A．从后开始播放　　　　　　　　　　B．从头开始播放

    C．从当前开始播放   D．自定义播放

    4．在 WPS 演示中可以设置页面之间的切换效果，有关页面切换描述正确的有（   ）。

    A．在【切换】选项卡的切换效果库中可以选择不同的切换效果

    B．在【切换】选项卡中可以设置幻灯片切换时的声音和速度

    C．在【切换】窗格中可以设置幻灯片切换时的声音

    D．在【自定义动画】窗格中可以设置幻灯片切换时的声音

三、操作题

    1．以"谁不说俺家乡好"为主题，充分运用文字、图片、幻灯片动画、切换效果等手段制作演示文稿。

    2．以"美丽校园"为主题，充分运用文字、图片、视频、音频和其他技术手段制作演示文稿。

WPS 云服务–协作篇

　　WPS 云服务功能支持文档备份、文档同步、手机/计算机随时查看功能，同时具有多人协作、找回历史版本、链接分享等强大特性。WPS 云服务就像是为我们提供了一个私人的网络 U 盘一样，可以免除由于物理 U 盘丢失而导致资料丢失的烦恼，也可以解决用户检查和记录不同设备存储文档的版本是否同步的问题，WPS 云服务让我们的工作变得更高效、便捷。下面以 WPS 文字任务为例来学习 WPS 云服务功能的具体使用方法，一起来感受 WPS 云服务带给我们的方便、快捷的办公体验。

任务 5.1　会议日程表上传云空间

任务描述

　　至强公司近期组织召开以"我国信息技术应用创新产业发展现状与趋势"为主题的会议，办公室文秘刘小扬接到新任务，制作会议日程表并满足随时随地对日程表进行编辑的需求，任务工单如表 5.1 所示。

表 5.1　会议日程表上传云空间任务工单

任务名称	会议日程表上传云空间	组号		工时	
任务描述	制作会议日程表并上传云空间，满足随时随地对日程表进行编辑和修改的需求				
任务目的	◇ 学习使用 WPS 云服务功能，实现文档上云备份和保存 ◇ 实现在不同设备上编辑文档，并对文档进行导出 ◇ 了解我国信息技术应用创新产业发展现状与趋势 ◇ 感受新技术给工作带来的便利				
任务要求	使用 WPS 云服务实现在不同设备上对文档进行编辑、备份、版本恢复、保存、导出				
任务实施计划	1. 明确需要使用的办公软件——Windows 版 WPS Office、手机端 WPS Office 2. 掌握任务涉及的知识点：WPS 账号注册和登录，云文档的创建、编辑、保存、版本恢复、导出 3. 实施计划： （1）登录 WPS 账号 （2）新建会议日程表文档，将文档上传至云空间进行备份 （3）在手机端和本地计算机端打开云文档进行编辑和修改 （4）完成会议日程表文档制作后，从 WPS 云空间导出最终版本				

相关知识点

📖 云文档

扫一扫 学一学

云文档是存储在云空间的文档，一份文档可以既存储在本地设备中，又可以作为云文档存储在云空间。如果将本地文档另存至云空间或直接在云空间创建新文档，那么该文档就是存储在云空间的文档。注册并登录 WPS 账号后能够轻松享受 WPS 云端服务，使办公文档能够实现多端自动同步，在任一设备均可查看和编辑云文档。

登录 WPS 账号： 打开任意的 WPS 文档，在文档右上方的标签栏中有【未登录】按钮，如图 5.1 所示。单击【未登录】按钮会弹出登录界面，如图 5.2 所示。登录方式主要有 3 种：①WPS 账号登录，直接输入 WPS 账号和密码登录即可；②手机 WPS 扫码登录，这种登录方式需要下载手机端 WPS Office，先同意授权，然后使用 App 扫码登录；③微信登录，使用手机微信 App 扫码登录，确认授权即可登录。

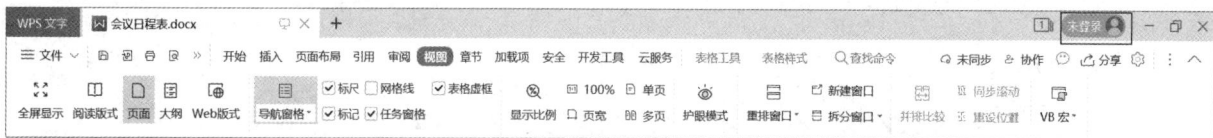

图 5.1　WPS 账号登录入口

图 5.2　计算机端登录界面

用户登录 WPS 账号后，将自动获得个人专属的云空间，进入 WPS 文字首页，即可看到如图 5.3 所示的云文档入口和云空间容量。

提示：

WPS 云服务的入口不仅限于在 WPS 文字应用中，WPS 表格、WPS 演示首页位置都有【我的云文档】入口，本单元以 WPS 文字为例进行说明。

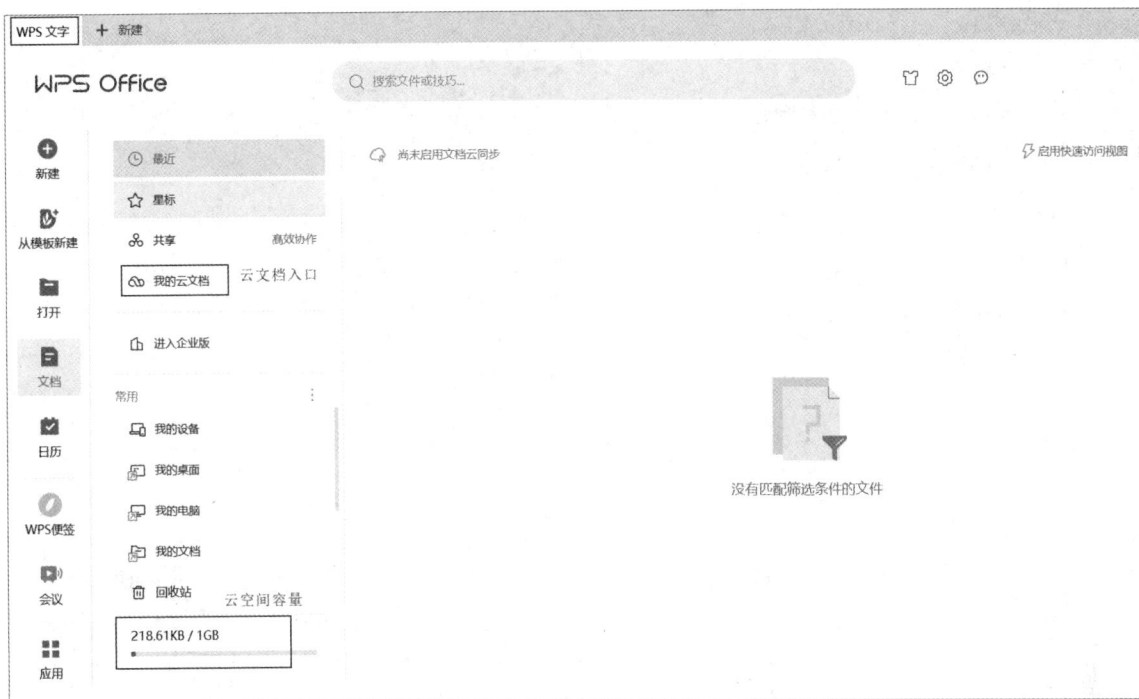

图 5.3　云文档入口和云空间容量

创建云文档有 3 种方法。

方法 1：在 WPS 文字首页依次单击【我的云文档】→【新建】按钮，可以新建文件夹、上传文件、上传文件夹到 WPS 云空间等操作。若单击【上传文件】按钮，则操作步骤如图 5.4 所示。弹出【上传文件】对话框后，选择要上传的文档，单击【打开】按钮上传文档，如图 5.5 所示。

图 5.4　创建云文档

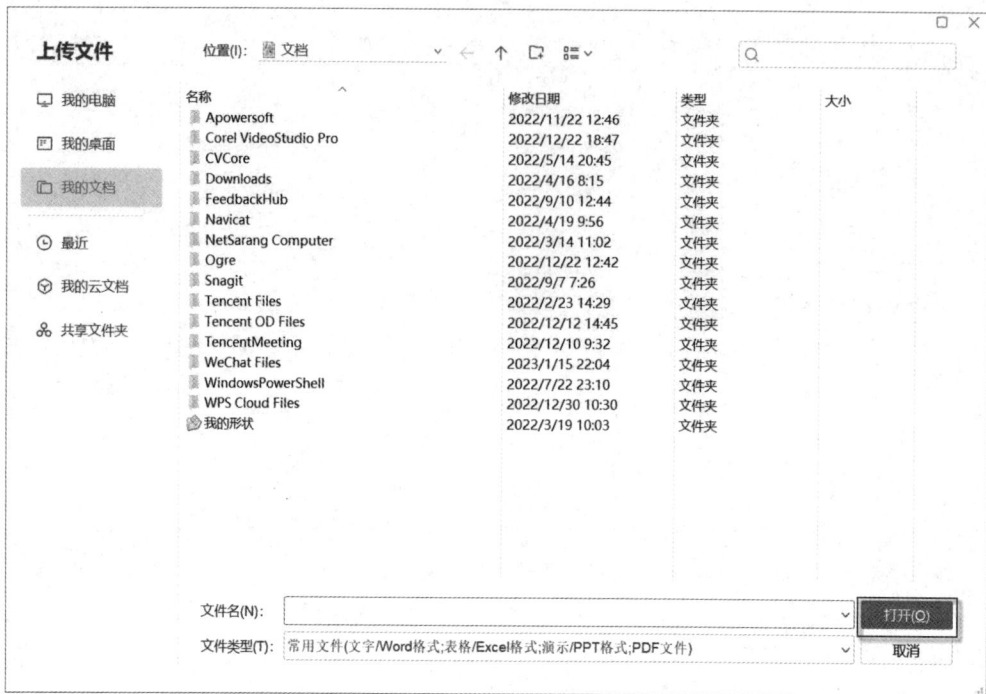

图 5.5　【上传文件】对话框

方法 2：在本地新建一份文档，依次单击【云服务】→【保存云文档】按钮，弹出【另存文件】对话框，选择左侧的【我的云文档】选项，在【位置】下拉列表中选择【WPS 网盘】选项后，单击【保存】按钮可以将本地文档上传到 WPS 云空间路径内，如图 5.6 所示。

图 5.6　保存文档至云空间

方法 3：在本地创建文档后，右击文档，在右键菜单中选择【上传到 WPS】选项，如

图 5.7 所示。在出现的【上传到】对话框中选择【我的云文档】选项，选择对应的路径之后，
单击【上传】按钮，可将本地创建的文档上传到 WPS 云空间，如图 5.8 所示。

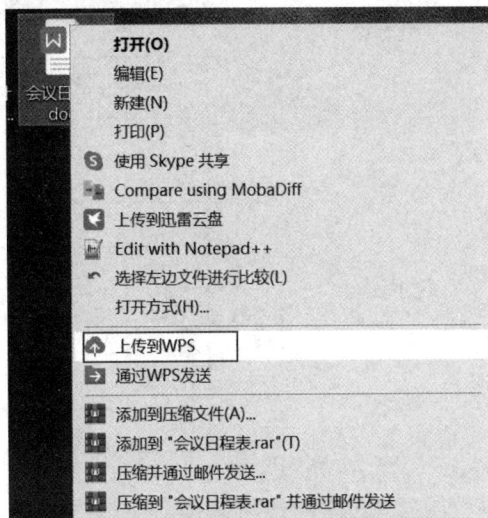

图 5.7　将文档上传到 WPS 界面

图 5.8　上传到云文档

打开并编辑云文档：WPS 云文档支持用户在不同的设备上对云文档进行编辑，主要包括
WPS 移动端、金山文档网页端、WPS 计算机用户端 3 种方式。

方式 1：WPS 移动端。首先在手机端下载和安装 WPS 用户端并打开，勾选【我已阅读并
同意】单选按钮，按照要求登录对应的 WPS 账号，即可看到账号保存的云文档列表。点击【云
文档】标签，点击文档列表中的文件名，即可出现文档内容，点击左上方的【编辑】按钮，即
可对文档进行打开和编辑，如图 5.9 所示。

图 5.9　手机端编辑云文档操作步骤

　　手机移动端编辑且保存文档后，计算机端会收到更新消息。单击【有更新】按钮可以看到文档的更新信息列表，单击【立即更新】按钮可以将文档更新至最新版本，如图 5.10 所示。

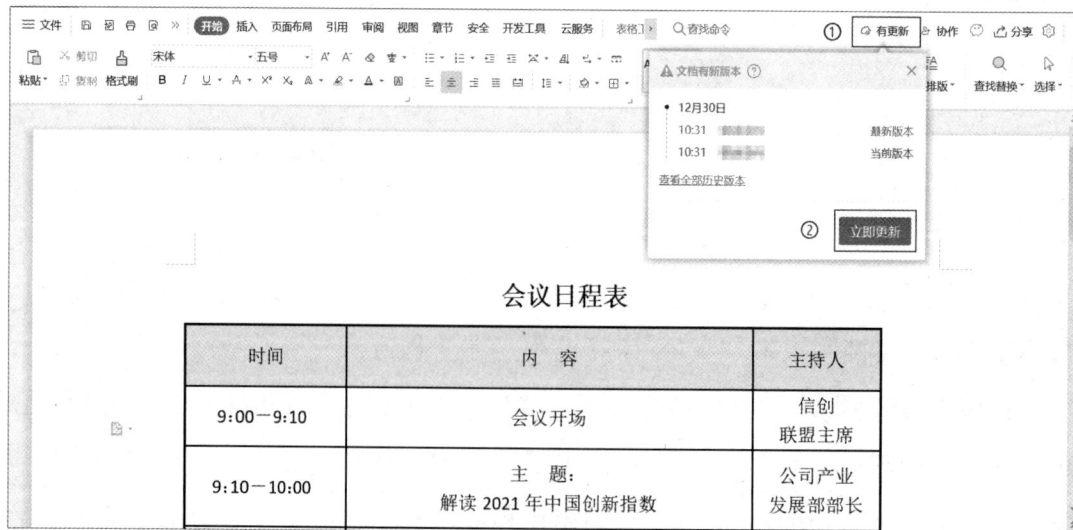

图 5.10　文档更新通知界面

　　方式 2：金山文档网页端。用户将文档保存至云空间后，可以在任意联网的计算机上打开云文档进行在线编辑。首先登录 WPS 账号，新建任意文档，依次单击【云服务】→【打开云文档】按钮，如图 5.11 所示。

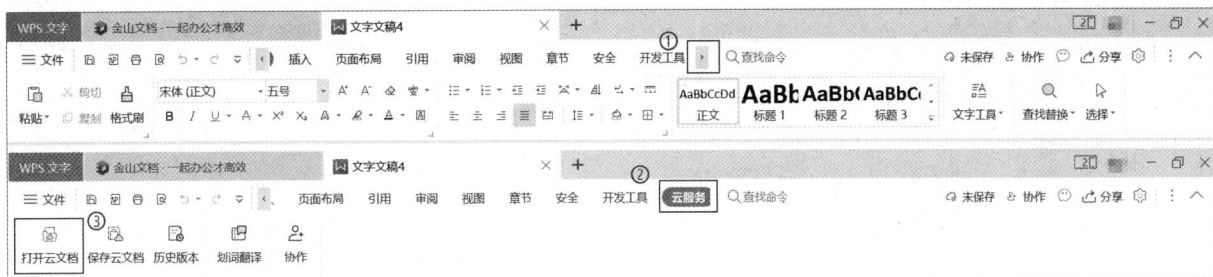

图 5.11　【打开云文档】按钮入口

在弹出的金山文档网页端选择【我的云文档】选项，勾选要编辑的云文档，启动云空间编辑器，可对云文档进行在线编辑，如图 5.12 所示。

图 5.12　在线编辑云文档

用金山文档网页端打开云文档后，单击云空间编辑器中的【WPS 打开】按钮可使用本地WPS 计算机用户端打开云文档并进行编辑，如图 5.13 所示。

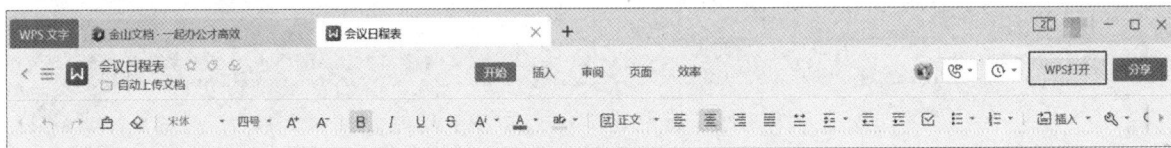

图 5.13　在云空间内使用本地 WPS 计算机用户端打开云文档

方式 3：WPS 计算机用户端。打开 WPS 计算机用户端，进入 WPS 文字首页，选择【我的云文档】选项，双击【会议日程表】文档，进行编辑，如图 5.14 所示。

云文档同步： 开启 WPS 的【文档云同步】功能可以保持云文档与本地文档的版本同步。单击 WPS 文字首页主导航中的【办公助手】按钮，或者单击任务栏通知区域的【WPS 办公助手】图标，弹出【WPS 办公助手】对话框，选择【云管理】选项卡中的【我的电脑】选项，打开右侧【文档云同步】开关，如图 5.15 所示。

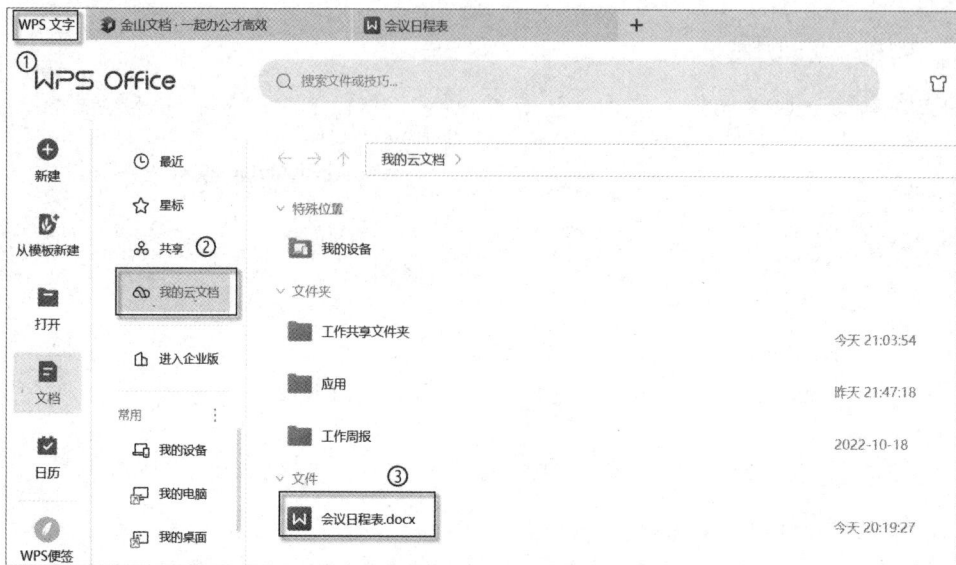

图 5.14　WPS 计算机用户端打开云文档操作步骤

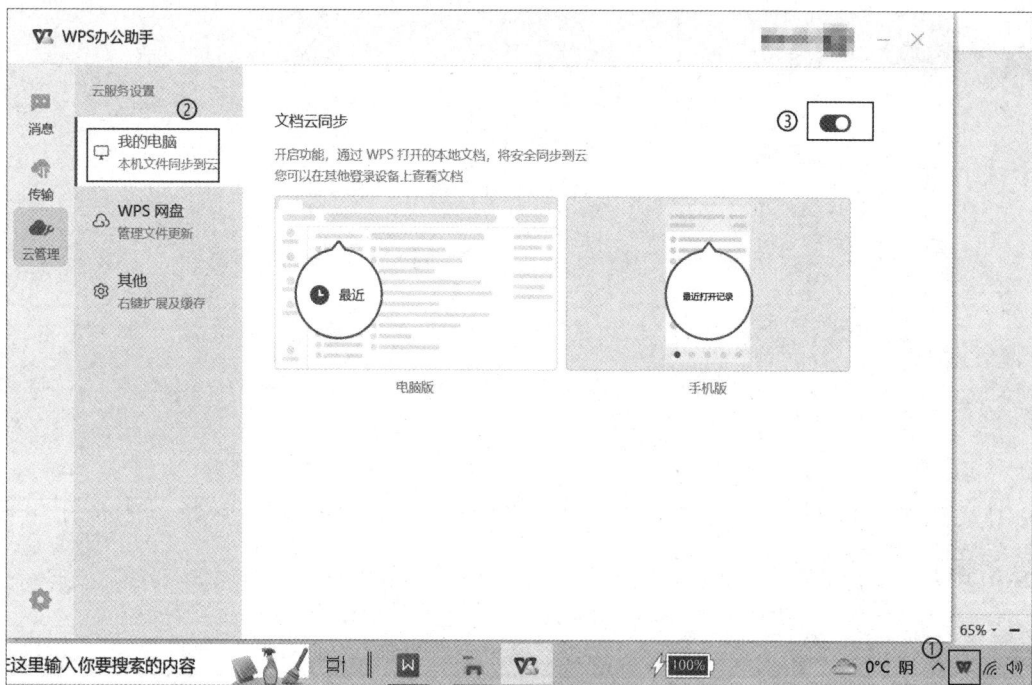

图 5.15　开启【文档云同步】功能

　　开启【文档云同步】功能后，在对文档进行修改的过程中，【云同步】图标自动变成【有修改】；在对文档进行保存时，图标会变成【同步中】；当版本同步完成后，图标会变成【绿色同步】图标 ◎，如图 5.16 所示。

　　云文档恢复：在日常办公中会遇到文件损坏或被误删除的情况。用户可以将本地文档上传到 WPS 云文档中，对文档进行备份，以便后期对文档进行恢复。因为已经开启了【文档云同步】功能，因此本地编辑过并保存的文档会自动同步到 WPS 云文档。单击【绿色同步】图标 ◎，可以看到文档的修改历史记录，单击【查看全部历史版本】按钮可以看到文档全部的修改历史记录，如图 5.17 所示。

图 5.16　云文档修改同步过程

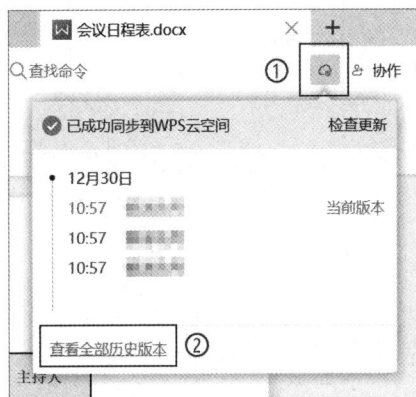

图 5.17　查看文档历史版本

将鼠标指针移动到对应的版本记录上会自动出现提示【为该版本命名】按钮和【预览】按钮，单击【更多操作】按钮打开其下拉菜单，执行【另存为】命令可将文档另存为其他名称的文档，执行【恢复】命令可对此版本进行恢复，如图 5.18 所示。

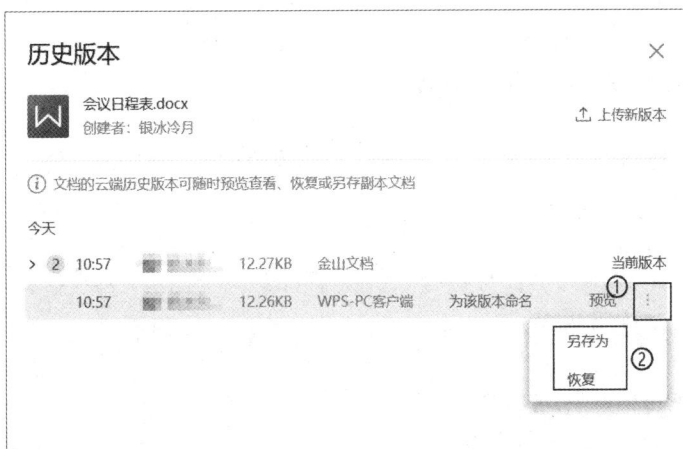

图 5.18　对文档历史版本进行操作

云文档导出：使用金山文档网页端打开和编辑云文档可以将文档导出。单击云空间编辑

器左上角的 ▤ 图标，执行【导出为】命令，并在子菜单中选择导出格式将文档导出，如图 5.19
所示。

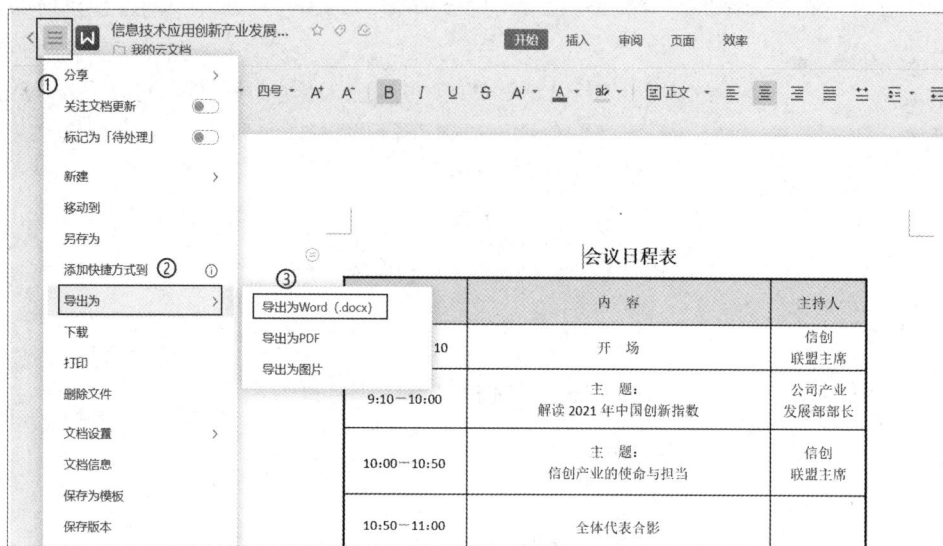

图 5.19　云文档导出的操作步骤

任务实现

📖 第 1 步：会议日程表上传 WPS 云空间

（1）双击桌面上的【WPS Office】图标，单击标签栏中的【账号】按钮，选择用微信扫码
的方式进行登录，勾选【下次自动登录】复选框。

（2）在本地新建【会议日程表.docx】文档并打开，依次单击【云服务】→【保存云文档】
按钮，在弹出的【另存文件】对话框中选择【我的云文档】选项，选好文档后单击【保存】
按钮。

📖 第 2 步：多设备编辑会议日程表

（1）WPS 移动端编辑。提前安装手机端 WPS Office，登录 WPS 账号，点击【云文档】
选项，选择名称为【会议日程表】的文档，点击【编辑】按钮，对文档进行编辑。

（2）金山文档网页端编辑。打开本地 WPS 软件，新建任意文档，依次单击【云服务】→
【打开云文档】按钮，弹出【金山文档】界面，单击【会议日程表】文档进行在线编辑。

📖 第 3 步：恢复会议日程表历史版本

单击文档左上角的 ▤ 图标，执行【历史记录】→【历史版本】命令，右侧出现【历史版
本】窗格，如图 5.20 所示。

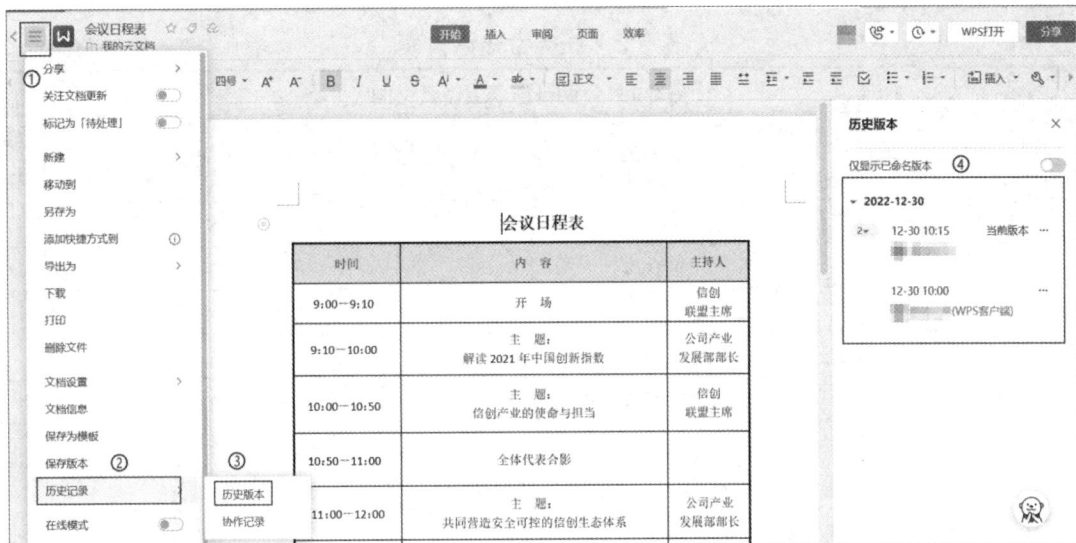

图 5.20　查看云文档历史记录详情操作步骤

将鼠标指针移动至最近一次历史记录条目上出现【恢复文档】按钮，单击【恢复文档】按钮右侧的【更多操作】按钮，在下拉菜单中选择【恢复到该版本】选项，如图 5.21 所示。

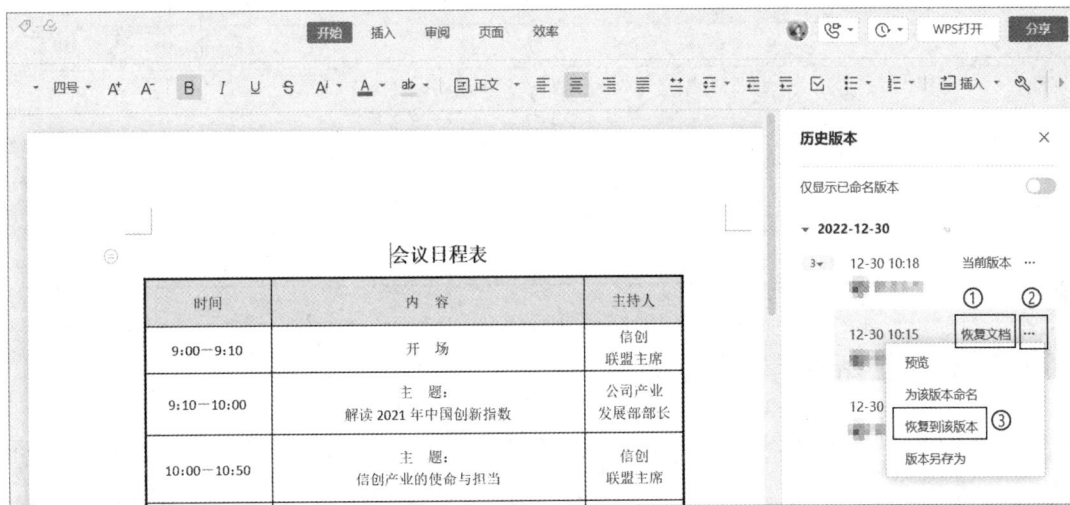

图 5.21　恢复云文档历史版本

📖 **第 4 步：导出会议日程表最终版本**

单击文档左上角的 ≡ 图标，在下拉菜单中选择【导出为】→【导出为 Word(.docx)】选项，打开【另存为】对话框，选择文档保存路径后单击【保存】按钮。

🦋 **任务评价**

各组展示创建的云文档，介绍任务完成过程和使用心得体会，并进行自评、互评与师评，以及任务反思，完成任务考核评价表（见表 5.2）。

表5.2　任务考核评价表

评价项目	评价内容	分值	自评	互评	师评	合计
任务5.1　会议日程表上传云空间						
职业素养（40分）	爱岗敬业，有责任意识、信息安全意识	5				
	制订计划能力强，学习态度严谨认真	5				
	团队合作，交流沟通、协作与分享能力强	10				
	主动性强，能够保质保量完成任务	5				
	能够采取多种手段收集信息，并有效解决问题	10				
	遵守行业规范	5				
专业能力（50分）	能够使用多种方式登录WPS账号并能快速创建云文档	10				
	能够使用不同的方式对云文档进行编辑	10				
	能够准确、迅速地导出云文档	10				
	掌握云文档历史版本的恢复方法	10				
	能够保证云文档版本的实时同步	10				
创新意识（10分）	具有创新思维与创新行动	10				
合计		100				
总结与反思						

总结归纳：

存在问题：

解决方案：

提升措施：

任务拓展：云备份学习笔记

C语言实验课上的很多过程数据都会保留到实验室计算机中，每次上完课都要通过发送邮件或U盘复制的方式将实验笔记同步到自己的笔记本电脑中，试利用WPS云服务功能，按照以下操作步骤云备份自己的学习笔记。

第1步：注册WPS账号并登录

在笔记本电脑上注册WPS账号并启动WPS计算机用户端，单击标签栏中的【账号】按钮，登录WPS账号。

第2步：将学习笔记上传至WPS云空间

在笔记本电脑上创建自己的学习笔记文档，右击文档，在右键菜单中选择【上传到WPS】→【我的云文档】选项，单击【上传】按钮完成云文档的上传。

📖 **第 3 步：开启【文档云同步】功能**

单击【WPS 办公助手】图标，弹出【WPS 办公助手】对话框，选择【我的电脑】选项，打开右侧的【文档云同步】开关。

📖 **第 4 步：多设备编辑云文档**

（1）在实验室计算机上启动 WPS 计算机用户端并用自己的 WPS 账号登录，新建任意文档，依次单击【云服务】→【打开云文档】按钮，选择【我的云文档】选项，打开自己的学习笔记进行在线编辑和保存，修改的内容会自动同步。

（2）回到宿舍之后在自己的笔记本电脑上打开 WPS 计算机用户端，登录 WPS 账号，进入 WPS 文字首页，单击【我的云文档】选项卡，双击学习笔记，即可看到最新版本的学习笔记。

任务 5.2　多用户协作修订会议日程表

任务描述

刘小扬将会议日程表起草好后需要发给相关负责人修订培训的具体时间和培训内容。刘小扬使用共享文档的方式进行多人在线协同操作，完成会议日程表的定稿，任务工单如表 5.3 所示。

表 5.3　多用户协作修订会议日程表任务工单

任务名称	多用户协作修订会议日程表	组号		工时	
任务描述	多人协作完成会议内容的修订				
任务目的	◇ 学习使用 WPS 云共享功能 ◇ 掌握多用户云协作实现多方信息收集的方法 ◇ 感受新技术带来的便利和协同办公的高效性				
任务要求	1. 创建云文档并将文档分享给多用户 2. 完成多用户协作修订会议日程表的工作				
任务实施计划	1. 明确需要使用的办公软件——Windows 版 WPS Office 和手机端 WPS Office 2. 掌握任务涉及的知识点：云文档分享、云共享文件夹、在线协作 3. 实施计划： （1）将会议日程表云文档分享给多用户进行协同编辑 （2）从 WPS 云空间导出最终版本				

相关知识点

📖 云文档分享

云文档可以通过链接和文件的形式分享，分享时，文档所有者可以对该文档的权限进行管控。

云文档分享需要先将文档上传到云端才可分享给他人。打开已保存到云端的文档，单击 WPS 右上角的【分享】按钮，即可弹出分享设置界面。分享方式有 4 种，分别是以链接形式分享（复制链接）、以消息形式分享（发给联系人）、发至手机、以文件形式分享（以文件发送），如图 5.22 所示。

图 5.22　云文档分享入口

方式 1：以链接形式分享。以链接形式分享可以让用户通过链接在线打开分享文档，无须安装专业的 WPS 计算机用户端。单击分享设置界面的【复制链接】选项卡，设置文档的分享权限和有效期，添加想要分享的人后单击【复制链接】按钮，将链接发送给他人，如图 5.23 所示。收到链接的人可以通过单击文档链接直接打开文档进行查看或编辑。

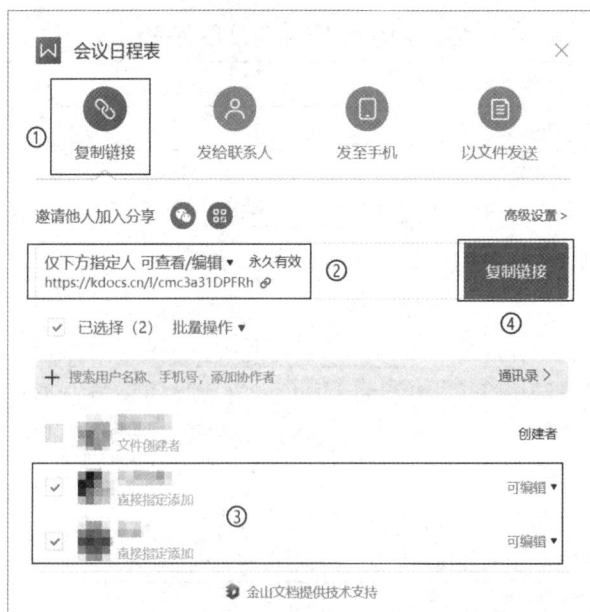

图 5.23　以链接形式分享

方式 2：以消息形式分享。单击【发给联系人】选项卡，弹出【选择联系人】对话框，单击【联系人】按钮，勾选对应的联系人，单击【可编辑】下拉按钮可设置【可编辑】或【可查看】权限，单击【确定】按钮后输入留言，并单击【发送】按钮，如图 5.24 所示。

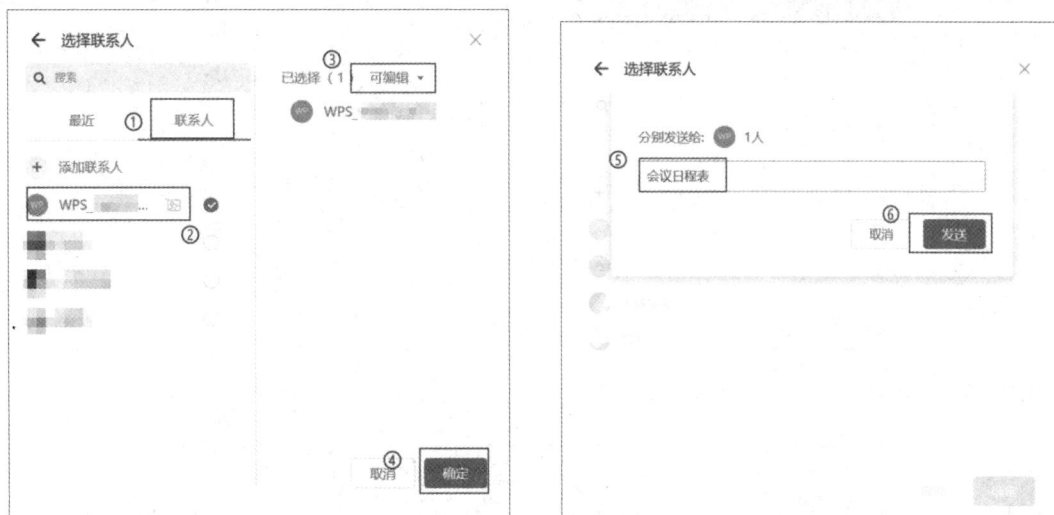

图 5.24　以消息形式分享

方式 3：发至手机。此种方式可以将文档发送到用户的手机上。单击【发至手机】选项卡，选择手机设备，单击【发送】按钮，如图 5.25 所示。

图 5.25　发至手机

用户打开手机上的手机端 WPS Office，在消息列表中即可看到计算机设备发送的消息，点击【消息】按钮即可看到消息内容，点击文档名称即可对文档进行查看和编辑，如图 5.26 所示。

图 5.26　在移动端查看接收的消息

方式 4：以文件形式分享。打开 QQ 联系人对话框，依次单击【以文件发送】→【打开文件位置，拖拽发送到 QQ、微信】按钮，选中想要发送的文档后将其拖动到联系人对话框，松开鼠标即可分享，如图 5.27 所示。

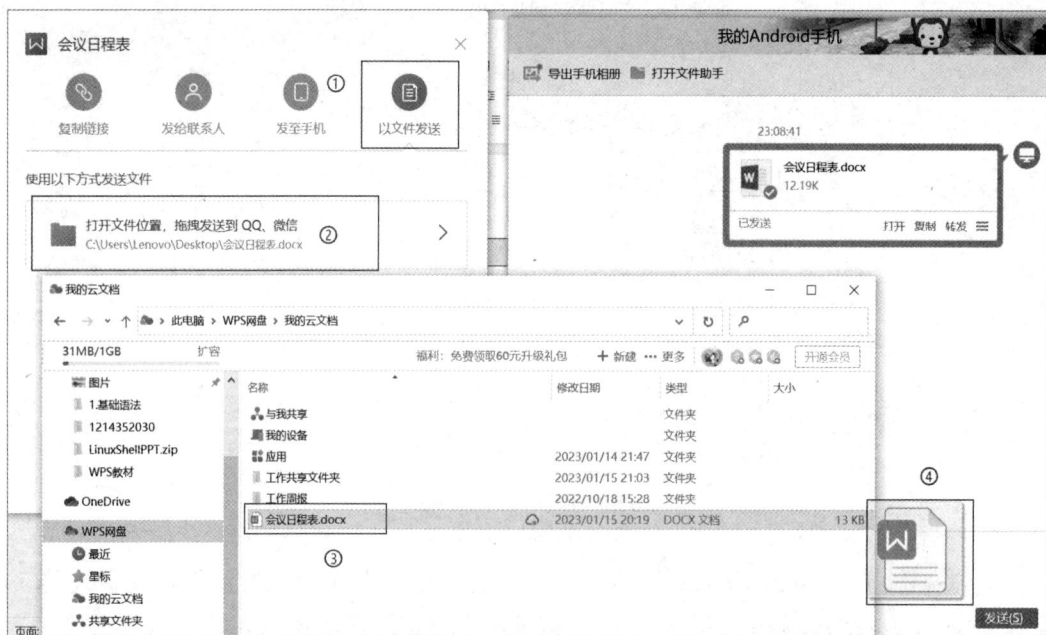

图 5.27　以文件形式分享[①]

[①] 软件图中"拖拽"的正确写法为"拖曳"。

取消云文档分享：对于使用【复制链接】方式分享的文档，可以取消分享。用 WPS 计算机用户端打开云文档，单击【分享】按钮，弹出分享设置界面，在【复制链接】选项卡下，单击分享对象右侧的下拉按钮，在下拉菜单中选择【取消分享】选项，如图 5.28 所示。

云文档版本同步：接受云文档分享的人对文档进行编辑后，在所有者再次打开云文档时，会自动同步至文档最新版本，如图 5.29 所示。

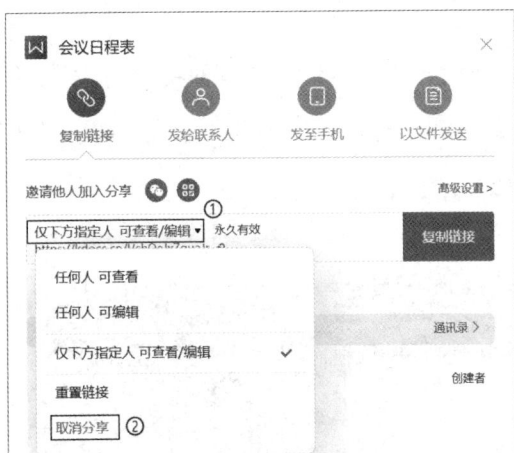

图 5.28　取消云文档分享　　　　　　图 5.29　文档版本更新提示

小提示：

以分享模式分享的云文档不可以多人同时进行编辑，否则会引起冲突，同一时刻只能有一人对分享文档进行编辑，其他人只能为只读模式，如图 5.30 所示。

如果需要多人同时在线编辑，则需要进入协作模式。进入协作模式的方法会在后面讲解。

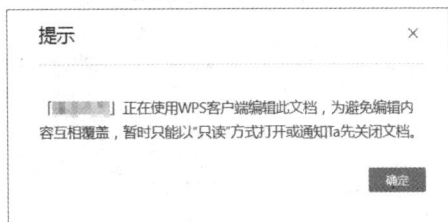

图 5.30　文档编辑权限提示

📖 **云共享文件夹**

云共享文件夹可以在文件夹的范围内分享其中的文档，被赋予权限的用户可以对文件夹中的所有文件进行操作，也可以将文档上传至共享文件夹内部。

新建共享文件夹：有多种方式和入口。

方式 1：直接创建共享文件夹。新建任意 WPS 文档，依次单击【云服务】→【打开云文档】按钮，可以进入【金山文档】界面，如图 5.31 所示。

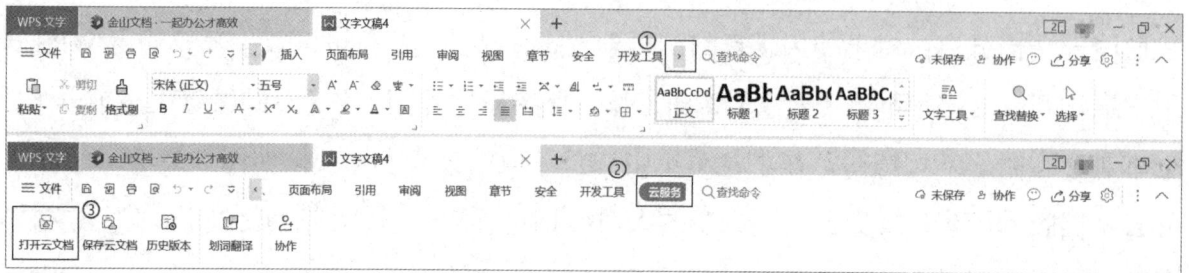

图 5.31　进入【金山文档】界面的操作步骤

打开【金山文档】界面后，选择【共享】→【新建共享文件夹】选项，在打开的【新建共享文件夹】对话框中输入共享文件夹的名称，并添加需要分享的人及其权限，单击【确定】按钮即可创建共享文件夹，如图 5.32 所示。收到共享文件夹邀请的人接受共享后，可以拥有共享文件夹操作权限。

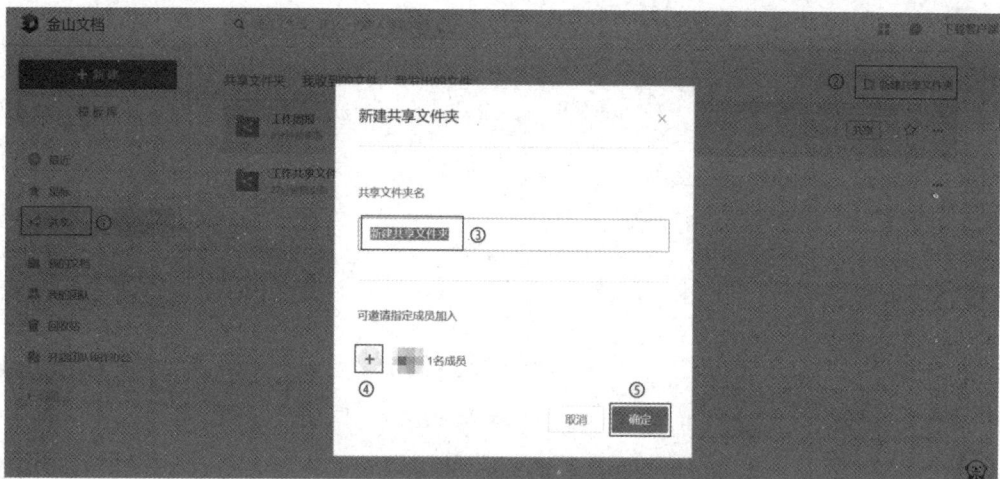

图 5.32　创建共享文件夹

方式 2：创建普通文件夹后进行共享。在【金山文档】界面，选择【我的文档】→【新建】→【文件夹】选项，输入文件夹名称后即可创建新的文件夹，如图 5.33 所示。

图 5.33　创建普通文件夹

创建普通文件夹之后，将鼠标指针移动至该文件夹上，单击右侧的【共享】按钮，在弹出的对话框中单击【立即共享】按钮（见图 5.34）后会弹出共享设置界面。在此界面中可以设置分享的对象和分享权限。单击【复制链接】按钮可将共享链接发送给对方，如图 5.35 所示。

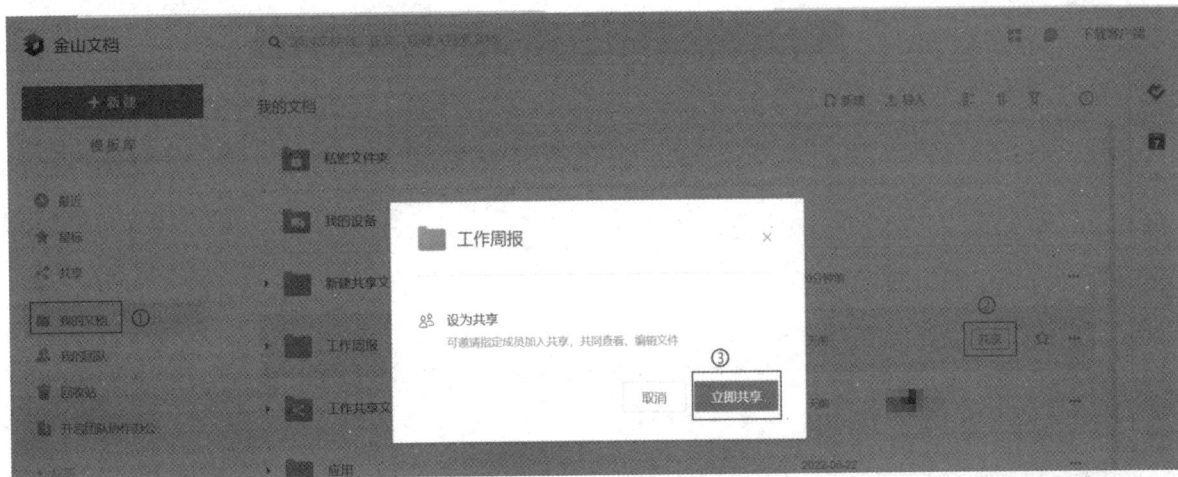

图 5.34　普通文件夹共享操作步骤

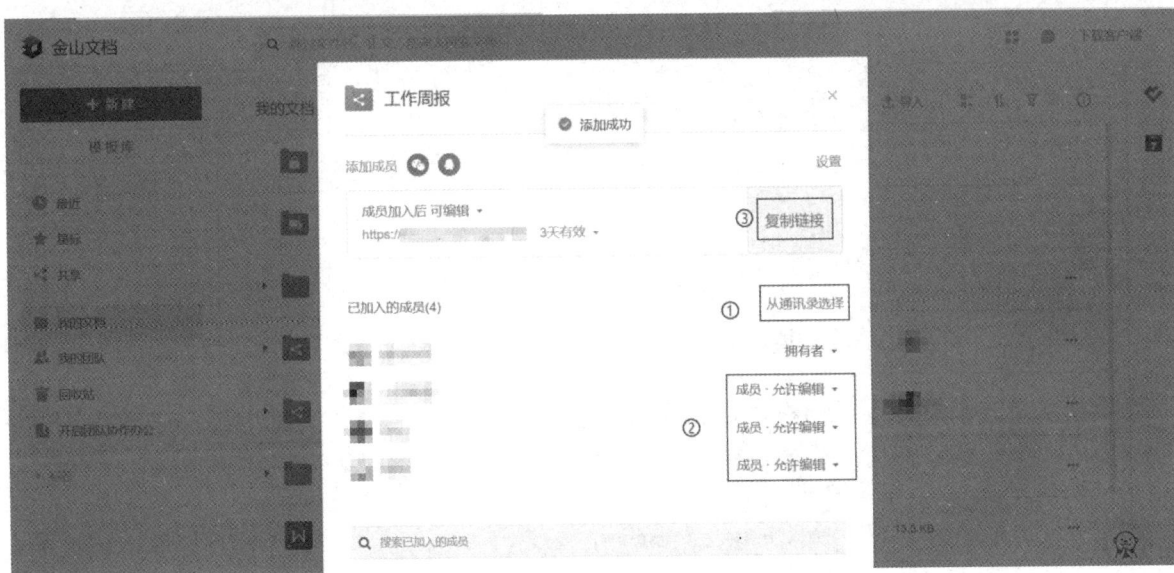

图 5.35　共享文件夹权限设置操作步骤

更新共享文件夹：创建共享文件夹后，单击共享文件夹名称，文件夹所有者可以继续邀请其他人，也可以在文件夹中新建文件或子文件夹，还可以直接导入文件，操作入口如图 5.36 所示。对文件夹的内容进行更新后，共享人员都可以看到文件夹的最新内容。

取消共享文件夹：共享文件夹所有者如果不希望继续共享文件夹，则可以取消共享权限。单击【金山文档】界面中的【共享】按钮，找到已经共享的文件夹，单击文件夹后的【…】按钮后弹出下拉菜单，选择【取消共享】选项，如图 5.37 所示。

图 5.36　更新共享文件夹入口界面

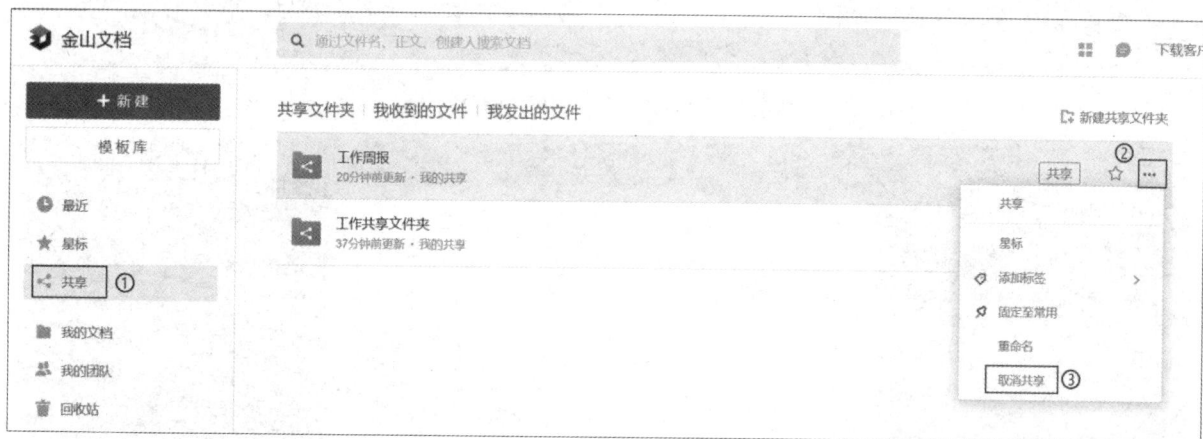

图 5.37　取消共享文件夹操作步骤

在弹出的【取消共享】对话框中单击【确定】按钮即可取消文件夹的共享，如图 5.38 所示。

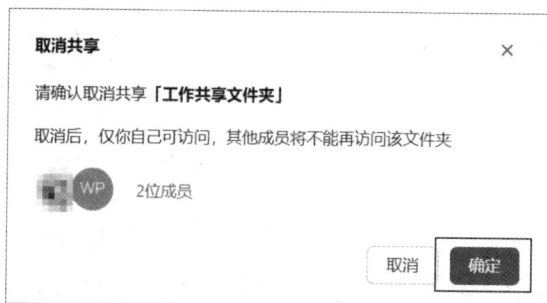

图 5.38　【取消共享】对话框

📖 **在线协作**

WPS 在线协作是以文档为中心的协同办公服务平台，支持多人跨终端同时查看和编辑文档，全程记录协作痕迹，修改完毕自动保存，历史版本任意恢复，

扫一扫 学一学

告别反复手工更新文档的烦恼，轻松完成团队的协作撰稿、方案讨论、会议记录和资料共享等工作。

在线协作模式：首先用 WPS 计算机用户端打开云文档，单击协作状态区的【协作】按钮，在下拉菜单中选择【使用金山文档在线编辑】选项，即可进入在线协作模式，如图 5.39 所示。

图 5.39　进入在线协作模式

在在线协作模式下单击【分享】按钮，弹出【分享】对话框，在此可以设置分享对象和分享权限，单击【复制链接】按钮后可以将文档链接分享至对应联系人。他人如果正在查看在线文档，则可看到文档在线编辑的人员情况，并且他人编辑的内容会实时同步到在线文档中，如图 5.40 所示。

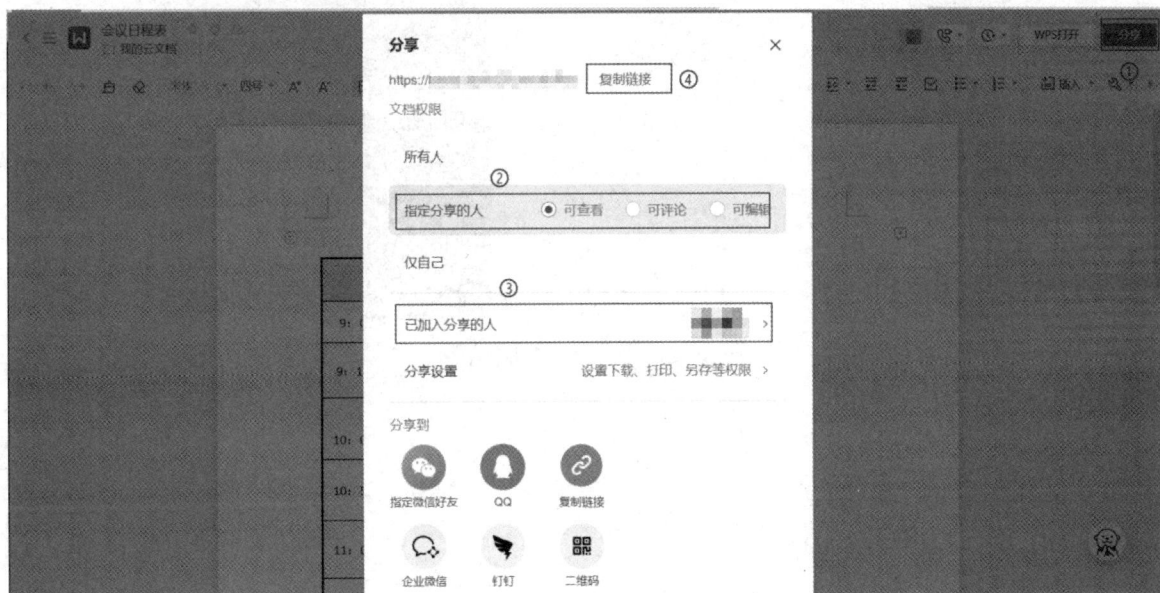

图 5.40　设置分享对象和分享权限

在线文档协作编辑完成后，可以单击 🕘 按钮，查看在线文档的历史版本和协作记录，如图 5.41 所示。

取消在线协作模式：为了保护文档安全，在线协作完成后，可以将文档权限设置为【仅自己】，用于取消在线协作模式。单击【分享】按钮，在弹出的对话框中选择【仅自己】选项，变更文档的访问权限，如图 5.42 所示。

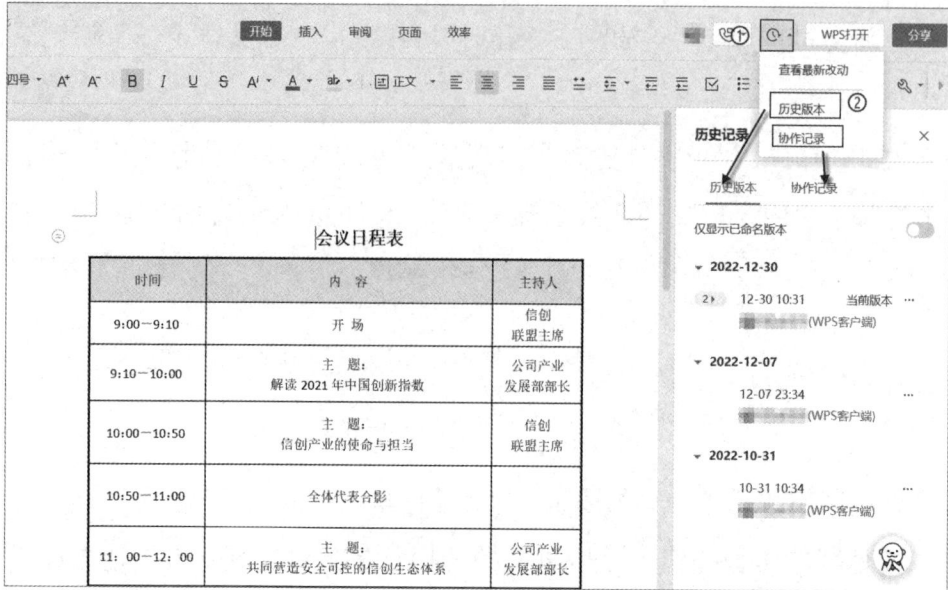

图 5.41　查看在线文档的历史版本和协作记录

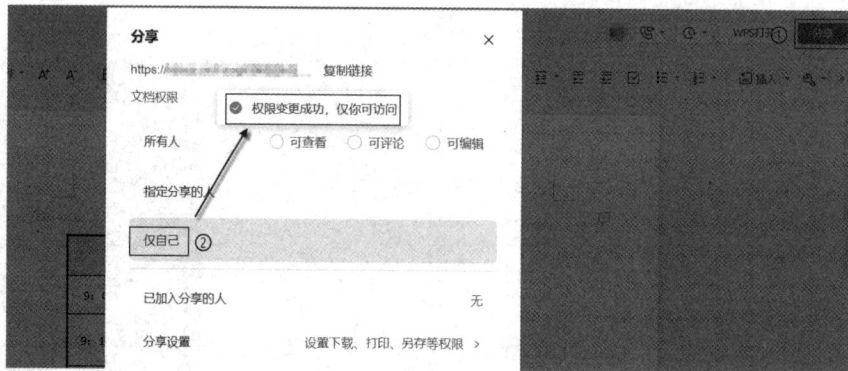

图 5.42　取消在线协作模式

任务实现

📖 第 1 步：打开云文档

扫一扫　学一学

使用 WPS 计算机用户端打开 WPS 云文档【会议日程表.docx】，依次单击
【云服务】→【协作】按钮，云文档进入在线协作模式，如图 5.43 所示。

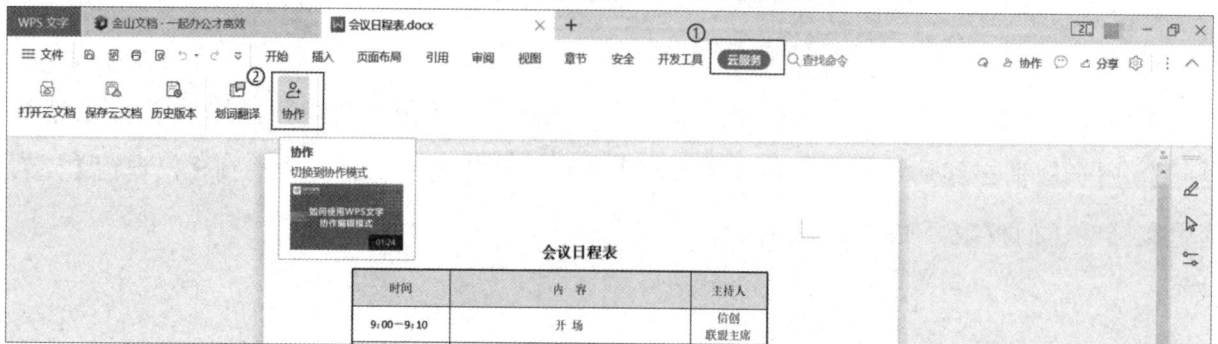

图 5.43　进入在线协作模式

📖 **第 2 步：分享文档**

单击文档右上角的【分享】按钮，在弹出的【分享】对话框中设置所有人可编辑，单击【复制链接】按钮将文档链接发送给协作人，协作人单击文档链接即可编辑文档。

📖 **第 3 步：导出文档**

所有人均完成编辑后，在此模式下单击文档左上角的 ≡ 图标，在下拉菜单中执行【导出为】→【导出为 Word(.docx)】命令，打开【另存为】对话框，选择文档保存路径后单击【保存】按钮。

📖 **第 4 步：取消分享**

单击【分享】按钮，设置文档权限为【仅自己】，取消分享。

🦋 **任务评价**

各组展示云文档分享情况，介绍任务完成过程、收获与体会，进行自评、互评与师评，并进行任务反思，完成任务考核评价表（见表 5.4）。

表 5.4　任务考核评价表

任务 5.2　多用户云协作修订会议日程表						
评价项目	评价内容	分值	自评	互评	师评	合计
职业素养（40 分）	爱岗敬业，有责任意识、执行意识、信息安全意识	5				
	制订计划能力强，学习态度严谨认真	5				
	团队合作，交流沟通、协作与分享能力强	10				
	主动性强，能够保质保量完成任务	5				
	能够采取多种手段收集信息，解决实际问题能力强	10				
	遵守行业道德规范与行为规范	5				
专业能力（50 分）	能够熟练使用云文档分享功能，能够使用多种方式进行云文档的分享	10				
	能够设置文档的分享权限、取消云文档分享	10				
	能够创建共享文件夹并共享给他人	10				
	能够设置共享文件夹权限，如更新、取消共享等	10				
	熟悉在线协作流程，能够实现多人在线协作编辑文档	10				
创新意识（10 分）	具有创新思维与创新行动	10				
合计		100				
总结与反思						
总结归纳： 存在问题： 解决方案： 提升措施：						

任务拓展：WPS 多用户协作实现工作总结收集

刘小扬作为社区志愿者负责人，每月都需要收集其他志愿者的工作总结。请利用 WPS 云协作功能，按照以下操作步骤收集志愿者的工作总结。

📖 第 1 步：创建共享文件夹

启动 WPS 计算机用户端并新建 WPS 文档，依次单击【云服务】→【打开云文档】按钮，进入【金山文档】界面。依次单击【共享】→【新建共享文件夹】按钮，输入文件夹名称【社区志愿者工作总结】，添加社区志愿者成员加入共享文件夹，单击【确定】按钮。

📖 第 2 步：小组成员上传工作总结

社区志愿者成员在个人工作计算机上启动 WPS 计算机用户端，进入 WPS 文字首页，选择【共享】→【共享文件夹】选项查看共享文件夹，如图 5.44 所示。双击【社会志愿者工作总结】文件夹，单击【上传文件】按钮，弹出【上传文件】对话框，选中自己的总结文档后单击【打开】按钮，如图 5.45 所示，上传之后其他人可同步查看文档。

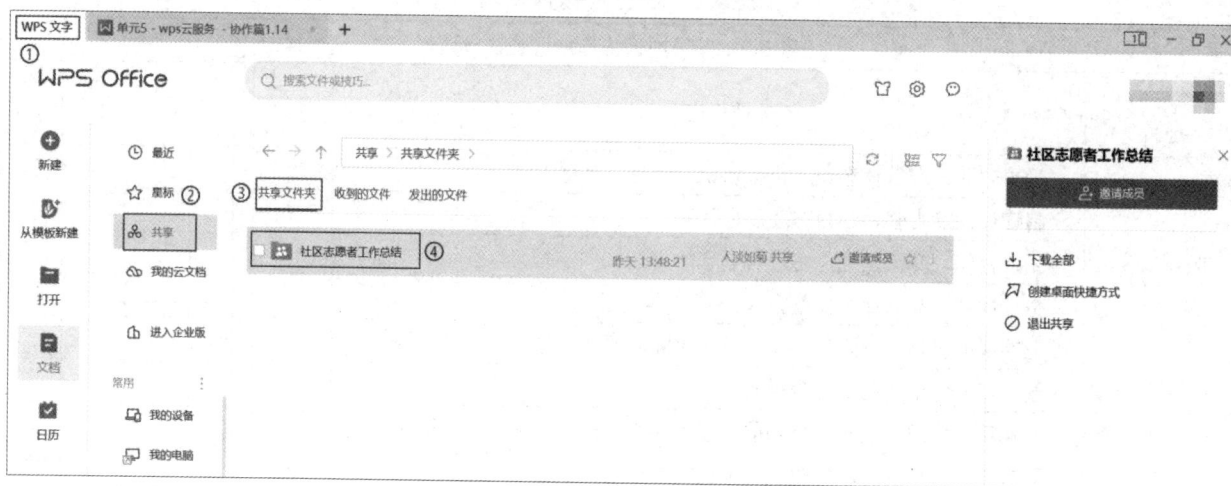

图 5.44　查看共享文件夹操作步骤

📖 第 3 步：取消共享文件夹

总结文档全部上传至共享文件夹后，查看共享文件夹，单击【社区志愿者工作总结】文件夹右侧的【更多操作】按钮，打开下拉菜单，执行【取消共享】命令，弹出【取消共享】对话框，单击【确定】按钮。

图 5.45　上传文档至共享文件夹操作步骤

单元习题

一、判断题

1. WPS Office 的云操作必须登录账户才可使用。　　　　　　　　　　　（　　）

2. WPS 在线协作可以同时支持多个用户编辑文档。　　　　　　　　　　（　　）

3. WPS 云共享只能共享文档，不能共享文件夹。　　　　　　　　　　　（　　）

4. WPS 云文档分享之后也可以更新文档的分享权限。　　　　　　　　　（　　）

二、单选题

1. 在 WPS 云文档中，使用（　　　）选项卡可以进到金山文档入口。

A.【云服务】　　　　　　　　　　　　B.【协作】

C.【分享】　　　　　　　　　　　　　D.【文件】

2. 如果希望快速收集多人的周报文档，那么最快捷的方式是（　　　）。

A. 共享文件夹　　　　　　　　　　　　B. 在线协作

C. 云文档分享　　　　　　　　　　　　D. 发送文件

三、多选题

1. 云文档分享形式包括（　　　）。

A. 以链接形式分享　　　　　　　　B. 分享到手机

C. 以文档附件形式分享　　　　　　D. 直接分享至联系人

2. 在 WPS 文字中，关于分享权限，下列说法正确的是（　　　）。

A. 分享权限只可设置可查看

B. 分享权限只可设置可编辑

C. 分享权限可设置可查看和可编辑

D. 可以随时取消和修改分享权限

四、操作题

1. 近期收到教师转发的 WPS 办公应用职业技能等级考试通知，请根据报名要求，用在线协作模式收集班级学生的报名信息，并将收集好的信息导出后发送给教师。

2. 你参加了山东省大学生软件设计大赛，正在编写软件用户使用说明书。用户使用说明书经常修改，而且修改记录和版本需要保存，请使用云文档的方式保存和编辑该用户使用说明书。